水资源与中国农业可持续发展研究

——以华北平原为例

左喆瑜 著

兰州大学出版社
LANZHOU UNIVERSITY PRESS

图书在版编目（ＣＩＰ）数据

水资源与中国农业可持续发展研究 ： 以华北平原为例 / 左喆瑜著. -- 兰州 ： 兰州大学出版社，2019.12
ISBN 978-7-311-05729-9

Ⅰ．①水… Ⅱ．①左… Ⅲ．①华北平原－农业灌溉－可持续性发展－研究 Ⅳ．①S274

中国版本图书馆CIP数据核字(2019)第278121号

策划编辑	宋　婷	
责任编辑	张　萍	
封面设计	王宁雪	

书　　名	水资源与中国农业可持续发展研究	
	——以华北平原为例	
作　　者	左喆瑜 著	
出版发行	兰州大学出版社 （地址:兰州市天水南路222号　730000）	
电　　话	0931-8912613(总编办公室)　0931-8617156(营销中心)	
	0931-8914298(读者服务部)	
网　　址	http://press.lzu.edu.cn	
电子信箱	press@lzu.edu.cn	
印　　刷	西安日报社印务中心	
开　　本	787 mm×1092 mm　1/16	
印　　张	15	
字　　数	292千	
版　　次	2019年12月第1版	
印　　次	2019年12月第1次印刷	
书　　号	ISBN 978-7-311-05729-9	
定　　价	35.00元	

（图书若有破损、缺页、掉页可随时与本社联系）

前　言

地下水位下降是我国普遍存在的现象，在华北地区表现得最为突出，农业用水是造成该现象的主要原因。华北平原是我国粮食、蔬菜和鲜果主产区之一，也是唯一灌溉用水以开采地下水为主的地区，地下水在华北平原农业发展中具有重要的战略资源意义。由地下水位下降引起的水资源稀缺是制约华北平原农业可持续发展的重要因素，同时也是政府与农民十分关切与亟须解决的重要问题。为治理华北平原地下水超采，促进农业可持续发展，我国政府于2014年始选择位于黑龙港流域的邢台、邯郸、衡水、沧州四市作为试点市，开展地下水超采综合治理。治理的主要措施为调整农业种植结构和农艺节水项目，包括水肥一体化高效节水灌溉技术、调整种植模式、冬小麦春灌节水稳产配套技术、小麦保护性耕作节水技术四项内容。在高效节水灌溉技术方面，主要是探寻与华北平原土质、地形、劳动资源禀赋等特征相适应的现代节水灌溉技术类型。在调整种植模式方面，适当进行冬小麦休耕，改冬小麦-夏玉米一年两熟制为一年一熟制。在冬小麦春灌节水稳产配套技术方面，主要是在地下水严重超采区推广节水抗旱小麦品种，在减少灌溉次数的同时保持小麦产量不降低。在小麦保护性耕作节水技术方面，实行免耕、少耕和农作物秸秆及根茬粉碎覆盖还田，以减少土壤风蚀、水蚀和沙尘危害，提高土壤肥力和作物抗旱节水能力。虽然试点的灌溉技术、种植模式与节水抗旱品种本身具有好的节水效果，但技术或模式的推广实施效果受我国现实土地规模特征、农户社会经济与传统习惯等因素制约，且在华北平原绝大部分地区，灌溉用地下水资源价格仅包括灌溉抽水电费成本，未对水资源收费，水资源价格没有反映真实环境成本，农户无须为因自身过度抽取地下水而产生的地下水位下降及其他农户抽水灌溉能源成本上升的外部性付费，农户缺乏采用节水技术与改变种植模式的激励，也没有在生产实践中充分挖掘节水技术的激励。

本书旨在探寻华北平原地下水超采治理农业技术背后，更深层次的经济、制度与农户行为问题，主要从灌溉技术与制度、农业种植结构调整、灌溉用地下水资源定价三方面展开研究。在灌溉技术与制度部分，重点研究农户灌溉技术选择与集体行动、现代节水灌溉技术建设农户与政府成本共担机制、农户对节水抗旱小麦品种技术选择与农户灌溉行为等四方面内容。水资源稀缺和劳动资源稀缺会诱致农户做出怎样的灌溉技术选择？通过分析农户技术选择行为来探寻与华北平原水资源、劳动资源、资本资源禀赋条件相适应的灌溉技术。高效节水灌溉技术在我国推广的一个重要限制因素是农户土地细碎化。解决高效节水灌溉技术对土地的经营规模要求与农户土地经营规模小且地块分散之间矛盾的制度选择是成立灌溉小组，社区层面农户集体行动组织形式、解决搭便车问题的制度设计、维持集体行动的制度规范是该部分研究重点。在探寻到适合的技术后，关键问题是如何推广实施。农户因采用现代节水灌溉技术而节约的水资源具有保护环境、节约资源的正外部性，国际上推广现代节水灌溉技术的经验做法是建立农户与政府成本共担机制，其关键是农户在一次性技术工程建设中承担份额的大小。由水资源稀缺诱致的技术创新既包括以现代节水灌溉技术为代表的机械技术，也包括以节水抗旱小麦品种为代表的生物技术，其节水效果的发挥最终取决于农户的灌溉行为。在农业种植结构调整部分，主要研究冬小麦休耕制度和农户改灌溉农业为旱作农业前景两方面内容。冬小麦是华北平原主要的耗水作物，冬小麦休耕可以缓解地下水位下降，并保护和提升地力，休耕补偿标准、农户意愿休耕年限、农户意愿休耕土地分配决策是主要研究内容。在冬小麦休耕基础上发展旱作农业可以调整农业种植结构并提高农户收入，农户对旱作作物品种种植潜力判断、农户改灌溉农业为旱作农业生态补偿、农户改灌溉农业为旱作农业土地分配决策意愿是研究重点。目前华北农村地区基本只对抽水灌溉收取电费，没有对灌溉用地下水资源收费，农户缺乏采用节水技术与模式的激励，要充分发挥技术节水效果，需要对水资源定价。该部分重点研究了如何既对地下水资源合理定价，同时又保证农民合理灌溉用水。

本书的写作得到我的博士导师中国社会科学院农村发展研究所李周研究员的悉心指导和帮助，从研究设计、数据资料获取到写作的全过程都渗透着老师的心血，在此我对我最敬重的李老师致以最崇敬的谢意。中国社会科学院农村发展研究所吴国宝研究员、孙若梅研究员、于法稳研究员、任常青研究员，以及中国农业大学林万龙教授、北京师范大学张琦教授、江西省社会科学院孔凡斌研究员对本书提出了许多宝贵建议，在此一并致以诚挚的谢意。在调研过程中，得到河北省农业厅、邢台市农业局、任县农业局、巨鹿县农业局、景县农业局的帮助，在此表示诚挚的谢意。感谢在数据获取过程中中国社会科学院研究生院付志虎博士的全程参与和帮助。本书的出版得到广东省农业科学院农业经济与农村发展研究所黄修杰副研究员、储霞玲高级经济师、蔡勋博士和马力高级经济师的帮助，在此也表示衷心的感谢。

摘　要

地下水位下降、农业灌溉困难，是制约华北平原农业可持续发展的重要因素，同时也是政府与农民十分关切与亟须解决的重要问题。该著作的研究目的是探寻华北平原地下水超采治理农业技术背后更深层次的经济、制度、组织与农户行为问题，主要从灌溉技术与制度、农业种植结构调整及灌溉用地下水资源定价三方面研究华北平原农业可持续发展。基于第一手数据资料，通过综合运用统计分析、微观经济分析、计量经济分析与实验经济学方法，在灌溉技术与制度部分主要研究农户灌溉技术选择、现代节水灌溉技术设施运行及维护中农户集体行动组织创新、现代节水灌溉技术设施建设农户与政府成本共担机制、农户节水抗旱小麦品种技术选择与农户灌溉行为四方面内容；在农业种植结构调整部分主要研究华北平原冬小麦休耕制度与农户改灌溉农业为旱作农业前景两方面内容；在灌溉用地下水资源定价部分探寻具有区域适应性且兼顾公平与效率标准的地下水资源定价方案。研究结果表明：资源稀缺性诱致农户选择现代节水灌溉技术，但尚处在技术扩散早期阶段；探索社区层面农户集体行动是解决高效节水灌溉技术对土地规模经营要求与农户土地经营规模小且地块分散现实之间矛盾的组织与制度选择；在华北平原推广喷灌、滴灌等现代节水灌溉技术具有可行性，但投入形式需采取农户与政府共担方式，且政府需承担其中较大部分投入；节水抗旱小麦品种在样本地区推广较为普遍，农户采用率高，但节水抗旱小麦品种在减少灌溉次数、节约地下水方面效果发挥一般，受农户灌溉行为影响强；为保证小麦粮食安全和资源永续利用，冬小麦休耕宜采取轮流休耕、部分休耕、中短期休耕形式，可根据区域资源禀赋采取差异化的休耕制度安排；可考虑将冬小麦休耕制度与发展旱作农业制度实现对接，并通过价格和产量支持机制推动旱作农业发展；"配额制+加价"灌溉用地下水定价方案可促进农户节水行为，在保证农业生产正常进行同时不对农业收入造成过大负面影响。

关键词：地下水超采；农业可持续发展；灌溉技术与制度；农户行为；种植模式；灌溉水定价；华北平原

Abstract

The depletion of groundwater and difficulty in irrigation are the main factors in restricting the sustainable development in agriculture in North China plain. It also causes for concern of the government and farmers. The aim of this paper is to find the deep economic, institutional, organizational and farmer behavioral issues behind the agricultural technology in control of excessive extraction of groundwater in North China plain. The research is conducted mainly from irrigation technology and institutions, adjustment of agricultural planting structure and pricing of irrigation groundwater. Based on first-hand data information, by using a combination of statistical analysis, micro-economic analysis, econometric analysis and experimental economic method, four aspects are studied in the part of irrigation technology and institutions: irrigation technology choices of farmers, organizational innovation of farmer's collective action in the operation and maintenance of modern water-saving irrigation technology, cost-sharing mechanism between farmers and government in the construction of modern irrigation technology, farmer's technology choice for drought-resistant wheat variety and the irrigation behavior of farmers; Two aspects are studied in the part of adjustment of agricultural planting structure: fallow system of winter wheat in North China plain and the prospect of changing to rain-fed agriculture from irrigation. The part of pricing irrigation water is aimed to explore the proper pricing method on both fairness and efficiency standards. The results show that: resource scarcity has induced farmers to choose modern irrigation technology, but it is still in the early stage of technology diffusion. Exploring the farmer's collective action in the community level is the organizational and institutional choices to resolve the conflicts between the minimum size requirement of modern irrigation technology and the small-scale and fragmentation of land. It is feasible to promote sprinkler irrigation and drip irrigation in North China plain, but the costs should be shared between farmers and the government and the government has to take the greater part. The drought-resistant wheat variety is popular in the sample area and its adoption rate is high, but its effect on irrigation groundwater conservation is not so good and is affected by the farmer's irrigation behavior. In order to ensure food security and sustainable use of resources, it is better to take turns lying the land fallow, systematically leaving a portion of land fallow and let the land in short fallow; the land fallow system should be arranged according to the differences in resource endowments between regions. The winter wheat fallow system and the development of dry-farming can be taken into account at the same time; the mechanism of price and production support can be used to promote the development of rain-fed agriculture. The pricing mechanism of "quota and fare increases" for irrigation groundwater can promote water conservation behavior of farmers; it can assure a smooth agricultural production without excessive negative impact on farm income.

Key words: Groundwater overdraft; Sustainable development in agriculture; Irrigation technology and institutions; Farmer's behavior; Plant structure; Pricing of irrigation groundwater; North China plain

|Contents|

目　录

|第一章| 绪　论 ·························001

第一节　研究背景与研究思路 ·····················001

第二节　研究内容、研究方法与研究意义 ···········004

第三节　创新与不足 ·····························007

第四节　本章小结 ·······························009

|第二章| 水资源成为华北平原农业可持续发展主要制约因素·······010

第一节　研究区域简介 ···························010

第二节　华北平原地下水位变化 ···················011

第三节　水资源成为华北平原农业可持续发展主要制约因素 ···013

第四节　本章小结 ·······························014

|第三章| 国内外地下水削减与农业可持续发展综述及启示 ·······015

第一节　美国高平原地下水削减及可持续灌溉管理 ·····015

第二节　发展中国家可持续地下水灌溉管理经验 ·······017

第三节　华北平原农业可持续发展节水途径探索 ·······019

第四节　国内外地下水超采治理与农业可持续发展探索
　　　　对本研究的启示 ·························021

第五节　本章小结 ·······························024

| 第四章 | 数据来源与样本特征 | ⋯⋯⋯⋯⋯ 025 |

第一节 预调查 ⋯⋯⋯⋯⋯⋯⋯⋯⋯⋯⋯ 025

第二节 正式农户问卷调查 ⋯⋯⋯⋯⋯⋯ 026

第三节 样本基本特征 ⋯⋯⋯⋯⋯⋯⋯⋯ 032

第四节 本章小结 ⋯⋯⋯⋯⋯⋯⋯⋯⋯⋯ 034

| 第五章 | 华北平原农户灌溉技术选择 ⋯⋯⋯⋯⋯ 035 |

第一节 引言 ⋯⋯⋯⋯⋯⋯⋯⋯⋯⋯⋯⋯ 035

第二节 文献回顾 ⋯⋯⋯⋯⋯⋯⋯⋯⋯⋯ 037

第三节 选择决策模型 ⋯⋯⋯⋯⋯⋯⋯⋯ 041

第四节 农户灌溉特征与技术选择 ⋯⋯⋯ 043

第五节 农户灌溉技术选择计量经济分析 ⋯ 047

第六节 农户灌溉技术选择实际偏好分析 ⋯ 056

第七节 本章小结 ⋯⋯⋯⋯⋯⋯⋯⋯⋯⋯ 058

| 第六章 | 现代节水灌溉技术设施运行
及维护中农户集体行动组织创新探索 ⋯⋯ 061 |

第一节 引言与文献综述 ⋯⋯⋯⋯⋯⋯⋯ 061

第二节 农户集体行动组织创新:灌溉小组 ⋯ 064

第三节 灌溉小组制度设计 ⋯⋯⋯⋯⋯⋯ 067

第四节 成立灌溉小组必要性 ⋯⋯⋯⋯⋯ 069

第五节 有关农户集体行动问题的讨论 ⋯⋯ 070

第六节 本章小结 ⋯⋯⋯⋯⋯⋯⋯⋯⋯⋯ 071

| 第七章 | 现代节水灌溉技术设施建设农户与
政府成本共担机制研究 ⋯⋯⋯⋯⋯⋯⋯ 072 |

第一节 引言与文献综述 ⋯⋯⋯⋯⋯⋯⋯ 072

第二节 理论基础与经验模型 ⋯⋯⋯⋯⋯ 074

第三节 双边界离散选择农户意愿承担额度 ⋯ 076

第四节 农户最大意愿承担额度分布特征 ⋯ 078

第五节 现代节水灌溉技术建设农户意愿承担额度的计量分析 ⋯⋯⋯ 079

第六节 本章小结 ···086

|第八章| 农户节水抗旱小麦品种技术选择与农户灌溉行为 ··········088

第一节 引言与文献综述 ···088

第二节 样本特征与节水抗旱小麦品种技术选择 ··················091

第三节 样本特征与农户灌溉行为 ···097

第四节 模型 ···100

第五节 农户节水抗旱小麦品种技术选择计量经济分析 ··········104

第六节 节水抗旱小麦品种技术选择下农户灌溉行为计量经济分析 ···111

第七节 本章小结 ···116

|第九章| 华北平原冬小麦休耕制度研究 ···································118

第一节 引言与文献综述 ···118

第二节 农户主动休耕冬小麦情况 ···122

第三节 冬小麦休耕农户意愿补偿标准 ····································123

第四节 冬小麦休耕农户意愿土地分配决策 ·····························127

第五节 农户意愿冬小麦休耕年限 ···129

第六节 计量经济框架 ··131

第七节 变量选取 ···133

第八节 经验结果 ···137

第九节 本章小结 ···143

|第十章| 农户改灌溉农业为旱作农业前景研究 ·······················145

第一节 引言与文献综述 ···145

第二节 农户主动改灌溉农业为旱作农业情况 ·························148

第三节 农户发展旱作作物的障碍 ···150

第四节 农户对旱作作物种植潜力判断 ····································151

第五节 农户改灌溉农业为旱作农业意愿补偿标准 ··················153

第六节 农户改灌溉农业为旱作农业意愿土地分配决策 ··········156

第七节 农户改灌溉农业为旱作农业意愿土地分配决策
       计量经济框架 ···159

第八节 经验结果 ···163

第九节　本章小结 ·· 167

|第十一章| **灌溉用地下水资源定价** ·· 169

第一节　引言 ·· 169

第二节　文献综述 ·· 170

第三节　灌溉用地下水资源定价方案设计 ······························ 175

第四节　基于条件调查的农户灌溉用地下水定价特征 ··············· 176

第五节　农户对灌溉超额用电加价支付意愿计量分析 ··············· 178

第六节　本章小结 ·· 184

|第十二章| **技术、制度、组织适应性及其推广优先序** ··········· 187

第一节　现代节水灌溉技术适应性 ·· 187

第二节　节水抗旱小麦品种适应性 ·· 188

第三节　冬小麦休耕制度适应性 ··· 189

第四节　旱作农业发展适应性 ·· 189

第五节　节水技术与模式推广优先序 ······································· 190

第六节　本章小结 ·· 191

|第十三章| **研究结论、基本判断与政策含义** ························· 192

第一节　研究结论 ·· 192

第二节　基本判断 ·· 196

第三节　政策含义 ·· 198

第四节　本章小结 ·· 201

|参考文献| ·· 202

|附　　录| ·· 212

|第一章|

绪 论

第一节 研究背景与研究思路

一、华北平原水资源利用状况变化

20世纪60年代末以前，华北平原地表水资源较为丰富，工农业生产主要开发利用地表水；1972年发生特大干旱后，开始大规模开采浅层地下水；1978年改革开放以来，随着工农业生产快速发展和城镇居民生活水平提高，对水资源需求量不断加大，由地下水开采引起的问题日益严重，并引发了一系列地质环境问题，如形成地下水漏斗、地面沉降、海（咸）水入侵地下淡水体等（张光辉等，2011）。地下水位降落漏斗规模不断向纵深扩展，形成深、浅层地下水位降落漏斗，导致华北平原地下水位下降和地下水超采的主要原因有四方面：一是区域降水量显著减少导致的资源性缺水。自20世纪50年代以来降水量趋于减少，孟素花等（2013）根据1956—2008年华北平原地表水四级区逐月降水量数据计算得出，20世纪60年代、70年代、80年代、90年代和21世纪初的年均降水量分别为589、568、518、517和502mm，降水量随时间推移总体呈下降趋势，资源性缺水量占总缺水量的15.09%～16.41%。二是管理性缺水。主要源于不恰当的水资源管理和不健全的规章制度安排，主要包括无效用水增加和水资源污染，管理性缺水量占总缺水量的22.12%～24.21%。三是水资源价格扭曲导致的政策性缺水。较低的水资源价格导致对水资源的过度需求，政策性缺水量占总缺水量的59.31%～

62.49%（张光辉等，2012）。四是河道渗漏补给减少。近几十年来在华北平原汇流山区大规模建设水利工程，修建水库1600多座，总库容超过300×10⁸m³，控制了山区汇水面积的85%以上（刘少玉等，2012），直接导致华北平原主要河流下游基本成为季节性河流，甚至全年断流干涸。张光辉等（2011）认为，造成华北平原水资源紧缺的最主要成因是政策性和管理性缺水，而不是资源性缺水。由于华北平原可利用的地表水资源有限，加之地表水普遍污染严重，地下水超采问题尚难根本缓解。

二、华北平原农业灌溉对地下水的依赖性

华北平原农业灌溉对地下水依赖性较强，2010—2015年平均农业开采量为132.34×10⁸m³，占该区农业灌溉总用水量的62.9%（王电龙，2016）。华北平原灌溉需水量与地下水位关系密切：作物灌溉需水量增大导致地下水开采量相应增大，从而加剧了地下水位下降。以小麦为主的夏粮作物、以玉米为主的秋粮作物和蔬菜、鲜果林田灌溉用水是华北农林用水的主体，占农林总用水量的97%以上；且以小麦等夏粮作物灌溉用水量居主导，玉米等秋粮作物灌溉用水量次之，但由于秋粮作物种植规模大，在灌溉用水总量中也占据重要地位；近10年鲜果林灌溉用水量逐年增加，且以开采地下水作为灌溉水源为主，因此蔬菜和鲜果林灌溉用水已成为农业主产区地下水位不断下降的重要影响因素。虽然粮食作物灌溉节水措施不断加强，但灌溉农业总用水量仍处于较严重超用状态，华北平原井灌区地下水超采问题日趋严峻，有效缓解与调控农业用水强度是缓解区域地下水超采和实现农业可持续发展的关键。

三、华北平原地下水超采治理与农业可持续发展探索

2014年中央一号文件提出"开展华北地下水超采漏斗区综合治理"；为改变水资源紧缺现状同，推动农业可持续发展，国家在《全国农业可持续发展规划（2015—2030年）》中将华北平原地下水严重超采区纳入黄淮海优化发展区域，重点治理地下水超采。为贯彻2014年中央一号文件精神要求，国家选择位于黑龙港流域的邢台、邯郸、衡水、沧州四市作为试点市，开展地下水超采综合治理。治理目标分为三个阶段：近期即至2015年，在试点区实现降低目前超采量的39%，实现明显降低冀枣衡深层地下水漏斗水位下降速率；中期即至2017年，在试点区降低目前超采量的74%，实现深层地下水漏斗水位止跌回升；远期即至2020年，在试点区实现地下水采补平衡，使深层地下水漏斗水位大幅上升，明显改善地下水生态（周明勤，2014）。治理措施为调整农业种植结构和农艺节水项目，主要包括水肥一体化高效节水灌溉技术、调整种植模式、冬小麦春灌节水稳产配套技术、小麦保护性耕作节水技术四项内容。在高效节水灌溉技术方面，主要是探寻与华北平原土质、地形、劳动资源禀赋等特征相适应的现代节

水灌溉技术类型，试点技术主要为微喷、固定式中喷与滴灌，试点作物主要为小麦、玉米、蔬菜和中药材。在调整种植模式方面，适当压减冬小麦种植面积，改冬小麦-夏玉米一年两熟制为一年一熟制，主要种植棉花、花生、油葵等旱作作物或种植一季玉米。在冬小麦春灌节水稳产配套技术方面，在地下水严重超采区推广节水抗旱小麦品种，实现小麦生育期内减少浇水1至2次，在减少灌溉次数的同时保持小麦产量不降低。在小麦保护性耕作节水技术方面，实行免耕、少耕和农作物秸秆及根茬粉碎覆盖还田，隔3至4年进行一次深松，以减少土壤风蚀、水蚀和沙尘，提高土壤肥力和作物抗旱节水能力。

四、研究思路

虽然试点采用的灌溉技术、种植模式与节水抗旱品种本身具有较好的节水效果，但技术或模式的推广实施效果受我国现实土地规模特征、农户社会经济与传统习惯等因素制约，且华北平原绝大部分地区灌溉用地下水资源价格仅包括灌溉抽水电费成本，未对水资源收费，水资源价格没有反映真实的环境成本，农户无须为因自身过度抽取地下水而产生的地下水位下降及其他农户抽水灌溉能源成本上升而付费，农户缺乏采用节水技术与改变种植模式激励，在生产实践中也没有充分发挥与挖掘技术节水的效果，因此需要对灌溉用地下水资源定价，以反映资源使用的社会成本。本研究的目的是探寻华北平原地下水超采治理农业技术背后更深层次的经济、制度与农户行为问题，主要从灌溉技术与制度、农业种植结构调整、灌溉用地下水资源定价三方面展开研究。在灌溉技术与制度部分，资源稀缺性诱致以现代节水灌溉技术为代表的机械技术变迁和以节水抗旱小麦品种为代表的生物技术变迁，由此产生了第五章和第八章的研究内容；为破解农户选择现代节水灌溉技术的土地规模小且地块分散以及缺乏集体行动方面的约束，需要探索现代节水灌溉技术设施运行及维护中农户集体行动组织创新，由此产生了第六章的研究内容；为破解农户对现代节水灌溉技术选择的资本约束，需要探索现代节水灌溉技术设施建设中农户与政府成本共担机制，由此产生了第七章的研究内容。在农业种植结构调整模式部分，抓住冬小麦是华北平原主要耗水作物这个主要矛盾，在当前地下水过度开采和长期单一种植模式导致的地力过度消耗的背景下，探索冬小麦休耕制度存在资源条件契机，由此产生了第九章的研究内容；当前地下水过度开采、种植结构单一和国内外市场粮价倒挂的现实，使得发展旱作农业存在资源与市场条件契机，且在冬小麦休耕地上改种旱作作物，在减少地下水消耗、促进农业结构调整的同时可保证小麦粮食安全，由此产生了第十章的研究内容。由于灌溉用水资源价格没有反映其真实价值，农户缺乏节水激励，导致节水技术与模式难以充分发挥节水效果，因此需要对灌溉用地下水资源定价。常见的水资源定价方法在实施中存在以下问题：因缺乏计量设施无法实施直接体积定价；在作物需水季，农户大面积抽取地下水，从而引起区域地下水位下降，水流不稳定，导致无法根据水流时间进行间接体积定价；而面积定价方法使得水资源分配无效，无法达到节约用水目的；按投入或产出定价存在道德风险和执行成本高的问题；为既保证农民合理灌溉用水、不增加农民负担，又促进农户节水行为，探索具有区域适应性且兼顾公平与效率标准的灌溉用地下水资源定价方案，由此产生了第十一章的研究内容。最后根据节水技术、制度、组织与华北平原地下水资源适应性，得出技术与模式推广的优先序。

第二节　研究内容、研究方法与研究意义

一、研究内容

首先指出水资源是华北平原农业可持续发展的主要制约因素，然后梳理世界其他地下水流域地区化解水资源对农业可持续发展制约的实践，重点介绍美国高平原、发展中国家可持续地下水灌溉管理经验及现有研究对华北平原农业可持续发展节水途径的探索，并由国外实践及华北平原节水探索得到对本研究的启示。主体部分研究内容如下：

（一）华北平原农户灌溉技术选择

该部分介绍华北平原农户灌溉用水资源和浇水季劳动资源禀赋状况，以及面对资源禀赋条件农户做出的灌溉技术选择；农户人口和社会经济特征、灌溉特征、土地特征、水资源和劳动资源禀赋特征、能源价格等因素对农户灌溉技术选择的影响，是该部分研究重点。

（二）现代节水灌溉技术设施运行及维护中农户集体行动组织创新探索

该部分重点研究农户集体行动组织创新与制度设计。在组织创新中，研究与农户集体行动要求相适应的灌溉小组组织设计内容、灌溉小组成立方式及与成立方式相对应的成员数与土地规模特征，并让农户根据以往合作经验对合适的灌溉小组规模做出判断。在灌溉小组制度设计中主要研究灌溉小组活动内容、灌溉及设施维护管理形式、向农户收取的费用及对搭便车行为的惩罚措施。

（三）现代节水灌溉技术设施建设农户与政府成本共担机制研究

该部分利用双边界离散选择条件调查，就华北平原农户对固定式喷灌、滴灌技术的意愿成本承担额度进行分析，研究农户意愿成本承担额度的主要影响因素；对比分析由双边界离散选择模型和单边界模型计算得到的农户平均意愿成本承担额度估计值；最后将农户意愿成本承担额度的希克斯补偿变化与替代技术机会成本进行比较分析。

（四）农户节水抗旱小麦品种技术选择与农户灌溉行为

该部分抓住小麦是华北平原地下水消耗主要作物这个主要矛盾，研究水资源约束下农户对节水抗旱小麦品种技术选择与农户灌溉行为。在农户对节水抗旱小麦品种技术选择方面，重点研究农户对节水抗旱小麦品种选择和农户土地分配决策之间的分布特征；探索农户人口与社会经济特征、资源禀赋条件、新品种技术信息获取渠道、能源成本、品种生产特性等因素与节水抗旱小麦品种技术选择和土地分配决策之间的关系。在农户灌溉行为方面，重点研究在节水抗旱小麦品种技术选择下农户灌溉次数与使用传统品种时的区别；探索农户经济特征、资源禀赋条件、土质、品种生产特性、灌溉水源等因素与农户灌溉行为之间的关系。

（五）华北平原冬小麦休耕制度研究

该部分结合使用实际数据和条件价值调查数据研究华北平原冬小麦休耕制度，其中，农户主动休耕情况为实际数据，农户意愿休耕补偿额、意愿休耕年限、意愿休耕土地面积比率为基于条件调查的假设回答数据。该部分主要研究以下五方面内容：第一，农户主动休耕冬小麦情况，包括主动休耕原因及休耕后种植结构；第二，冬小麦休耕农户意愿补偿标准，包括农户意愿补偿方案、意愿休耕补偿额分布特征及农户冬小麦休耕损失类别及特征；第三，冬小麦休耕农户意愿土地分配决策，包括农户意愿土地分配决策及其原因、冬小麦休耕农户意愿地块选择标准；第四，农户意愿冬小麦休耕年限及原因；第五，经济因素、水资源状况、土地特征及灌溉特征等因素对农户意愿休耕补偿额的影响，人口与经济因素、资源稀缺性、灌溉特征、冬小麦休耕农户意愿补偿额及其预期值等因素对冬小麦休耕农户意愿土地分配决策的影响，人口与经济因素、水资源状况、冬小麦休耕对农户生活影响、冬小麦休耕对农业生产影响、冬小麦休耕农户意愿补偿额等因素对意愿休耕年限的影响。

（六）农户改灌溉农业为旱作农业前景研究

该部分结合使用实际数据和假设数据研究农户改灌溉农业为旱作农业前景，其中，农户主动改种旱作作物情况、发展旱作作物障碍、农户对旱作作物种植潜力判断为实际数据；农户改灌溉农业为旱作农业意愿补偿标准及意愿土地分配决策为基于条件调查的假设数据。该部分主要研究以下六方面内容：第一，农户主动改灌溉农业为旱作农业情况，包括农户主动改种旱作作物情况和农户主动改灌溉农业为旱作农业原因；第二，农户发展旱作作物的障碍；第三，农户对旱作作物种植潜力的判断，包括判断具有发展潜力的旱作作物及其投入产出情况；第四，农户改灌溉农业为旱作农业意愿补偿标准，包括意愿补偿方案、意愿补偿额分布特征和具有发展前景的旱作作物补偿类别及特征；第五，农户改灌溉农业为旱作农业意愿土地分配决策，包括土地分配决策及原因、农户改旱作意愿地块选择标准；第六，人口因素、资源稀缺性、地块特征、农户冬小麦休耕意愿、灌溉情况、农户主动改种旱作作物情况、农户对旱作作物种植潜力判断等因素对农户改灌溉农业为旱作农业意愿土地分配决策的影响。

（七）灌溉用地下水资源定价

该部分探索按抽水灌溉电表读数间接对灌溉用地下水收费，为兼顾公平与效率标准，采取"配额制+加价"的定价方式。该部分主要研究以下五方面内容：第一，灌溉用地下水资源定价方案设计；第二，基于条件调查的农户灌溉用地下水定价特征，包括灌溉机井提水距离与灌溉用电配额之间的关系、灌溉超额用电农户意愿加价；第三，经济特征、灌溉特征、水资源稀缺性、农户对配额制定价方案评价、电量配额等因素对农户超额灌溉用电加价意愿影响；第四，超额灌溉用电加价百分比与提水距离分布特征；第五，农户对配额制定价方案评价。

二、研究方法

（一）实地调查研究方法

实地调查研究分为预调查和正式农户问卷调查两阶段。预调查主要目的是对研究区域进行摸底，探寻制约华北平原农业可持续发展的关键因素，选择分别代表浅层地下水超采区的邢台市任县和巨鹿县以及代表深层地下水超采区的衡水市景县对地下水超采治理试点项目进行调研；在每个县选取2至3个乡镇，在每个乡镇选取1至2个村，对村干部、种粮大户、农业合作社负责人、农户等主体进行结构式访谈。在前期预调查及阅读相关文献基础上编制农户调查问卷进行正式调查。正式问卷调查采取多阶段与随机抽样相结合的抽样方法，采取入户调查方式，由调查员对农户进行面对面问卷调查。通过实地调查研究方法获得第一手研究数据。

（二）综合运用统计分析、微观经济分析、计量经济分析与实验经济学方法

基于农户视角，从灌溉技术与制度、种植模式、灌溉水定价三方面对农户行为与意愿进行微观经济分析；利用统计学方法勾勒变化及预测趋势，并在此基础上通过建立计量经济模型对影响变化和趋势的因素进行定量分析。由于华北平原地下水超采治理尚处于政策探索的试点阶段，所能掌握的数据非常有限，为探索与现实情况相符的

政策，需要运用实验经济学方法基于条件参与调查了解农户行为与意愿，以探索与生产条件、资源状况、人口与经济特征、粮食安全保障及可持续发展要求相适应的技术与制度选择。

三、研究意义

地下水位下降是我国普遍存在的现象，华北地区表现得尤为突出，农业用水是造成该现象的主要原因。地下水位下降、农业灌溉困难是制约华北平原农业发展的重要因素，同时也是政府与农民十分关切与亟须解决的重要问题。在灌溉用水资源稀缺性、抽水灌溉能源成本提高、农业劳动力老龄化与兼业化引致的劳动资源稀缺性等多重约束下，识别出扭转华北平原地下水位下降、实现农业可持续发展的关键技术与种植模式，并探寻隐藏在关键技术与适宜模式背后对节水技术选择与节水效果发挥具有重要影响的经济与制度因素具有现实意义。同时，在第一手数据资料基础上，从技术选择、集体行动组织创新、成本分担机制、生态补偿、农户行为、资源定价等发展经济学、制度经济学、生态经济学与行为经济学视角研究华北平原农业可持续发展具有理论意义。

第三节 创新与不足

研究存在以下四方面创新性：

第一，基于我国现实土地规模特征提出，解决高效节水灌溉技术对土地规模要求与农户土地经营规模小且地块分散现实之间矛盾的制度选择，是探索社区层面的农户集体行动。对于为数众多的小农户可探索在现代节水灌溉技术设施运行及维护中的农户集体行动组织创新和制度创新来推广现代节水灌溉技术，以破解小农户因土地经营规模小和地块分散及组织约束对新技术选择的制约。为破解农户对现代节水灌溉技术选择的资本约束，可采取农户与政府成本共担的投入形式，研究得出的农户对固定式中喷、滴灌技术108.99元/亩的平均意愿成本承担额度，对于政府制定推广现代节水灌溉技术成本分担机制具有政策参考价值。

第二，用连续性变量即技术使用的程度和强度研究农户对节水抗旱小麦品种技术选择，并通过基于样本选择的双变量Probit模型研究农户节水抗旱小麦品种技术选择下农户是否减少灌溉次数的灌溉行为。

第三，通过建立联立方程模型将冬小麦休耕制度与改灌溉农业为旱作农业制度实现对接，以减少地下水灌溉、促进农业结构调整并保证小麦粮食安全。

第四，为兼顾公平与效率，采取"配额制+加价"的定价方式，探索按抽水灌溉电表读数以间接对灌溉用地下水资源收费。通过"配额"保证农户合理灌溉用水，通过"加价"促进农户节水行为，以达到在保证粮食安全、稳定农户收入前提下促进节约灌溉用地下水的目的。

但是该研究还存在以下三方面不足：

第一，本研究基于横截面数据从灌溉技术与制度、种植模式与灌溉水定价方面研究华北平原农业可持续发展，而要了解在资源约束下农户灌溉技术选择、农户节水抗旱小麦品种选择及灌溉行为、农户冬小麦休耕及改种旱作作物实践的动态演化及其特征，则需要采用时间序列数据进行研究。因此，本研究无法动态反映农户面对资源约束做出的适应性调整。

第二，部分研究内容，如灌溉小组制度设计、农户冬小麦休耕意愿、农户发展旱作农业意愿、超额灌溉用电加价，均为基于条件参与调查的假设数据，虽然使用基于条件参与调查假设数据的优点是可以识别基于个体的影响参与率的协变量，但其局限性是使用假设回答数据预测实际参与反应的可靠性存在疑问，同时将小范围研究点获得的信息扩展至其他政策区域存在问题。

第三，本研究以国家在河北省地下水超采治理试点为背景，探索潜藏在技术背后更深层次的经济、制度与行为问题，可能具有局限性，因为试点的特定技术和模式与创新时间、政府扶持力度有关，这些技术和模式既有有效性，又有局限性。

第四节　本章小结

中国华北平原长期地下水超采导致地下水位下降，并引发一系列地质环境问题。造成水资源紧缺情势严峻的最主要原因是水资源价格扭曲导致的政策性缺水和不健全的水资源管理规章制度安排。华北平原农业灌溉对地下水依赖性较强，有效缓解与调控农业用水强度是缓解区域地下水超采和实现农业可持续发展的关键。本研究的目的是探寻华北平原地下水超采治理农业技术背后更深层次的经济、制度与农户行为问题，利用第一手调研数据，运用微观经济分析、计量经济分析与实验经济学方法，主要从灌溉技术与制度、农业种植结构调整、灌溉用地下水资源定价三方面展开研究。在灌溉技术与制度部分，重点研究农户灌溉技术选择与集体行动、现代节水灌溉技术设施建设中农户与政府成本共担机制。在农业种植结构调整部分，重点研究冬小麦休耕制度和改灌溉农业为旱作农业的前景与制度。在灌溉用地下水资源定价部分，探索具有区域适应性且兼顾公平与效率标准的灌溉用地下水资源定价方案。

|第二章|

水资源成为华北平原农业
可持续发展主要制约因素

第一节　研究区域简介

华北平原位于我国东部，地理坐标为东经112°30′～119°30′，北纬34°46′～40°25′。行政区划包括北京、天津、河北省所辖全部平原，以及黄河以北的豫北和鲁北平原。华北平原是我国北方经济核心区，区内经济发展不平衡。

华北平原属欧亚大陆东岸暖温带半干旱季风型气候区。华北平原降水量季节分配不均，全年降水多集中在7月至9月份，占全年降水量的75%左右，冬季降水最少，易产生干旱和洪涝双重灾害；降水量年际变化大，少雨年份平均降水量不足400mm，多雨年份平均降水量大于800mm。

华北平原属黄河、海河、淮河及滦河流域，此外还有徒骇河、马颊河、冀东沿海诸河等直接入海的小河流，发源于山区的河流经山前水库拦蓄后进入华北平原。随着20多年降水量减少及上游水库拦蓄，华北平原大部分河道常年干涸，仅在汛期短时过流。

华北平原光热资源丰富，适于农作物生长，是我国粮食、蔬菜和鲜果农业主产区，粮食作物以小麦、玉米、高粱等为主，占农作物总播种面积的80%；经济作物以蔬菜、棉花、花生等为主。在主要耗水作物小麦的生育期内（3—5月），降水量不足全年的20%，而小麦等夏粮作物灌溉用水量占华北平原农林灌溉总用水量的46.9%～57.6%，且越往南比率越大，越近山前比率越大。每年3—5月降水量不能满足小麦等夏粮作物需水要求，该时期降水量与作物需水量之间不相适应，春季农田灌溉造成该时期地下水超采问题。

第二节　华北平原地下水位变化

一、华北平原地下水资源开发利用历史

华北平原地下水资源开发利用历史与农村电力发展、打井技术和提水技术变迁、社会经济发展等有关。20世纪50年代初至60年代末，华北平原地表水资源比较丰富，工农业生产主要开发利用地表水，特别是农业灌溉用水以地表水为主，当时建设的井以人工砖井为主，井深均在10米以内，均为人工提水方式；受提水工具限制，地下水开采量远小于地下水补给量，对地下水埋深影响小（孙孝波等，2012）。20世纪70年代，随着农村电力化和电动工具发展，水泵、电动水车等电动提水工具代替了人工提水，打井水平也得到提升，开始出现机井，机井深度可达30m，完全可满足离心泵抽水距离要求，从此大量抽取井水灌溉导致地下水大量开采；特别是1972年特大干旱后开始大规模打井，以开采浅层地下水用以满足农田灌溉需求，使得地下水开采量逐步超过地表水供水量。20世纪80年代以来，尤其是1978年改革开放以来，工农业生产得到快速发展，城镇居民生活水平不断提高，城市用水日益紧张，地下水超采问题日益突出，伴随发生了较严重的环境地质问题。

二、华北平原水资源量变化特征

（一）华北平原总水资源量①减少

1956—2009年华北平原平均总水资源量为170.99亿m^3/a，其中，地表水资源量为59.57亿m^3/a，占总水资源量的34.84%；地下水资源量为111.42亿m^3/a，占总水资源量的65.16%。1980—2009年华北平原平均总水资源量为144.90亿m^3/a，其中，地表水资源量为47.49亿m^3/a，相对1956—2009年均值减少20.27%；地下水资源量为97.41亿m^3/a，相对1956—2009年均值减少14.37%（张光辉等，2012）。

---

① 一定区域总水资源量指当地降水形成的地表径流量和地下水资源量之和。

（二）华北平原浅层地下水位变化状况

20世纪50—60年代，华北山前平原区浅层地下水位为23～82m，中部平原区为5～23m，滨海平原区为0～5m，当时地下水流场基本保持天然状态。至20世纪80年代，华北山前平原区浅层地下水位下降5～20m，地下水位为20～60m；中部及滨海平原区浅层地下水位下降幅度较小，地下水位为0～18m。至2009年，华北山前平原区浅层地下水位下降15～40m，中部平原区浅层地下水位埋深下降5～15m，滨海平原区浅层地下水位下降0～7m。

（三）华北平原深层地下水位变化状况

20世纪50—60年代，华北山前平原区深层地下水位为25～75m，中部及滨海平原区深层地下水位为5～25m。至20世纪80年代，山前平原区深层地下水位下降5m，地下水位为20～70m；中部及滨海平原区地下水位下降5～20m；此期间，冀枣衡深层地下水位降落漏斗和沧州漏斗均达到较大规模。21世纪初，山前平原区深层地下水位下降至-10～60m，而中部及滨海平原区地下水位降至-90～-10m；天津、文安-大成、冀枣衡、沧州和德州深层地下水漏斗彼此相连。

（四）华北平原地下水位降落漏斗特征

华北平原由于长期大规模、高强度开采地下水，加之平原区大部分河流长期干涸和干旱天气频发，导致地下水漏斗不断增多，规模不断扩大，诸多地下水漏斗之间彼此镶嵌、融合，形成区域性地下水降落漏斗群：目前华北平原浅层地下水降落漏斗面积超过9700km²，主要分布在山前平原城市集中开采区和山前平原-中东部平原交接地带农业集中开采区。较大型浅层地下水位降落漏斗群主要有北京天竺-通州漏斗、河北保定漏斗、石家庄漏斗、宁柏隆漏斗、高蠡清漏斗、邯郸漏斗、河南安阳和新乡漏斗。其中邢台-宁柏隆-石家庄超采区是华北平原最大的浅层地下水超采区；大部分浅层漏斗区形成始于20世纪70年代初，急剧扩展于20世纪80—90年代，进入21世纪后一些漏斗区地下水位出现回升或缓解迹象。华北平原深层承压地下水位降落漏斗已呈现廊坊-天津、沧州和衡水-德州3个面积较大的分布群落，集中分布在深层地下水开采量较大的中部和东部平原。常年性深层地下水位降落漏斗主要有天津漏斗、廊坊漏斗、冀枣衡漏斗、沧州漏斗和德州漏斗，其中冀枣衡漏斗与德州漏斗已连成漏斗群，形成华北平原最大的深层地下水超采区。

第三节 水资源成为华北平原农业 可持续发展主要制约因素

华北平原是我国粮食、蔬菜和鲜果主产区之一，也是唯一灌溉用水以开采地下水为主的地区，地下水在华北平原农业发展中具有支撑性基础资源和不可或缺的战略资源意义，如何从根本上缓解华北平原地下水严重超采情势，是亟须解决的重大现实问题。

农业灌溉超用水是华北平原地下水位不断下降的主导因素，与耗水农作物种植规模过大和气候持续干旱密切相关（张光辉等，2012）。研究表明，区域地下水位不断下降与极端干旱年份和连续偏枯年份农业开采强度急剧增大密切相关。以小麦为主的夏粮作物灌溉用水对区域地下水位大幅下降具有主导影响作用，主要发生在每年3—5月；以玉米为主的秋粮作物灌溉用水影响为次，主要表现在极端干旱年份或连续偏枯年份；蔬菜作物灌溉用水强度不断加大，已成为农业区地下水超采重要影响因素；鲜果林灌溉用水对水资源匮乏地区地下水超采具有加剧效应。从地下水超采区农作物灌溉用水开采强度看，华北山前平原农业开采强度最大，为20.74万 $m^3/$（a·km^2）；华北平原中部的黑龙港地区为次，农业开采强度为14.71万 $m^3/$（a·km^2）；滨海平原农业开采强度相对较小，为7.97万 $m^3/$（a·km^2）。但是从基于各超采区当地的地下水可开采量来看，灌溉用水超用程度最为严重的地区是黑龙港平原农田区，灌溉用水和超采程度大于100%；其次是滨海平原，为95.25%；山前平原灌溉用水超采程度较小，为87.47%。

水资源成为华北平原农业可持续发展主要制约因素有技术和政策两方面成因。技术方面成因主要包括：第一，农业用水效率低。农业用水浪费严重，农田灌溉用水效率平均为45%，农田对自然降水利用率仅为56%；旱地农田水分利用效率为0.60～0.75kg/m^3（张依章等，2007）。第二，水资源循环利用率低。第三，水资源利用结构升级缓慢。农业节水效果高于工业和生活节水效果，在华北平原现状总用水量和用水结构基础上，农业总用水量减少15%，即减少水量41.25亿～45.68亿 m^3/a，相当于工业和生活总用水量的35.57%～38.07%；而工业和生活总用水量减少30%，减少水量仅为32.38亿～35.47亿 m^3/a，且由于城市化和规划产业园规模的提高，导致减降工业和生活用水难度相当大。因此，科学调控农业用水、优化调整种植结构和推广节水技术是缓解华北平原区域地下水超采情势、实现农业可持续发展的根本对策。第四，地下水利用体系的完善加速了地下水开采。如打井技术创新降低了打大口井、打深井的难度，农田电力基础设施的完善降低了获取地下水的难度，抽水机的改进降低了抽水成本，输水管使用成本降低等。政策方面成因主要有：第一，水资源价格没有反映水资源稀缺性的变化，导致对水资源过度需求；第二，打井补贴、农机补贴、农用电（柴油）补贴等一系列生产补贴，降低了地下水使用成本，导致地下水过度开采。

第四节　本章小结

华北平原由于长期大规模、高强度开采地下水，加之平原区大部分河流长期干涸和干旱天气频发，导致地下水漏斗不断增多，规模不断扩大，形成区域性地下水降落漏斗群。其中，邢台-宁柏隆-石家庄超采区是华北平原最大的浅层地下水超采区；冀枣衡漏斗与德州漏斗已连成漏斗群，形成华北平原最大的深层地下水超采区。农业灌溉超用水是华北平原地下水位不断下降的主导因素，农业用水效率低、水资源循环利用率低、水资源利用结构升级缓慢、对机井和农用电的补贴等技术与政策方面的原因，使得农业用水需求增加，水资源成为华北平原农业可持续发展的制约因素。

|第三章|

国内外地下水削减与农业
可持续发展综述及启示

第一节　美国高平原地下水削减
及可持续灌溉管理

美国高平原是全球地下水超采的热点地区，在气候条件、农作物类型以及地下水超采问题等方面与华北平原具有相似性。因此，美国高平原在面对地下水资源削减所采取的技术与制度选择，对于华北平原面对水资源约束实施农业可持续发展具有借鉴意义。

一、美国高平原自然条件

美国高平原（U. S. High Plains）是美国大平原的一部分，地理坐标为北纬31.8°～43.7°，西经96.3°～105.9°。美国高平原西起落基山脉东麓，东至密西西比大平原西侧，整体地形由东向西倾斜，地势平坦，土壤肥沃，但降水量不足，被奥加拉拉含水层（Ogallala Aquifer）地下水资源覆盖。高平原土地面积约45.4万km²，行政区划包括南达科他州、俄怀明州、内布拉斯加州、科罗拉多州、堪萨斯州、俄克拉荷马州、新墨西哥州和得克萨斯州。属温带大陆性季风气候，多年平均日均温为6～17°C，多年平均降水量为493mm，东部较湿润地区年降水量达600～800mm，西部较干旱地区年降水量在400mm左右。

二、美国高平原农业发展历史

从历史看，美国高平原地区农业生产最主要制约因素是水资源缺乏。美国高平原虽被奥加拉拉含水层地下水资源覆盖，但由于缺乏抽水技术，使得地下水无法用于农业生产。直至20世纪30年代，关键技术创新——抽水泵得到发展，使得地下水可以抽取来灌溉，解决了发展农业生产的关键生态约束——水资源，使得美国高平原地区灌溉面积剧增。20世纪40年代以前，受地下水位埋藏条件和地面起伏程度等因素制约，美国高平原灌溉范围主要集中在几条大的河流沿岸，主要依靠浅层地下水灌溉。20世纪60年代后，深井潜水泵技术和大型中央喷灌机的推广，使得美国高平原农业突破了地表河流和地形不平整的限制，地下水开采能力得到提高，农业灌溉对地下水的依赖性增强。20世纪80年代，制约美国高平原可持续灌溉农业发展的三大因素是：不断上升的能源成本、较低的玉米价格及不断增加的提水距离。20世纪80年代后，高效节水灌溉技术的推广，使得灌溉面积增加的同时灌溉耗水量趋于减少。

三、美国高平原地下水资源的消耗

美国高平原地下水资源过度消耗。1950—2011年，高平原地下水资源过度消耗，并在区域上造成平均约4.9m的地下水位降幅（裴宏伟等，2016）。地下水消耗速率表现出区域差异性。北部内布拉斯加州地下水消耗较为平稳，主要原因是：北部气温较低，蒸散发较弱，以及内布拉斯加州有两条径流较大的河流对地下水进行补给；中南部的堪萨斯州和得克萨斯州地下水消耗速率则相对较快，高平原中部和南部两个地区地下水埋深达100m，部分地区地下水水位下降速率在1m/a左右，与华北山前平原中段地下水严重超采区水位降幅相当（裴宏伟等，2016）。

四、面对可持续灌溉制约因素的适应性调整

面对地下水位下降、抽水灌溉能源成本上升的资源环境与经济约束，美国高平原农业从农户和政府层面做出了适应性调整，主要体现在以下三个方面：第一，调整农业种植结构。小麦和玉米是美国高平原最主要的粮食作物，且玉米为灌溉作物，小麦为雨养作物；面对资源约束农民转向轮种耗水较少的抗旱小麦和高粱（Harry，1988；Peter，2007），以扩大雨养作物种植面积，减少灌溉作物种植面积，提高早春降水利用率。第二，采用高效节水灌溉技术。美国高平原通过推广中央喷灌机等高效节水灌溉技术，在稳定粮食产量的同时减少了地下水消耗；为缓解地下水削减，20世纪90年代堪萨斯州水土保持委员会为灌溉者提供农户和政府成本共担的支持机制，以鼓励投资现代节水灌溉技术（Harrington et al，2007）。第三，实施保护性耕作。20世纪80年

代以后，美国高平原北部采取了一系列措施以保护地下水资源，如实施保护性耕作，限制地下水开采等，通过少耕、免耕技术及限采缓解了农业系统对地下水资源的超采压力。在上述措施共同作用下，美国高平原灌溉量从1949年的550mm/a减至2010年的320mm/a（裴宏伟等，2016），灌溉深度呈逐年下降趋势。

第二节　发展中国家可持续地下水灌溉管理经验

一、差异化的地下水资源管理制度安排

同一含水层的不同地区或同一地区的不同含水层由于资源禀赋条件差异需采取差异化的地下水管理办法。例如在印度北方邦恒河平原地区，由于流域上游、中游、下游地下水资源分布状况不同，需采取不同的地下水管理办法。又如在秘鲁伊卡地区的Lower Ica Valley和Pampas de Villacuri两个含水层系统，Lower Ica Valley有较充裕的直接与间接补给，而Pampas de Villacuri含水层为不可更新资源，地下水补给量小。因此，需要基于两个含水层资源动态性差异采取不同的管理办法。

二、地下水资源管理的社区参与和自我规制

地下水利用的社区自我规制是地下水资源管理最现实的选择。印度半岛的Maharashtra和Andhra Pradesh地区是社区参与式地下水资源管理的成功案例。Maharashtra地区于2002年引入村庄层面的作物-水预算管理，通过农田数据估计雨季后可获得的土壤水和地下水量，优先安排人与牲畜用水；其次参照以往经验计算灌溉用水，并与村民提议的作物总需水量进行比较。遇干旱年份，要求村民减少灌溉面积，并优先种植低需水作物。Andhra Pradesh地区于20世纪90年代引入参与式水文地质监测项目，通过给农民提供必要的知识、数据和技能让其理解地下水资源，并通过控制农田水需求来管理地下水使用。随后该地区于2007年实施参与式地下水使用与灌溉项目，使地下水可获得性与灌溉用水紧密联系，由农户自己做出抽水及灌溉决策。该项目实施效果非常积极：通过作物多样化和节水灌溉技术减少了地下水使用；通过多元个体风险管理决策而不是"利他的集体行动"缓解了地下水过度开采，并改善了农民收益。

三、地下水使用规制与地下水交易权

地下水使用规制工具需考虑四方面因素：第一，要具有社会可接受性。如水井钻取禁令、水井间距标准、地下水计量等，要为地下水资源利益相关者广泛接受和认可。第二，为地下水抽取或使用权定义具体比率或分配份额，并随时间推移和含水层变化做出调整，要避免"永久权"。第三，制止水井权的空间转移。第四，制止非法打井和非法抽取地下水行为。需注意的是，单独使用规制不足以成功管理地下水资源，需求管理的经济激励有助于提高管理效率。

地下水交易权不是对资源规制的替代而是补充。建立地下水市场需采取渐进方法：首先，制定使用规则，建立并定义使用权及用水者参与机制；其次，使部分或全部地下水权或分配权实现暂时性或永久性可交易。

地下水使用许可或分配权交易有利于将地下水引向高价值使用，且能为各方接受，在提高经济性的同时可降低社会矛盾。值得注意的是，地下水市场涉及使用权或分配权交易，而不是供应水的买卖或地权转移。

四、全面反映地下水资源价值

地下水资源价值倾向于被低估，尤其在开采不受控制的地区。地下水开采者获得了收益却只支付了其中的供水成本，包括资本成本、维护及运行成本和资源管理成本，由地下水超采引起的咸水入侵、地面沉降等外部成本和社会机会成本却被忽视。这种价值低估导致资源利用的经济非效率。

对地下水收费是确保地下水有效利用的最直接方法，但在发展中国家实施该方法存在两方面困难：第一，农业用水量缺乏计量；第二，对大量分散的、处在生存线的农民的灌溉用水收费有悖公平原则。针对上述困难的解决办法是，采用从抽水计量的用电量来估计用水量的间接收费方法，因此需要对农村灌溉用电价、柴油价格等能源定价。Hector Garduno 和 Stephen Foster（2010）指出，实施农村灌溉用能源定价需要相关辅助政策：第一，取消对农村电价补贴。当前世界许多地区为降低农业生产成本而实施的农村电价补贴加速了地下水资源消耗。第二，实施农业灌溉梯度电价。当前的农业水平电价机制不合理，使农民被排除在与地下水位下降相关的成本之外。第三，对生存农民抽水灌溉能源账单的一部分进行目标导向型补贴，在提高用水效率的同时兼顾公平原则。第四，在地下水稀缺地区取消对高耗水作物的保证价格及补贴。

第三节　华北平原农业可持续发展节水途径探索

华北平原是我国乃至世界地下水位下降最为严重的区域，在地下水超采、地下水资源紧缺的现实背景下，现有研究对华北平原农业可持续发展节水途径的探索主要归为工程节水技术、农艺节水技术、改变种植制度和调整种植结构、灌溉水定价机制四方面。

一、工程节水技术

姚治君等（2000）指出，华北平原中远期（2010—2030年）应加大喷灌、滴灌、微灌等技术实施力。华北平原地表水供给不足和地下水超采引起的水资源紧缺程度加剧的现状、由地下水位下降引起的抽水灌溉能源成本提高、农业劳动力老龄化和兼业化引致的劳动资源稀缺等因素，使得在华北平原发展现代节水灌溉技术更具紧迫性，同时也为新技术变迁提供了契机（王长燕等，2006；左喆瑜，2016）。但是现代节水灌溉技术较高的投入成本以及需要集体合作的特性，使得农户对该技术采用率低（刘宇等，2009）。韩一军等（2015）基于对北方干旱缺水地区的河北、山东、河南、山西四省的农户调查数据显示，影响小麦种植农户采用喷灌、滴灌等社区型节水技术的主要因素是户主受教育程度、家庭收入、认知程度、灌溉次数、灌溉使用地下水深度、政府补贴及农技培训，其中政府补贴政策和农技培训政策是提高社区型节水技术采用率的关键。

二、农艺节水技术

以喷灌、滴灌为主的现代节水灌溉技术投入成本较高，因而在推广工程节水技术的同时需大力推广成本低但效果明显的农艺节水技术，以提高作物水分利用效率（王道波等，2005）。冬小麦-夏玉米轮作的年总需水量远远超过降水量，研究小麦-玉米农艺节水是解决华北平原地下水超采的重要途径之一。刘晓敏等（2011）对比研究了太行山前平原区四种小麦-玉米减蒸降耗周年节水模式：常规模式（底墒水+拔节水+开花水）、综合节水模式（拔节水+开花水）、模式A（拔节水）、模式B（底墒水），利用熵权综合评价法对四种节水模式生产效益、社会经济效益、生态效益方面进行技术经济评价，结果表明，小麦-玉米综合节水模式的综合效益最优，其肥料投入低且水分经济利用效率最高。在冬小麦-夏玉米轮作中冬小麦是最主要耗水作物，王长燕等（2016）指出，通过实施减少灌溉次数、灌关键水等灌溉制度可达到节水目的。华北平原极端干旱事件也促进了农户采用抗旱品种等农田管理适应性措施，杨宇等（2016）利用华北平原5省数据建立二元选择模型，分析影响农户采用抗旱品种等适应性措施的因素，研究结果表明，资金、技术及物质支持的抗旱政策对农户采用抗旱品种有显著激励效果，而农田管理适应措施的采用显著地降低了由极端干旱事件引致的生产风险。

三、改变种植制度和调整种植结构

为解决华北平原当前冬小麦-夏玉米一年两熟制水资源供求不平衡导致的环境问题，刘明等（2008）比较了冬小麦-夏玉米一年两熟制、冬小麦-夏玉米-春玉米两年三熟制、春玉米一年一熟制三种种植制度的产量、水分利用效率和经济效益，研究结果表明：一年两熟制产量最高但耗水量过大；一年一熟制减少了总耗水量，但产量最低，且水分利用效率与纯收入也明显低于其他两种种植制度；两年三熟制总耗水量最低，降水量即可满足耗水量的80.4%，而总产量仅稍低于一年两熟制；因此作者认为两年三熟制能兼顾粮食安全与环境效应，是华北平原较为理想的种植制度选择。但张凯等（2016）认为，如果将目前华北平原冬小麦-夏玉米一年两熟制改为两年三熟制或春玉米一年一熟制模式，尽管可节约灌溉用水，但该区小麦产量将减少一半，小麦产量损失将占全国小麦生产的11.46%~22.92%，会对小麦生产造成影响；因此提出可根据地下水资源禀赋差异采取不同的种植结构：在地下水严重超采区采用冬小麦休耕和春玉米相结合的种植方式，在非严重超采区可适当引入非粮作物与小麦或玉米进行复种轮作。张凯等（2017）从作物地下水足迹角度提出，为节约地下水资源，华北平原可考虑马铃薯-夏玉米和冬小麦-夏花生的种植模式，马铃薯-夏玉米模式比冬小麦-夏玉米模式每平方米所产生的地下水足迹减少45%左右，冬小麦-夏花生模式地下水足迹相应减少4%左右。王长燕等（2006）指出，要因水制宜调整农作物类型：在地表水严重不足地区应压缩冬小麦种植面积，发展需水较少的棉花、谷子、高粱、甘薯等旱作作物；而在水土资源较适宜地区发展规模化小麦-玉米种植。冬小麦休耕与种植结构调整相结合的种植模式可以兼顾环境效益和农业结构优化，但冬小麦休耕政策的前提是要保证粮食安全，且应加强对休耕地的管理。饶静（2016）指出，冬小麦休耕宜可考虑引入绿色补贴机制，将现有农业补贴与节约灌溉用水要求相挂钩。

四、灌溉水定价机制

除了现代节水灌溉技术、农艺节水技术、种植制度和种植结构调整，现有研究还从水资源定价机制方面探索华北平原农业节水管理机制。河北省在邯郸市、衡水市、张家口市探索试点定额水价制度和超额累进水价制度（吴立娟，2015）。其中，定额水价制度指对未安装水费计量设施的农户实行以电折价，将所用电量换算成水量，按电量收费；定额内用水量不对农户收取水资源费，只征收电费、水利设施维护费等。超额累进水价制度对定额指标内的水量给予优惠水价，对超出定额外的水费实行加价，超出量越多水价越高。对灌溉用水征收水费时，水价政策会对农户农业生产安排产生影响，刘一明等（2011）利用比较静态分析方法分析单一水价与超定额累进加价两种定价政策对农户用水行为的影响，研究结果表明，单一水价与超定额累进加价均会激励农户采用更高效的灌溉技术，农户也会通过调整种植面积或种植结构来减少灌溉用水量。这说明，要使节水技术与节水制度发挥节水效果，需要对灌溉用地下水资源定价，通过真实反映地下水资源价值来激励农户节水行为。

第四节　国内外地下水超采治理与农业可持续发展探索对本研究的启示

由美国高平原、发展中国家及华北平原面对地下水位下降做出的农业可持续发展探索可总结出：现代节水灌溉技术、灌溉制度、农业种植结构调整及灌溉水资源定价是缓解地下水位下降、实现农业可持续发展的关键技术与制度设计。虽然华北平原所试点的灌溉技术与种植制度本身具有好的节水效果，但我国现实土地规模特征、农户社会经济与传统习惯等使得技术推广与制度实施存在诸多限制因素，并已直接制约节水效果的发挥。本研究试图探寻与华北平原资源环境特征和社会经济特征相适应的农业可持续发展道路。

一、灌溉技术与制度

该部分主要从农户灌溉技术选择、现代节水灌溉技术运行及维护中农户集体行动组织创新探索、现代节水灌溉技术建设农户与政府成本共担机制研究、农户对节水抗旱小麦品种技术选择与农户灌溉行为四方面进行研究。

（一）农户灌溉技术选择

地下水位下降引起的水资源稀缺、提水灌溉能源成本上升、由农业劳动力老龄化引致的劳动力资源稀缺会诱致华北平原农户做出怎样的灌溉技术选择？影响农户灌溉技术选择的因素是什么？农户现代节水灌溉技术选择背后的技术特征、土地特征、资源禀赋特征、社会网络特征是什么？通过研究农户技术选择行为来探寻与华北平原水资源、劳动力资源、资本资源条件相适宜的农业灌溉技术。

（二）现代节水灌溉技术运行及设施维护中农户集体行动组织创新

美国高平原通过推广高效节水灌溉技术在稳定粮食产量的同时减少了灌溉用地下水消耗，有效缓解了地下水削减。美国高平原的灌溉技术选择与美国较大的农业土地经营规模相适应。高效节水灌溉技术在我国推广的一个重要限制因素是农户土地细碎化。河北省地下水超采综合治理试点的水肥一体化喷灌、滴灌项目的对象主要为种粮大户、家庭农场和农民专业合作组织，因为这部分农业经营主体的土地经营规模大，集中连片程度高，符合现代节水灌溉技术对土地规模和集中连片经营的要求。但值得注意的是，我国仍有为数众多的小农户，其土地经营规模小，细碎化程度高。受城市化制约，农民市民化过程仍将很漫长，土地仍是农民最后生存保障的重要部分，规模经营难以在短时间内实现，小农户仍然是最主要的经营主体。然而华北平原不可持续的地下水超采对农业发展的制约将小农户排斥在现代节水灌溉技术之外，不但不利于华北平原地下水超采的治理，也不利于农业现代化的建设。发展中国家从发达国家引进的先进技术即使在技术与经济上有利可图，但如果忽视制度和社会习俗的差异，将导致引进技术无法达到预想目标，有效的政策导向是通过有效利用根植于传统的规范和习俗创造出能更好开发经济机会的制度（速水佑次郎等，2009）。解决高效节水灌溉技术对土地经营规模要求与农户土地经营规模小且地块分散之间矛盾的制度选择是成立灌溉小组，将土地连成片，并由灌溉小组负责灌溉及设备维护，成员农户按土地亩数分摊灌溉电费及人工管理成本。社区层面农户集体行动组织形式、解决搭便车问题的制度设计、维持集体行动的制度规范是该部分研究重点。

（三）现代节水灌溉技术建设农户与政府成本共担机制

2014年河北省地下水超采治理试点的小麦-玉米水肥一体化技术为微喷，由于微喷设施在小麦-玉米种植期内需要拆装，使用较为费工，农民采用意愿低，因而2015年试点技术改为固定式中喷。固定式中喷不但可以节约用水，还省去了设备使用过程中的拆装工序，较微喷省工，农户采用意愿高。在探寻到适合的技术后，关键问题是如何推广实施。现代节水灌溉技术投入成本较高，若完全由农户承担技术建设成本，一方面它超出了农户理性支付能力（刘军弟等，2012），另一方面农户因技术采用而节约的水资源具有保护环境、节约资源的正外部性，高投资成本、环境正外部性连同新技术采用的风险，使得农户难以在市场条件下发展现代节水灌溉技术；若完全由政府承担技术成本，不仅政府财政压力大，而且也不利于激发农户在后期维护的积极性，因而降低了技术使用效率。美国高平原推广现代节水灌溉技术的经验做法是，建立农户与政府成本共担机制，成本共担机制的关键是农户在一次性技术工程建设中承担份额的大小。农户承担份额可通过希克斯补偿变化、机会成本分析及对二者的比较分析进行研究。

（四）农户对节水抗旱小麦品种技术选择与农户灌溉行为

由水资源稀缺诱致的技术创新既包括以现代节水灌溉技术为代表的机械技术，也包括以节水抗旱小麦品种为代表的生物技术。华北平原是我国小麦的重要产区，冬小麦由于生长季雨水稀少主要依靠地下水灌溉而成为农业主要耗水作物，推广节水抗旱小麦品种是治理地下水超采、节约灌溉用水的一个重要方面。该部分主要研究水资源约束下农户对节水抗旱小麦品种的技术选择行为，厘清影响技术选择的社会经济因素、人口因素、技术特征等因素。从理论而言，采用节水抗旱小麦品种后可以减少灌溉1至2次，在稳产的前提下可节约用水。然而，节水效果的发挥最终取决于农户的灌溉行为，不同的农户特征导致不同的灌溉制度，该部分主要研究影响农户灌溉行为的社会经济、人口特征、土地规模、传统习惯等因素。

二、农业种植结构调整

冬小麦生长季降雨稀少，成为华北平原小麦-玉米轮作的主要耗水作物。该部分主要从冬小麦休耕制度和农户改灌溉农业为旱作农业前景两方面展开研究。

（一）华北平原冬小麦休耕制度

当前在华北平原地下水超采区探索冬小麦休耕制度，既是主动应对资源环境压力、促进农业可持续发展的需要，同时也具备较为成熟的国内国际市场条件。在多年粮食等农产品供给压力下，华北平原耕地地力过度消耗，地下水过度开采，农业可持续发展面临资源环境瓶颈。通过休耕让耕地休养生息，保护和提升地力，缓解地下水位下降；同时需要对休耕土地加强保护，采取土壤改良、培肥地力等措施，真正实现藏粮于地、藏粮于水（饶静，2016）。当前，国内粮食库存增加较多，国内外市场粮价倒挂明显，开展耕地休耕制度具备较为有利的国内国际市场环境条件。休耕制度研究主要分为三部分：休耕补偿标准、农户意愿休耕年限、农户意愿休耕土地分配决策。

（二）农户改灌溉农业为旱作农业前景

在冬小麦休耕基础上改种棉花、油葵、杂粮等旱作作物，不仅可以减少地下水灌溉，缓解地下水位下降，还可以调整农业种植结构，优化农产品供给结构。农户改灌溉农业为旱作农业面临旱作作物产量低、价格不稳定、销售困难等制约，同时由于旱作作物用工量大，当前农业劳动力老龄化与兼业化也制约了农户的耕种面积决策。农户改灌溉农业为旱作农业前景研究主要包括三部分内容：农户对旱作作物品种种植潜力判断、农户改灌溉农业为旱作农业生态补偿、农户改灌溉农业为旱作农业土地分配决策意愿。

三、灌溉用地下水资源定价

对灌溉用地下水资源定价是治理华北平原地下水超采和实现农业可持续发展的关键环节。目前华北农村地区基本只对抽水灌溉收取电费，没有对灌溉用地下水资源收费；由于水资源是无偿使用，资源价格没有反映资源稀缺性，农户缺乏采用节水技术与模式的激励，导致地下水资源过度开采。要充分发挥技术节水效果，就需要对水资源定价。对灌溉用水资源定价存在两点困难：第一，农村没有对灌溉用水量进行计量；第二，农业是弱质产业，比较收益低，在农业生产成本趋高的现实背景下再对灌溉用水资源收费，会加重农民负担，进一步压低农业收益空间。该部分研究重点是如何既对地下水资源定取一个合理价格，又能保证农民合理灌溉用水，在反映资源稀缺性、促进农民节水行为的同时，保证农民种粮积极性与基本收益。

以上三方面研究主题是在治理华北地下水超采、化解水资源对农业可持续发展制约的技术背后，更深层次的经济、制度与行为问题。在存在技术供给的前提下，这些问题直接关系到地下水超采治理效果，同时也是对华北平原小规模农户经营现实背景下农业可持续发展的探索。贯穿节水技术与模式的核心是对灌溉用地下水资源定价，因为不论所推广的节水技术有多先进，如果水资源价格没有真实反映环境成本，最终落实节水技术与政策的农户就缺乏激励去采用节水技术并在生产实践中充分挖掘技术的节水效果。

第五节　本章小结

本章通过总结地下水位下降典型地区——美国高平原、发展中国家及华北平原，在面对水资源稀缺时的农业可持续发展实践探索经验，得出：现代节水灌溉技术、灌溉制度、农业种植结构调整及灌溉水资源定价是缓解地下水位下降、实现农业可持续发展的关键技术与制度设计。我国现实土地规模特征、农户社会经济与传统习惯等使得技术推广与制度实施存在诸多限制因素，因此需要探寻与华北平原资源环境特征和社会经济特征相适应的农业可持续发展道路，并由此形成本研究的思路。

| 第四章 |

数据来源与样本特征

第一节　预调查

2016年1月11日至1月30日，本书作者到华北地下水超采最为严重的河北省进行预调查，以了解面对水资源约束政府、村社、农户采取的应对措施。河北省从2014年开始在黑龙港流域的邢台、邯郸、衡水、沧州四市进行地下水超采试点治理，试点项目为调整种植模式、冬小麦春灌节水稳产配套技术、小麦保护性耕作技术、水肥一体化节水技术四项内容。为探索制约华北平原农业可持续发展的关键因素，作者选择分别代表浅层地下水超采区的邢台市和代表深层地下水超采区的衡水市对试点项目进行预调研。邢台市选择任县和巨鹿县，衡水市选择景县。每个县选择2～3个乡镇，每个乡镇选取1～2个村，对村干部及种植大户、农业合作社负责人、农户等农业经营主体进行结构式访谈。

对村干部的访谈主要包括以下内容：村庄基本情况，主要农作物，制约本村农业发展的主要因素，村庄地下水位下降起始年代，导致水位下降最主要因素，村庄灌溉水源，灌溉电价定价方式，地下水位下降对本村农业生产影响，为缓解水位下降村级层面采取的技术、制度、组织等措施。

对微观农业经营主体的结构式访谈主要包括四方面内容：第一，农业经济主体基本情况，主要为人口特征及经济特征；第二，土地及灌溉情况，主要包括灌溉水源、灌溉机井使用权、灌溉组织方式、灌溉电费支出等方面；第三，2014—2015年家庭种植业生产情况；第四，面对水资源约束微观农业经营主体做出的适应性调整，主要包括选择现代节水灌溉技术、农艺节水技术、调整种植制度和种植结构等方面。

第二节　正式农户问卷调查

一、调查目的

为获得第一手研究数据，设计农户调查问卷，为下述问题提供数据支撑：第一，资源稀缺性诱致农户做出何种灌溉技术选择？潜藏在农户技术选择背后的技术特征、土地特征、资源禀赋特征及社会网络特征是什么？第二，为解决现代节水灌溉技术对土地的规模要求与农户土地规模小且地块分散之间的矛盾，探寻社区层面农户集体行动组织形式、解决搭便车问题制度设计、维持集体行动的制度规范。第三，为破解资本对农户选择现代节水灌溉技术的制约，了解在成本共担机制中农户承担的份额及影响农户承担份额的因素。第四，资源约束下农户对节水抗旱小麦品种的技术选择行为及特征；影响节水抗旱小麦品种节水效果发挥的农户灌溉行为表现出何特征，影响农户灌溉行为的因素有哪些。第五，冬小麦休耕补偿标准、农户意愿休耕年限及农户意愿休耕土地分配决策；有利于保证国家小麦粮食安全的休耕年限和休耕组织形式。第六，农户对旱作作物种植潜力判断、农户改灌溉农业为旱作农业生态补偿及土地分配决策意愿。第七，为兼顾反映水资源稀缺性、激励农民节水行为、保证农民种粮积极性与基本收益，探索"配额制+加价"的灌溉用地下水定价方案，了解灌溉用电配额分布特征、超额用电农户意愿加价及其影响因素。本书所用数据为农户问卷全部数据内容。

二、农户问卷介绍

在前期预调查以了解实际情况及参考前人研究成果基础上，编制了正式农户调查问卷。农户调查问卷包括八个部分。

第一，农户基本情况。主要内容包括户主年龄、文化程度、家庭人口数、家庭最主要农业劳动力兼业情况、家庭农业种植业收入占总收入比重、浇水季劳动力供给状况、是否为地下水超采治理项目村、本村开始用地下水代替地表水灌溉的年代、以地下水代替地表水灌溉的原因。该部分设计主要了解农户人口特征及地下水灌溉的起始年代和原因。

第二，2014—2015年农业生产季种植业情况。该部分主要包括农户土地特征和主要农作物投入产出情况两方面内容。其中，农户土地特征主要了解被调查农户实际耕种面积、生产队分配的承包地面积、流转面积、流转期限、实际耕种地块数、实际耕种面积中可灌溉面积；主要农作物投入产出情况了解主要作物的种植面积[①]、亩产、单价、每亩总收入、每亩投入总成本、灌溉次数、每亩每水用电量、灌溉电单价等情况。该部分将生产函数中灌溉用能源成本单独列出进行调查，以了解灌溉能源成本占农业总投入的比重。

第三，农户灌溉技术选择。该部分包括农户灌溉技术选择及其影响因素、农户采用与未采用现代节水灌溉技术的原因两方面内容。其中，灌溉技术选择及其影响因素主要了解农户采用灌溉技术类型、所采用灌溉技术的作物种类、所采用灌溉技术的灌溉面积、所选灌溉技术下土地产权类型、耕地土质类型、灌溉水源、灌溉机井提水距离及井深、灌溉机井近两年每年水位下降情况、灌溉机井使用权情况、所选灌溉技术下一天灌溉面积、软带或现代节水灌溉设施成本、现有灌溉技术使用便利性、农户了解现代节水灌溉技术渠道、灌溉用水短缺程度、浇水季劳动力资源紧缺程度。在采用现代节水灌溉技术原因部分，主要列出节约劳动力投入、节约水资源、节约灌溉用电、提高产量、改善农产品品质等方面。未采用现代节水灌溉技术原因主要列出技术设施投入成本高、土地面积小且地块分散、土地为流转所得担心租期不稳、缺乏对技术信息了解等方面。

第四，现代节水灌溉技术运行及维护中农户集体行动组织创新探索。该部分包括高效节水灌溉小组制度设计和高效节水灌溉技术建设农户与政府成本共担机制研究两方面内容。其中，高效节水灌溉小组制度设计包括：将土地集中连片成立灌溉小组方式、灌溉小组参与农户数、灌溉小组灌溉服务土地面积、灌溉小组负责活动内容、灌溉及设施维护可采取的管理形式、灌溉小组应向成员农户收取的按土地面积分摊的费用、针对农户不按时交费的搭便车行为的制度设计、成立高效节水灌溉小组必要性、灌溉小组最佳的农户数。现代节水灌溉技术建设农户与政府成本共担机制研究将农户意愿承担额度设计为双边界离散选择提问方式，共包括六个投标。

第五，农户节水抗旱小麦品种技术选择与农户灌溉行为。该部分首先询问农户对节水抗旱小麦品种技术选择、农户在节水抗旱小麦品种与传统品种之间土地分配决策、农户对节水抗旱小麦品种技术信息获取渠道；其次，让选择了节水抗旱小麦品种的农户对比两个品种在亩产、产量稳定性、抗病性、种子单价、灌溉次数、灌溉时期等方

---

① 按照农村传统习惯，华北平原农户种植面积单位以"亩"计，为便于农户回答及统计，本书所涉及面积单位均以"亩"计。

面的异同；最后，让农户回答技术选择原因及采用节水抗旱小麦品种后减少与未减少灌溉次数的原因。

第六，华北平原冬小麦生产季土地休耕制度研究。该部分包括农户主动休耕情况、休耕补偿标准、农户意愿休耕年限、农户意愿休耕土地分配决策四方面内容。其中，农户主动休耕小麦情况主要了解主动休耕小麦原因、主动休耕起始年代、主动休耕后是否改种一季或改种旱作作物以及种植作物类型、作物灌溉次数比较。休耕补偿标准主要了解小麦休耕补偿必要性、小麦休耕亩均补偿标准、家庭日常小麦消费情况、休耕后家庭粮食支出变化、小麦休耕补偿额度及其包括的类别。农户意愿休耕年限主要询问农户愿意一次连续休耕年限及其理由、两次休耕之间间隔年数及理由、村庄离主公路距离、农业生产季家庭劳动资源稀缺状况、可接受的合理的区域休耕组织形式、所选连续休耕年限及区域休耕组织形式对国家小麦粮食安全的影响、冬小麦休耕对农业生产和农民生活的影响。农户意愿休耕土地分配决策主要了解农户愿意将家庭承包土地面积用于冬小麦休耕的比例及理由、冬小麦休耕地块选择标准。

第七，农户改灌溉农业为旱作农业前景研究。该部分包括农户主动改旱作情况、农户对旱作作物品种种植潜力判断、农户改灌溉农业为旱作农业生态补偿、农户意愿土地分配决策四方面内容。其中，农户主动改旱作情况主要了解旱作作物类型、改旱作起始年代、改旱作动力因素、改旱作前后灌溉次数比较。农户对旱作作物品种种植潜力判断部分让农户从种植传统、经济收益、节水效果等方面判断出具有发展潜力的旱作作物品种、将其与小麦-玉米轮作制度下劳动用工与灌溉次数进行比较、发展旱作作物存在的困难。农户改灌溉农业为旱作农业生态补偿部分主要了解生态补偿标准、具有发展前景的旱作作物最小补贴额度。在意愿土地分配决策部分，主要询问农户愿意种植的旱作作物面积百分比及理由、旱作作物地块选择标准。

第八，灌溉用地下水资源定价。该部分内容主要包括对灌溉用水资源收费及水表安装现实情况，让农户为无须加价的用电量定配额，为超出配额用电量定加价，灌溉用地下水定价方案对农户节水行为、农业收入、农业生产的影响。

三、样本选取

正式农户问卷调查于2016年7月3日至8月24日在河北省邢台市任县和衡水市故城县展开。问卷调查采取多阶段与随机抽样相结合的抽样方法。

调查选取河北省为样本省。河北省是华北平原地下水超采、地下水位下降最为严重的省份，也是国家地下水超采治理试点省，选取河北省作为样本省对于从灌溉技术与制度、种植模式和灌溉水定价方面探索华北平原农业可持续发展具有代表性。

调查选取邢台市任县和衡水市故城县作为样本县，选取依据如下：

第一，从地下水超采区适应性状况看。邢台市任县位于邢台-宁柏隆-石家庄超采区，而邢台-宁柏隆-石家庄超采区是华北平原最大的浅层地下水超采区，该区农林灌溉用水强度与地下水资源承载力之间已呈"极严重不适应"状态，大部分地区灌溉总用水强度远超过地下水可采资源量；在邢台-宁柏隆-石家庄超采区"极严重不适应"中，小麦等夏粮作物灌溉用水强度占农林作物灌溉总用水强度的一半以上，为52.32%~62.97%，玉米等秋粮作物灌溉用水强度占17.99%~31.32%，蔬菜作物和耗水型果林灌溉用水强度占比较小，分别为4.06%~16.93%和6.76%~8.23%（张光辉等，2012）。衡水市故城县位于冀枣衡-德州漏斗群超采区，该超采区是华北平原最大的深层地下水超采区；该区农业开采量占农林灌溉用水量80%以上，农林灌溉与地下水资源承载力之间呈"极严重不适应"状态，农林灌溉用水强度为13.64万~17.87万 m³/（a·km²），远超过地下水可采资源量［3.98万~6.43万 m³/（a·km²）］；在冀县-枣强-衡水-德州深层地下水超采区"极严重不适应"状态中，小麦等夏粮作物灌溉用水强度占比达一半，为41.74%~52.69%，玉米等秋粮作物灌溉用水强度占20.25%~34.33%，蔬菜作物或耗水型果林灌溉用水强度占比较小，分别占10.28%~16.19%和4.31%~4.52%（张光辉等，2013）。

第二，从华北平原地理分区[1]粮食作物灌溉用水对地下水位变化影响特征看。邢台市任县位于华北山前平原区，而从各分区农作物灌溉用水开采强度看，华北山前平原区农业开采强度最大，为20.74万 m³/（a·km²）；华北山前平原区粮食作物灌溉用水强度已超过地下水可开采量，全区平均超用强度为40.23%，其中邢台山前平原区粮食作物灌溉用水强度超用57.01%；在华北太行山前粮食主产区，以小麦为主的夏粮作物需耗水时间主要发生在每年春旱季节（3—5月），这期间降雨较少，导致夏粮作物生长所需的灌溉用水量较大，由此地下水开采强度在全年处于最大时期，并表现为区域性普遍超采，地下水位急剧下降，此期间区域地下水获得的补给量十分有限，造成每年夏粮作物主要灌溉期区域地下水位处于全年最低状态。衡水市故城县位于黑龙港平原区，黑龙港平原区既是华北平原粮食主产区又是水资源最为紧缺的地区；在黑龙港平原区，粮食作物灌溉用水强度已超过地下水可开采资源模数，全区平均超用程度达73.44%，大于华北山前平原区；黑龙港平原农作物灌溉用水平均超用程度达114.19%，其中冀州-故城-献县-泊头一带在160%以上（张光辉等，2012）。

第三，从国家地下水超采综合治理试点项目看。邢台市任县是2014—2015年河北省地下水超采综合治理试点县之一，试点项目为冬小麦春灌节水稳产配套技术、小麦

---

①按地理位置华北平原可划分为山前平原区、黑龙港平原区和滨海平原区。其中，山前平原区主要包括邯郸、邢台、石家庄、保定等所辖山前平原区；黑龙港平原区主要包括衡水和德州平原区；滨海平原区主要包括沧州、天津、东营和滨州平原区。

保护性耕作节水技术和水肥一体化节水技术，其中的小麦玉米水肥一体化技术试点面积在邢台市13个试点县中位列第一。衡水市故城县是2014—2015年河北省地下水超采综合治理试点县之一，试点项目为调整种植模式、冬小麦春灌节水稳产配套技术、小麦保护性耕作节水技术和水肥一体化节水技术，其中的调整种植模式和小麦玉米水肥一体化技术试点面积在衡水市11个试点县中位列第一。选择国家技术干预较强的县作为样本县，被调查农户对于调查内容可能具有更好的背景知识，更易获得所需信息。

基于上述三方面理由在邢台市选择任县、在衡水市选择故城县作为样本县具有代表性与针对性。

样本村按每个县地理位置分布随机选取：由于任县农业主要分布在东北和东南两个方向，因此样本村主要按这两个方向随机选取，东南方向样本村选取豆村、达一村、赵村、骆四村、程寨、象牙寨、桥东、齐村，东北方向样本村选取永福三、永福五、杨固、冯村、马庄、桥头、于盟庄、后营，西北方向选取旧周村，北方选取刘村。故城县东面村庄分布较少，因此主要从北、西、南三个方向随机选取样本村，在西方选取烧盆屯、高庄、西牟、东牟作为样本村，在北方选取贾黄村、鹿豕、千户庄、西宇屯、沙窝庄、坊庄村作为样本村，南方样本村选取刘古庄、赵行、西河、寨子、温庄、李庄，西北方向样本村选取高西、大杏基、南岭踪、后响沟。在每个样本村随机选择7～12户农户进行问卷调查。

四、样本结构

调查采取入户调查方式，由调查员对农户进行面对面问卷调查，共获得349份有效问卷。样本结构如表4-1和表4-2所示。此次调查在任县选取7个乡镇，19个样本村，152位样本农户；在故城县选取4个乡镇，20个样本村，197位样本农户。

表4-1　邢台市任县样本结构

	乡（镇）	村	农户数
任县	大屯乡	旧周	8
	骆庄乡	程寨	7
		达一	8
		骆四	8
	任城镇	后营	8
	天口镇	马庄	8
		前刘	8
		于盟庄	8

	乡（镇）	村	农户数
任县	西固城乡	大豆	8
		齐村	8
		赵村	8
	辛店镇	桥东	8
		象牙寨	9
	永福庄乡	冯村	8
		刘村	8
		桥头	8
		杨固	8
		永福三	8
		永福五	8
共计	7	19	152

表4-2　衡水市故城县样本结构

	乡（镇）	村	农户数
故城县	坊庄乡	坊庄村	10
		鹿豕	10
		沙窝庄	10
		西宇屯	9
	青罕镇	千户庄	12
	三朗乡	东牟	10
		西牟	10
		南岭踪	10
	郑口镇	大杏基	9
		高西	10
		高庄	9
		后响沟	10
		贾黄	8
		李庄	10
		刘古庄	12
		烧盆屯	10
		温庄	10
		西河	10
		寨子	8
		赵行	10
共计	4	20	197

第三节 样本基本特征

一、样本人口与经济特征

样本人口与经济特征如表4-3所示。样本户主年龄分布以56～65岁年龄段占比最大，为37%；24～35岁年龄段占比最小，为3%；年龄为56岁及以上户主占60%。样本户主以初中文化程度占比最大，为43.8%；初中及以下文化程度户主占85.4%，高中或中专文化程度户主占14%，大专及以上文化程度户主仅占0.6%。种植业收入占家庭总收入比重大于70%的农户占47.5%，种植业收入占家庭总收入比重小于或等于10%的农户占10.9%，种植业收入占家庭总收入比重大于10%小于等于50%的农户占36.7%。实际耕种土地面积为大于5亩小于等于10亩的农户占比最大，为43.3%；其次是耕种土地面积为大于等于0.5亩小于等于5亩的农户，占比30.7%；耕种土地面积大于10亩小于等于20亩的农户占比22.6%；实际耕种土地面积为20亩以上的农户占比3.4%。实际耕种地块数为1块的农户占比14.3%，地块数为2～3块的农户占37.3%，地块数为4～5块的农户占31.5%，地块数大于8块的农户占3.7%。可见，样本农户实际耕种土地地块分散。

表4-3 样本人口与经济统计特征

特征变量	类别	样本数（户）	百分比（%）
户主年龄	24～35岁	10	3
	36～45岁	24	7
	46～55岁	106	30
	56～65岁	130	37
	66～80岁	79	23
户主文化程度	不识字或识字很少	40	11.5
	小学	105	30.1
	初中	153	43.8
	高中	42	12
	中专	7	2.0
	大专及以上	2	0.6

特征变量	类别	样本数（户）	百分比（%）
种植业收入占家庭总收入比重	小于或等于10%	38	10.9
	（10%,30%]	84	24.1
	（30%,50%]	44	12.6
	（50%,70%]	17	4.9
	（70%,100%]	166	47.5
实际耕种土地面积	[0.5,5]	107	30.7
	（5,10]	151	43.3
	（10,15]	60	17.2
	（15,20]	19	5.4
	（20,30]	6	1.7
	30亩以上	6	1.7
实际耕种土地地块数	1块	50	14.3
	2～3块	130	37.3
	4～5块	110	31.5
	6～7块	46	13.2
	8～9块	8	2.3
	10～13块	5	1.4

二、主要农作物投入产出情况

样本种植结构与亩均投入产出情况如表4-4所示。

在349份总样本中，进行冬小麦-夏玉米轮作的农户为347户，冬小麦-夏玉米是华北平原最主要的种植作物；其次是棉花、油葵、辣椒，种植户分别为53、23和17户；种植春玉米、花生、谷子的农户较少，分别为8户。将总样本349个农户的实际种植面积加起来得到样本总耕种面积，再分别将每种作物的种植面积除以样本总耕种面积得到八种作物的种植结构。由表4-4可得，种植结构最大的作物是夏玉米，其次是冬小麦，分别占90.6%和90.2%，夏玉米种植结构大于冬小麦，原因是样本中部分农户将家庭个别地块进行冬小麦休耕，仅种一季夏玉米；在除冬小麦、夏玉米以外的其余作物中，棉花种植结构最大，为5%，且种植棉花的农户全部来自衡水市故城县。八种作物中，平均灌溉次数最多的是辣椒，为4.4次，辣椒为蔬菜作物，因而耗水较多；其次是冬小麦，平均灌溉次数为2.8次，这与冬小麦生长季降雨稀少有关，而夏玉米平均灌溉次数为1.9次，这与冬小麦成为华北平原小麦-玉米轮作的主要耗水作物事实相符；棉花和谷子的平均灌溉次数最少，分别为1.3次和1.1次。在每亩灌溉电费支出中，最高的是辣椒，其次是冬小麦，棉花和谷子的亩均电费投入最低；这说明棉花和谷子是耗水较少、灌溉能源消耗较低的作物。总投入最高的作物是辣椒，其次是冬小麦，再者是花生和春玉米，投入最少的是谷子。总产出最高的是辣椒，其次是花生、棉花，最低的是谷子和春玉米。由以上分析可得：辣椒、小麦灌溉耗水较多，灌溉电费及总投入较高；棉花、谷子耗水较少，灌溉电费较低，但棉花用工较多，而谷子总产出太低。

表4-4　2014—2015年样本种植结构与亩均投入产出

作物	冬小麦	玉米	棉花	春玉米	油葵	花生	谷子	辣椒
种植户数（户）	347	347	53	8	23	8	8	17
种植结构（%）	90.2	90.6	5	0.95	0.53	0.3	0.19	1.47
灌溉次数	2.8	1.9	1.3	1.4	2.08	1.6	1.1	4.4
灌溉电费（元/亩）	119.2	80.5	62.3	91.4	74.6	112.5	39.2	214.5
灌溉电费占总成本比例（%）	22.2	19.7	14.3	18.0	30.9	26.1	20.7	36.3
总投入（元/亩）	529.2	404.2	414.8	419.6	263.3	425.5	195.4	590.1
总产出（元/亩）	1016.1	834.1	1300	590.6	1071.7	1430	590.1	2684.7

第四节　本章小结

本研究通过预调查和正式农户问卷调查获取第一手数据。正式农户问卷调查包括农户基本情况、2014—2015年农业生产季种植业情况、农户灌溉技术选择、现代节水灌溉技术运行及维护中农户集体行动组织创新探索、农户节水抗旱小麦品种技术选择与农户灌溉行为、华北平原冬小麦生产季土地休耕制度、农户改灌溉农业为旱作农业前景、灌溉用地下水资源定价。正式农户问卷调查于2016年7月3日至8月24日在河北省邢台市任县和衡水市故城县展开。问卷调查采取多阶段与随机抽样相结合的抽样方法，共获得349份有效问卷。

|第五章|

华北平原农户灌溉技术选择

第一节　引　言

目前华北平原水资源紧缺情势严峻，导致华北平原水资源紧缺、地下水超采的成因主要有区域降水量显著减少、水资源管理存在缺陷导致无效用水量增加和水资源污染、经济社会发展规模过大造成对水资源需求远超过区域水资源承载力三方面（张光辉等，2012）。相对1956—1979年平均值，近30年来华北平原总降水量减少，导致地下水资源累计减少775亿 m^3，降水量减少导致的资源性缺水量占总缺水量的15.09%～16.41%；人口数量的持续增加不仅导致人均占有水资源量大幅度减少，还造成生产和生活用水量增加，其中就包括粮食和蔬菜作物灌溉用水量增加，加之华北平原可用地表水资源日趋减少，粮食和蔬菜作物用水量增加直接驱动农业开采量持续增加，因人口数量和经济社会发展规模过大导致用水量超过区域水资源承载力的政策性缺水占59.3%～62.5%。未来华北平原水资源紧缺情势将更为严峻。据《华北平原地下水可持续利用调查评价（2009）》预测，2020年华北平原缺水量为91.18亿 m^3/a；至2030年、2040年对应缺水量分别为111.18亿 m^3/a 和159.18亿 m^3/a。华北平原是我国粮食、蔬菜和水果的重要生产基地，同时又是我国区域地下水超采最为严重的地区，在华北山前平原和中部粮食高产区，农业开采量占灌溉总用水量的80%以上，是消耗地下水资源的主要用户。因此，有效缓解与调控农业用水强度是缓解区域地下水超采、实现农业可持续发展的关键。

　　大水漫灌、淹灌等传统灌溉方式在华北平原仍占较大比例，这种粗放的灌溉方式不仅因泡田时间长和水分蒸发-渗漏较多导致灌溉用水效率低，而且过度的淹灌会导致耕地板结和反碱等污染，是一种亟须改变的浪费水资源的灌溉方式。现代节水灌溉技术是一种土质增强型技术（land quality augmenting technology）（Margriet et al，1985；1986），在减少稀缺资源投入、提高用水效率的同时可保持同样的产出水平（Gareth et al，1996；Phoebe et al，2006），使得对水资源质与量方面的供给与需求达到平衡（Ariel et al，1992）。灌溉效率以应用水被作物吸收的比例来衡量，在漫灌、沟渠灌等传统灌溉方式下，大量的水在短时间内覆盖农田，使用重力作用推动水流，导致灌溉不均匀；而现代节水灌溉技术利用灌溉设施使用少量的水在较长时间内持续、均匀浇灌。因此，现代节水灌溉技术通过利用资本投入增强了土地作为储水中介的作用，降低因径流和过度渗漏导致的水资源流失，从而可以提高灌溉效率（Margriet et al，1985）。改变农业灌溉方式，大力推进节水灌溉技术，在华北平原灌溉农业发展中具有重大的现实意义。为改变水资源对农业可持续发展的约束，国家在《全国农业可持续发展规划（2015—2030）》中指出，要分区域规模化推进高效节水灌溉技术，到2020年和2030年，农田节水灌溉率分别达到64%和75%，要加大粮食主产区、严重缺水区和生态脆弱区的节水灌溉工程建设力度。国家于2014年始在河北省邯郸、邢台、衡水、沧州试点水肥一体化喷灌与滴灌技术，以期探寻与华北平原地形、土质、劳动资源禀赋相适应的高效节水灌溉技术。一个国家获得农业生产率和产出迅速增长的能力取决于在各种途径中进行有效选择的能力，如果不能选择一条可以有效消除资源条件制约的发展途径，就会抑制农业发展和整个经济发展过程（速水佑次朗等，2014）。新技术的经济可行性因各国资源条件不同而异，各个地区不同的要素相对稀缺程度会诱致农民做出不同的技术选择，从而产生诱致性技术创新。华北平原地表水供给不足和地下水超采引起的水资源紧缺情势加剧的现状、由地下水位下降引起的抽水灌溉能源成本提高以及农业劳动力老龄化和兼业化引致的劳动资源稀缺性，为诱致现代节水灌溉技术变迁提供了契机（左喆瑜，2016）。本章通过对349份农户问卷数据分析，拟回答以下六方面问题：第一，华北平原农户灌溉用水资源和浇水季劳动资源禀赋状况是什么？第二，面对资源禀赋条件，华北平原农户做出了怎样的灌溉技术选择？技术选择有何区域分布和作物结构特征？第三，样本农户的灌溉特征是什么？如灌溉水源、提水距离、井深的分布特征是什么？第四，农户对现代节水灌溉技术信息获取渠道是什么？第五，影响农户灌溉技术选择的主要因素有哪些？农户人口和社会经济特征、土地特征、灌溉特征、水资源和劳动资源禀赋特征、能源价格等对农户技术选择有着怎样的影响？第六，由显示性偏好分析和直接偏好引出方法所揭示的技术选择关键影响因素有何异同？

第二节 文献回顾

一、技术选择层面

有关技术选择的文献非常丰富，其研究层面主要包括宏观层面和微观层面两方面。宏观层面技术选择即为总体技术吸收，指新技术在区域内随时间的扩散过程，如技术选择早期研究者 Griliches 和 Zvi（1957）发现杂交玉米新品种随时间的总体技术扩散路径为"S"型。Ariel Dinar 和 Dan Yaron（1992）对不同灌溉技术选择的总体层面研究不仅关注技术扩散而且关注技术放弃，通过设计程序估计以色列种植柑橘作物选择传统灌溉技术、固定式喷灌和微喷的扩散－放弃技术扩散周期，研究发现，传统灌溉技术扩散周期为26～30年，固定式喷灌技术扩散周期为17年，微喷技术扩散周期为15～17年；政府提高对现代节水灌溉技术投资补贴率可以加速技术扩散，如相比补贴率为15%，当补贴率为20%时可以使现代灌溉技术提前4年达到技术顶峰，当补贴率为25%时可以使现代节水灌溉技术提早7年达到技术扩散顶峰；而水价政策和政府对现代灌溉技术投资补贴率政策在促进节水灌溉技术扩散方面存在替代效应，即水价提高时水价政策对补贴率政策替代性更强。Farhed 等（1995）在 Hotelling 可耗竭资源框架模型下研究区域技术扩散，得出在合理条件下技术扩散曲线是时间的 S 型函数；[①]微观层面技术选择即个体层面技术采用，指个体对新技术的使用程度，常见的研究方法是农户在传统灌溉技术与现代灌溉技术之间选择或是在两类技术间的土地分配决策。个体微观层面灌溉技术选择有基于农户的技术采用率（Phoebe et al，2006；Jeremy，2003；Margriet et al，1985）、基于农地的技术采用率（Ariel et al，1992；Gareth et al，1997；Gareth et al，1996）以及基于村庄层面的灌溉技术选择（Liuyu et al，2008）。

二、灌溉技术选择经验研究数据类型

根据数据类型，灌溉技术选择经验研究主要分为时间序列、横截面和面板数据研究三类。时间序列研究所观察到的是有关灌溉技术采用决策的总和数据，如在每一时点采用新技术的农户比例，其目的是描绘技术扩散的时间序列图（Timothy et al，

---

①在没有干预情况下，技术扩散过程要比社会最优扩散速度慢；最优资源使用税会加速节水技术扩散，并且减缓由市场失效导致的资源过度开采。

1993）。截面数据仅描述一个时点的技术选择，而该时点的技术扩散可能还不完全；截面数据可以提供完全采用了新技术的农场及农户特征，但这些数据在探寻整个技术选择过程时作用有限，在灌溉技术选择经验文献中横截面研究较多。面板数据研究不仅可以提供与不同灌溉技术选择相关的农场与农户特征，还可以提供每一时点的采用决策，因此弥补了时间序列数据与截面数据的不足。

三、灌溉技术选择经验模型

有关灌溉技术选择的经验模型主要分为动态规划方法和计量经济学方法。运用动态规划方法主要从总体层面研究技术吸收，即区域技术扩散，而非微观层面技术选择。如Farhed等（1995）通过引入技术扩散过程从而扩展了Hotelling可耗竭资源模型，利用动态规划方法研究技术扩散。Farhed等基于土地约束、总产出约束、水资源约束和技术成本约束建立社会最优化问题模型，通过使用庞特里亚金极大值原理（Pontryagin's Maximum Principle）解出最优控制问题。对灌溉技术选择的计量经济模型主要有离散选择模型和连续且为限值因变量的选择模型。离散选择模型主要有Logit模型、Probit模型和Multinomial Logit模型；连续且为限值因变量主要建立Tobit模型。Logit模型和Probit模型的技术选择理论机理类似，都是在传统灌溉技术和现代灌溉技术之间的选择，只是两类模型对扰动项的概率分布假设存在差异：如Gareth等（1997）利用Logit模型研究加利福尼亚Central Valley对低压技术（指滴灌和微喷）和重力技术（指传统技术）的选择；Jeremy（2003）通过建立Probit模型研究突尼斯农户对滴灌技术的选择；Phoebe等（2006）通过建立Probit模型利用两阶段工具变量参数估计方法研究希腊克里特岛农户对现代灌溉技术选择。还有研究不仅要考虑选择或未选择节水灌溉技术，还要考虑对节水技术的采用率，该种连续且为限值因变量问题多建立Tobit模型，如Liu等（2008）利用对中国北方10个省538个村的村级数据通过建立Tobit模型研究村庄对传统节水技术、基于家庭的节水技术和基于社区的节水技术的采用率。也有研究同时采用离散选择模型和连续且为限值因变量选择模型研究灌溉技术选择，如Ariel等（1992）在农场层面对农场安装现代灌溉技术面积比例的因变量建立Tobit模型，在农地层面对地块是否采用现代灌溉技术的离散变量建立Logit模型，以研究加利福尼亚San Joaquin Valley地区对传统灌溉技术和现代加压灌溉技术的选择。若要对比研究各种不同现代灌溉技术相对传统灌溉技术采用概率之比，可以建立多项Logit模型进行分析，如Margriet等（1985）以及Gareth等（1996）分别利用加利福尼亚San Joaquin Valley地块数据研究喷灌技术和滴灌技术相对传统灌溉技术采用概率之比。

四、灌溉技术选择影响因素

(一)农地相关影响因素

经验文献中影响灌溉技术选择的农地相关因素主要包括土地规模、土质、地形及灌溉水源。土地规模越大的农户越有可能采用现代节水灌溉技术(Ariel et al,1992;Gareth et al,1997;Gareth et al,1996)。而农地规模对现代灌溉技术选择影响的根源在于信贷可得性、风险承受力和对稀缺投入资源的获取(Gershon et al,1985)。现代灌溉技术需投入较高的固定成本,而规模较大的农户面临的信贷约束更小,具有更强的风险承受能力,更易获得稀缺投入,从而更愿意采用新技术。由于现代灌溉技术是一种土质增强型技术,土质为沙土或盐碱土等渗透性较强而持水能力较弱的地块从传统灌溉技术转向现代灌溉技术所获得的灌溉效率收益更高,因此更有可能采用现代技术(Margriet et al,1985;Margriet et al,1986;Ariel et al,1992;Gareth et al,1996;Gareth et al,1997;Liu et al,2008)。坡度越大的土地越倾向于采用现代灌溉技术,且滴灌比喷灌更依赖于坡度,引入滴灌技术后,以前耕种困难和耕种成本高昂的陡峭坡地也变得适宜耕种(Gareth et al,1996;Ariel et al,1992;Gareth et al,1997)。地下水源区比地表水源区或以地下水和地表水共同作为灌溉水源的地区更易采用现代灌溉技术。

(二)风险与不确定性

Gareth 等(1985)将技术创新风险归为主观风险和客观风险两类。主观风险指面对一种不熟悉的新技术,产出具有更高的不确定性;而客观风险主要源于天气变化、病虫害及关键投入获取的不确定性等方面。由于客观风险度量存在困难,经验研究较少考虑该因素。农户技术选择一般基于对新技术信息的获取与掌握,因此信息获取渠道可以降低主观风险。经验研究对信息获取渠道的度量主要有技术推广机构的培训、农户参与技术示范、农户通过媒体对新技术的接触等方面。Jeremy(2003)在个体选择行为理论中的风险规避假设中提出,风险规避假设包含两方面含义:第一,农户对未知技术持风险规避态度;第二,农户对会产生较大产出方差进而增大净收益方差的技术持风险规避态度。滴灌技术是一种风险减低型技术,贫穷农民最能从技术使用中受益,但贫穷农民往往是最受资本约束的群体,因此资本约束抑制了贫穷农民对风险减低型技术的选择。Phoebe 等(2006)指出,在干旱和半干旱地区水资源是一种主要稀缺投入,产出水平会依外生的气候条件具有随机性,因此风险规避型农户会考虑采用高效灌溉技术以降低生产风险。

（三）信贷约束

由信贷约束而导致的资本稀缺性抑制了农户对具有较高固定投资的现代灌溉技术的选择。资本约束表明，新技术在最易获得资本的人群中具有最快的扩散速度（Jeremy，2003）。因此，Jeremy指出，面对信贷约束的恰当政策选择是改善农业信贷可获得性、降低技术预付资本和提供投资信贷。

（四）学习成本

新技术较低的扩散速度表明，农户因不了解新技术的益处而不愿意冒险采用。学习成本约束表明，处在技术推广服务开展较好、有着较高教育水平、邻居对新技术采用率高的地区的农户，最有可能成为新技术的早期采用者（Jeremy，2003）。与此同时，学习具有外部性，尤其当早期的采用者能将与新技术相关的信息传授给后来的采用者时，农户会很关心周围居民的选择决策（Timothy et al，1993）。农户对新技术所持有的观望态度即是学习外部性的体现。

（五）资源稀缺性

新技术扩散速度取决于资源相对价格，新技术的早期采用者是受资源约束最强的群体，Jeremy（2003）从资源稀缺性引出加速新技术扩散的政策选择是：降低自然资源定价方面的市场不完备性、改革产出品价格市场、确保农户支付投入资源的真实成本。Liu等（2008）用三个变量反映中国北方水资源稀缺性：灌溉水完全来自地下水、地表水资源不足比率、地下水资源不足比率，并得出水资源稀缺性与三类节水灌溉技术选择呈正相关关系。

（六）水资源价格

经验研究表明，提高农业灌溉水价有助于促进高效节水灌溉技术选择（Ariel et al，1992；Ariel et al，1992；Gareth et al，1996），Margriet等（1985）通过模拟水价对灌溉技术选择的影响表明：与现代节水灌溉技术及其采用率相关的水资源投入成本节约程度越高，水价的提升对现代灌溉技术采用份额的影响越大。而Gareth等（1997）的研究表明，生产者依作物类型而对水价变化做出不同反应。水价对不同类型作物灌溉技术选择决策影响的相对重要性会决定以水价作为促进节水灌溉技术选择的政策工具的有效性。Gareth等的研究发现，柑橘作物对滴灌技术的选择会使水资源价格变化更敏感，因此提高水价可以促进柑橘作物生产者采用节水技术，而提高水价对葡萄园种植者节水灌溉技术选择几乎无影响。

（七）作物类型

灌溉技术选择高度依赖于作物类型。Gareth等（1996）的研究表明，多年生作物如柑橘种植者对喷灌技术采用率低，而多采用更为适合的滴灌技术；而一年生作物如土豆情况恰好相反。这与多年生作物的特性有关，例如高压喷灌会大面积浸湿树干，导致水果腐烂，因此更有可能选择滴灌技术而不是喷灌或沟渠灌。Margriet等（1985）对加州Central Valley果树种植者的研究发现，杏树和开心果树种植者比葡萄树种植者对喷灌和滴灌技术具有更高的采用率；落叶果树和葡萄树在现代灌溉技术采用方面没有显著差异；核桃树种植者不采用滴管技术，因为核桃树根系发达，不适合滴灌。

（八）政府支持

提高政府对现代灌溉技术设备补贴率，可以加速现代节水灌溉技术扩散，提高补贴所获得的时间收益可由继续使用现有灌溉技术所导致的损失衡量（Ariel et al，1992）。Liu等（2008）对中国北方10个省的研究发现，不同的政府支持政策对节水灌溉技术选择产生不同影响。Liu等将政府支持政策分为节水灌溉技术推广、政府对节水灌溉技术补贴和建立节水灌溉示范村三类。具有政府技术推广的村庄相比无技术推广的村庄更有可能采用节水技术；具有政府补贴的村庄更有可能采用基于社区的节水技术，因为基于社区的技术具有更大的投资需求，对补贴政策更敏感；而政府示范对三类节水技术均无影响。中国要快速发展基于社区的节水灌溉技术，实施政府对节水灌溉技术的补贴政策将更有效。

第三节 选择决策模型

一、理论模型

假设有 j 种可供个体选择的方案，使用随机效用法，假设个体 i 选择方案 j 所能带来的随机效用如式（1）所示

$$U_{ij} = X_i' \beta_j + \varepsilon_{ij} \quad (i=1, 2, \cdots, n; j=1, 2, \cdots, J) \tag{1}$$

其中，解释变量 X_i 只随个体而变，不随方案 j 而变；系数 β_j 表明农户 X_i 对随机效用 U_{ij} 的作用取决于方案 j。

个体 i 选择方案 j 当且仅当方案 j 带来的效用高于所有其他方案，故个体 i 选择方案 j 的概率可写为式（2）：

$$\begin{aligned} P(Y_i = j \mid X_i) &= P(U_{ij} \geqslant U_{ik}, \forall k \neq j) \\ &= P(U_{ik} - U_{ij} \leqslant 0, \forall k \neq j) \\ &= P(\varepsilon_{ik} - \varepsilon_{ij} \leqslant X_i' \beta_j - X_i' \beta_k, \forall k \neq j) \end{aligned} \tag{2}$$

其中的 Y_i 为随机变量，代表个体 i 所做出的选择。Mc Fadden（1974）证明当且仅当 J 个扰动项为独立同分布且服从 I 型极值分布（type I extreme value distribution）时有式（3）：

$$F(\varepsilon_{ij}) = \exp[-\exp(-\varepsilon_{ij})] \tag{3}$$

也即如式（4）所示：

$$P(Y_i = j | X_i) = \frac{\exp(X_i'\beta_j)}{\sum_{k=1}^{J} \exp(X_i'\beta_k)} \tag{4}$$

选择各项方案的概率之和为1，即 $\sum_{i=1}^{J} P(Y_i = j | X_i) = 1$。如果将 β_k 变为 $\beta_k^* = \beta_k + \alpha$（$\alpha$ 为某常数向量），完全不会影响模型拟合。因此，通常将某方案（比如方案1）作为参照方案，然后令其系数为0，即 $\beta_1 = 0$。由此得到个体 i 选择方案 j 的概率为式（5）：

$$P(Y_i = j | X_i) = P_{ij} = \begin{cases} \dfrac{1}{1 + \sum_{k=2}^{J} \exp(X_i'\beta_k)} & (j=1) \\ \dfrac{\exp(X_i'\beta_j)}{1 + \sum_{k=2}^{J} \exp(X_i'\beta_k)} & (j=2,\cdots,J) \end{cases} \tag{5}$$

其中，"$j=1$"对应的为参照方案。此模型称为"多项Logit"（Multinomial Logit）。个体 i 的似然函数如式（6）所示：

$$L_i(\beta_1,\cdots,\beta_J) = \prod_{j=1}^{J} [P(Y_j = j | X_i)]^{1(Y_i = j)} \tag{6}$$

对数似然函数为式（7）：

$$\ln L_i(\beta_1,\cdots,\beta_J) = \sum 1(Y_i = j) \cdot \ln P(Y_i = j | X_i) \tag{7}$$

其中，$1(\cdot)$ 为示性函数，即若括号中表达式成立取值1；反之取值0。将所有个体的对数似然函数加总即得到整个样本的对数似然函数，将其最大化，得到系数估计值 $\hat{\beta_1},\cdots,\hat{\beta_J}$。

二、农户灌溉技术选择经验模型

在349个农户总样本中，农户对灌溉技术选择类型有传统灌溉技术、固定式中喷和移动式中喷三种。将传统灌溉技术指数设为0，即 $j=0$；固定式中喷技术指数设为1，即 $j=1$；移动式中喷技术指数设为2，即 $j=2$。因此，农户 i 灌溉技术选择模型如式（8）所示：

$$\Pr(Y_i = j | X_i) = P_{ij} = \frac{\exp(X_i'\beta_j)}{\sum_{j=0}^{2} \exp(X_i'\beta_j)} = \frac{\exp(X_i'\beta_j)}{1 + \sum_{j=1}^{2} \exp(X_i'\beta_j)} \quad (i=0,1,2; j=0,1,2) \tag{8}$$

其中的传统灌溉技术即被设为参照技术，X为影响农户灌溉技术选择的特征变量。

由式（8）得"概率比"（odds ratio）或"相对风险"（relative risk）为式（9）：

$$\frac{P_{ij}}{P_{i0}} = \frac{P(Y_i = j)}{P(Y_i = 0)} = \exp(X_i^{'}\beta_j)，\quad j=1，2 且 i=1，2，\cdots，349 \tag{9}$$

故对数概率比（Log-odds ratio）为式（10）：

$$\ln\left[\frac{P(Y_i = j)}{P(Y_i = 0)}\right] = \ln\frac{P_{ij}}{P_{i0}} = X_i^{'}\beta_j，\quad j=1，2 且 i=1，2，\cdots，349 \tag{10}$$

式（10）中系数β_j可以解释为特征变量对农户相对于传统灌溉技术选择一种现代节水灌溉技术的对数概率的边际效应。将式（8）取微分即得特征变量x_i对农户灌溉技术选择概率的偏效应为式（11）：

$$\delta_{ij} = \frac{\partial P_{ij}}{\partial X_i} = P_{ij}(\beta_j - \sum_{k=0}^{2} P_{ik}\beta_k) = P_{ij}(\beta_j - \bar{\beta}) \tag{11}$$

第四节　农户灌溉特征与技术选择

一、农户灌溉技术选择

两个样本县的农户灌溉技术选择分布情况如表5-1所示。

表5-1　农户灌溉技术选择分布情况

技术类型	样本数(户)		
	任县	故城	合计
传统灌溉技术	126	197	323
固定式中喷	22	0	22
移动式中喷	4	0	4
合计	152	197	349

样本农户灌溉技术选择类型包括传统灌溉技术（主要指水带、垄沟、地下管道等）、固定式中喷和移动式中喷三种。选择传统灌溉技术的农户有323户，选择固定式中喷的农户有22户，选择移动式中喷的农户有4户。其中，选择现代节水灌溉技术的26户均分布在邢台市任县，故城县选择现代节水灌溉技术的样本数为0。这主要是因为农户问卷调查对象主要针对小农户，邢台市任县在小农户通过集体行动发展现代节水

灌溉技术方面进行了试点，因此政府支持政策对小农户采用现代节水灌溉技术影响相对较强；衡水市故城县的国家地下水超采治理高效节水灌溉项目试点主要针对农民专业合作组织、承包大户等，对小农户影响相对较弱。农户采用移动式中喷主要出于自发行为，即由自己投资购买并安装设备；农户采用固定式中喷主要是受国家地下水超采治理试点项目影响，在22户选择固定式中喷技术的农户中，有20户曾经为国家高效节水灌溉项目农户。选择现代节水灌溉技术的农户占总样本的7.4%，可见现代节水灌溉技术在华北平原采用率较低，尚处在技术扩散早期阶段。

二、农户灌溉特征与技术选择

农户灌溉特征与灌溉技术选择之间的关系如表5-2所示，将固定式中喷与移动式中喷归为现代节水灌溉技术进行分析。

（一）有效灌溉面积比例

有效灌溉面积比例指灌溉设施已配备且能正常灌溉的耕地面积与总耕地面积之比。选择现代节水灌溉技术的农户的有效灌溉面积比例均为1；有效灌溉面积比例小于1的农户均选择传统灌溉技术；总样本中92.5%的农户均可实现正常灌溉。

（二）灌溉水源

样本地区农业灌溉对地下水源依赖强，灌溉水源完全来自地下水的农户占总样本的75.1%，其中选择现代节水灌溉技术的农户均以地下水为唯一水源；灌溉水源完全来自地表水的农户仅4户，占总样本的1.1%，且全部分布在衡水市故城县，这是因为故城县位于京杭大运河西畔，灌溉水源完全来自地表水的4户均位于故城东面与山东省德州市隔卫运河相望的村庄；灌溉水源为地下水与地表水相结合的农户数为83户，占总样本的23.8%，其中，仅有3户位于任县；从地域看，任县以地下水源为最主要灌溉水源，在任县152份样本数中，以地下水为唯一灌溉水源的农户数为149户，占任县样本数的98%；故城县由于东靠卫运河，在故城县197份样本数中，有42.6%的农户可以依靠地表水灌溉，但由于地表水源不稳定且常有污染而导致农业减产，因而地表水源在灌溉中只能起补充作用。

（三）灌溉机井提水距离特征

选择现代节水灌溉技术的农户的灌溉机井提水距离均位于（50，100］米区间内；任县样本农户灌溉机井提水距离最主要位于（50，100］米区间内，占任县152个样本数的91.4%；故城县样本农户灌溉机井提水距离主要位于［15，50］米和（100，150］米两个区间内，占故城县197个样本数的90.9%；灌溉机井提水距离大于150米的农户有9户，其中1户位于任县，8户位于故城县。

表5-2 农户灌溉特征与灌溉技术选择

特征	类别	样本数(户)			
		传统技术			现代技术
		任县	故城县	合计	
有效灌溉面积比例	小于0.5	1	1	2	0
	大于等于0.5小于1	9	15	24	0
	等于1	116	181	297	26
灌溉水源	完全来自地下水	123	113	236	26
	完全来自地表水	0	4	4	0
	地下水与地表水相结合	3	80	83	0
灌溉机井提水距离	$15 \leqslant d \leqslant 50$	6	87	93	0
	$50 < d \leqslant 100$	113	6	119	26
	$100 < d \leqslant 150$	6	92	98	0
	$150 < d \leqslant 270$	1	8	9	0
灌溉机井深度	$15 \leqslant d \leqslant 50$	0	84	84	0
	$50 < d \leqslant 100$	68	3	71	12
	$100 < d \leqslant 150$	49	0	49	11
	$150 < d \leqslant 200$	8	0	8	3
	$200 < d \leqslant 250$	0	1	1	0
	$250 < d \leqslant 300$	1	22	23	0
	$300 < d \leqslant 360$	0	77	77	0
	$360 < d \leqslant 600$	0	6	6	0
灌溉用水短缺程度	严重短缺:导致作物严重减产	7	119	126	1
	一般短缺:有时浇水困难但可解决	56	61	117	8
	不存在短缺:很少出现浇不上水情况	63	17	80	17
浇水季劳动资源紧缺程度	非常紧缺:劳动力严重不足需要雇人,否则影响农业生产	16	25	41	2
	一般紧缺:劳动人手较为紧张,但通过提高劳动强度可以克服,无须请人	43	148	191	7
	不紧缺:家中农业劳动力足以胜任浇水任务	67	24	91	17
现代节水灌溉技术信息获取渠道	自己曾经是国家高效节水灌溉项目农户	0	4	4	25
	村内有其他农户采用	72	35	107	0
	邻村有农户采用	39	55	94	1
	本县其他地方有农户采用	10	16	26	0
	不关心	3	72	75	0
	无了解渠道	2	15	17	0

（四）灌溉机井深度

选择现代节水灌溉技术的农户的灌溉机井深度位于（50，200）米范围内，其中，位于（50，100）米区间内的农户数为12户，位于（100，150）米区间内的农户数为11户，位于（150，200）米区间内的农户数为3户；任县灌溉机井深度最主要位于（50，100）米范围内，占任县152个样本数的92.1%，其中，灌溉机井深度位于（50，100）米区间内的农户数为80户，位于（100，150）米区间内的农户数为60户；故城县灌溉机井深度主要位于［15，50］米和［300，360］米两个区间范围内，占故城县197个样本数的81.7%，其中，灌溉机井深度位于［15，50］米区间内农户数为84户，位于（300，360）米区间内农户数为77户；灌溉机井深度位于［15，50］米区间的农户全部位于故城县；灌溉机井深度位于200米以上的农户有107户，其中仅有1户位于任县，其余全部位于故城县，可见，样本县灌溉深井全部位于衡水市故城县。

（五）灌溉用水短缺程度

在选择现代节水灌溉技术的26个农户中，灌溉用水严重短缺的有1户，灌溉用水一般短缺的有8户，灌溉用水不存在短缺的有17户，这可能是由于选择现代节水灌溉技术要求具有较好的水源条件；样本中灌溉用水严重短缺的农户有127户，其中有119户位于故城县；样本中灌溉用水不存在短缺的农户有97户，其中有80户来自任县。可见，故城县灌溉用水短缺程度较任县严重。

（六）浇水季劳动资源紧缺程度

在选择现代节水灌溉技术的26个农户中，浇水季劳动资源非常紧缺的有2户，浇水季劳动资源一般紧缺的有7户，浇水季劳动资源不紧缺的有17户，可见选择现代节水灌溉技术可以起到节约劳动力的作用。在选择传统灌溉技术的323个农户中，浇水季劳动资源非常紧缺的有41户，占323个选择传统灌溉技术农户的12.7%；浇水季劳动资源一般紧缺的有191户，占323个选择传统灌溉技术农户的59.1%；浇水季劳动资源不紧缺的有91户，占323个选择传统灌溉技术农户的28.2%。可见，选择传统灌溉技术的农户在浇水季劳动资源更为稀缺。

（七）现代节水灌溉技术信息获取渠道特征

在选择现代节水灌溉技术的26个农户中，有25个农户以自己曾经是国家高效节水灌溉项目户作为信息获取渠道，有1个农户以邻村有农户采用现代节水灌溉技术作为信息获取渠道。323个选择传统灌溉技术的农户主要从"村内有其他农户采用"和"邻村有农户采用"两个渠道获得新技术信息，分别占选择传统技术农户数的33.1%和29.1%；在选择传统灌溉技术的农户中，"不关心现代节水灌溉技术"的为75户，占选择传统技术农户数的23.2%，其中有72户位于故城县；"无新技术了解渠道"的为17

户，其中有 15 户位于故城县。

第五节　农户灌溉技术选择计量经济分析

一、变量选取

样本农户灌溉技术选择包括传统灌溉技术（主要指水带、垄沟等）、固定式中喷和移动式中喷三种，因此，模型被解释变量为传统灌溉技术、固定式中喷和移动式中喷，计量模型用于解释华北平原样本农户对固定式中喷、移动式中喷和传统灌溉技术的采用程度。

（一）人口与社会经济特征

现有研究表明，受教育程度可以衡量农户学习使用现代灌溉技术的能力（Jeremy，2003），受教育程度更高的农民往往是新技术的早期采用者，并且能在整个技术采用过程中更高效地利用现代投入（Gershon et al，1985），因此本研究将户主文化程度变量引入模型，并预期户主文化程度更高的农户更有可能采用现代技术。现代节水灌溉技术需要较高的固定资本投资，信贷约束直接制约了农户对新技术的选择，而农户非农收入可以帮助其克服资本约束，用于购买技术创新固定资本投资（Gershon et al，1985）。因此，本研究将种植业收入占家庭总收入比重变量引入模型，预期种植业收入占家庭总收入比重越大，从而农户非农收入占比越小，因此更不可能选择现代节水灌溉技术。将户主年龄变量引入模型，并预期户主年龄对农户灌溉技术选择影响不确定：一方面，传统灌溉技术如铺水带，需要耗费较多体力，老龄农户因体力不支可能倾向于选择现代技术；另一方面，年龄越大的农户风险规避性越强，对新技术持保守态度，越不可能选择现代技术。

（二）土地特征

经验研究表明，由于规模经济性，土地规模越大的农户越有可能选择现代节水灌溉技术（Ariel et al，1992；Gareth et al，1997；Gareth et al，1996），而我国农地实际是：农户实际耕种土地面积均不大。样本中，实际耕种土地面积小于等于 10 亩的农户占 74%，大于 20 亩的农户仅占 3.4%；而农户实际耕种地块数较多，实际耕种地块数大于等于 4 块的农户占 48.4%；从现实看，土地细碎化比土地规模对农户灌溉技术选择制约更大，而从模型试运行效果看，土地规模变量对农户灌溉技术选择解释力弱，且会严重减弱其他变量的解释力，因此仅将地块数变量引入模型，预期农户实际耕种地块数越多，则越不可能采用固定式中喷和移动式中喷。现代节水灌溉技术是土质增强型技术，土质为沙土或盐碱土等渗透性强而持水能力弱的地块，从传统灌溉技术转向现代灌溉技术所获得的灌溉效率收益更高（Margriet et al，1985；Margriet et al，1986；Ariel et al，1992；Gareth et al，1996；Gareth et al，1997；Liu et al，2008）；样本农户土质类型包括沙土、黏土和壤土三种，将壤土设置为参照组，将沙土和黏土两个虚拟变量引入模型；预期为了提高灌溉效率，相对于土质为壤土的农户，土质为沙土和黏土的农户选择现代节水灌溉技术的概率更大。

（三）灌溉特征

现代节水灌溉技术对水源稳定性要求高，因此地下水源区比地表水源区或以地下水和地表水共同作为灌溉水源的地区更易采用现代节水灌溉技术（Margriet et al，1985；Gareth et al，1997；Gareth et al，1996）；但是华北平原是我国唯一灌溉用水以开采地下水为主的地区（张光辉等，2012），样本中，灌溉水源完全来自地下水的农户占75.1%，完全来自地表水的农户仅占1.2%，地下水与地表水相结合的农户占23.7%，且以地下水和地表水共同作为灌溉水源的农户表示，由于地表水源不稳定且常有污染，在农业灌溉方面地表水仅能作为地下水的补充，也即98.6%的样本农户灌溉需要依靠地下水，因此从华北平原实际看，灌溉水源不是农户灌溉技术选择的决定因素；而从模型试运行效果看，引入灌溉水源变量会严重减弱其他变量解释力，因此模型放弃选择灌溉水源变量。Harry（1988）研究指出，由地下水位下降引起的提水距离增加和抽水灌溉能源成本上升会促进农民选择现代节水灌溉技术，因此机井提水距离影响农户灌溉技术选择。本研究将灌溉机井提水距离变量引入模型，预期随着灌溉机井提水距离增加，农户选择现代节水灌溉技术的概率提高。

（四）资源稀缺性

资源禀赋稀缺性的提高会导致较高的资源影子价格，从而促使农户转向资源节约型技术，Liu等（2008）研究发现，中国北方水资源稀缺性与三类节水灌溉技术选择呈正相关关系。由地下水位下降引起的水资源稀缺性和农业劳动力老龄化和兼业化引致的劳动资源稀缺性是华北平原农户面对的主要资源约束，本研究将灌溉用水短缺程度变量引入模型以反映水资源稀缺性，将"因灌溉用水短缺导致作物严重减产"定义为严重短缺，并赋值1；将"有时浇水困难但可解决"状况定义为一般短缺，并赋值2；将"很少出现浇不上水"情况定义为不存在短缺，并赋值3。预期灌溉用水短缺程度变量对农户相对传统技术选择现代灌溉技术影响方向为负。将浇水季劳动资源紧缺程度变量引入模型以反映资源稀缺性，将"浇水季劳动力严重不足以致需要雇人，否则影响农业生产"情况定义为非常紧缺，并赋值1；将"浇水季劳动人手较为紧张但通过提高劳动强度可以克服从而无须请人"状况定义为一般紧缺，并赋值2；将"家中农业劳动力足以胜任浇水任务"状况定义为不紧缺，并赋值3。预期浇水季劳动资源紧缺程度变量对农户相对于传统技术而选择现代灌溉技术影响方向为负。

（五）技术使用便利性

技术使用便利性会影响农户选择决策。当前农业劳动力老龄化和兼业化导致劳动资源稀缺，为节约劳动用工，农户会选择操作较为简单方便的技术，而放弃操作烦琐的技术。即使新灌溉技术可以节约水资源，但若操作烦琐，农民也不愿采用。调研中了解到，2014年国家地下水超采治理高效节水灌溉试点技术为微喷，但由于微喷在收小麦前要拆、种玉米后要装，在收玉米前拆而种小麦后又要装，操作非常麻烦、费工，因此农户均放弃使用微喷技术；2015年将试点技术改为固定式中喷以后，由于省去了设备拆装工序，使用较为方便省工，农民采用意愿高。因此本研究将现有灌溉技术使用便利性变量引入模型，并将其设置为虚拟变量，若操作较为方便则赋值1，操作烦琐则赋值0。预期现有灌溉技术使用便利性变量对现代节水灌溉技术选择影响方向为正。

（六）水资源价格

经验研究表明，提高水资源价格可以促进现代节水灌溉技术选择（Margriet et al，1985；Ariel et al，1992；Ariel et al，1992；Gareth et al，1996；Gareth et al，1997），但这些研究均针对发达国家地区，如美国加利福尼亚州和以色列，其农业灌溉用水装有计量设施，可直接通过体积对水资源定价。而我国农村缺乏灌溉用水计量设施，只对灌溉收取电费，因此只能通过灌溉电价间接反映水价。调研中了解到，有村庄将水资源价格以一个加价加在灌溉电价中，以通过灌溉电价反映水资源价值。因此本研究将灌溉电单价变量引入模型，预期灌溉电单价提高可促进现代节水灌溉技术选择。

（七）风险承受力

Jeremy（2003）研究发现，种植作物种类较多的农户有着更强的风险分散能力，因此更不可能因为风险考虑而采用现代节水灌溉技术。本研究将种植作物种类数变量引入模型，预期种植作物种类数变量对农户现代节水灌溉技术选择影响为负。

表5-3给出了用于计量分析的变量的描述性统计信息。

表5-3 变量描述性统计

变量	变量描述	均值	标准差	最小值	最大值	方向
人口与社会经济特征						
户主年龄	实际年龄(岁)	58.01	9.61	24	80	?
户主文化程度	初中及以下=1;高中及以上=0	0.85	0.35	0	1	−
种植业收入占总收入比重	(种植业收入/家庭总收入)×100%	62.78	36.43	0.5	100	−
土地特征						
地块数	单位:块	3.67	2.02	1	13	−
沙土	是=1;否=0	0.55	0.49	0	1	+
黏土	是=1;否=0	0.59	0.49	0	1	+
灌溉特征						
灌溉机井提水距离	实际距离(米)	81.85	45.70	0	270	+
资源稀缺性						
灌溉用水短缺程度	严重短缺(因灌溉用水短缺导致作物严重减产)=1	1.92	0.80	1	3	−
	一般短缺(有时浇水困难但可解决)=2					
	不存在短缺(很少出现浇不上水情况)=3					
浇水季劳动资源紧缺程度	非常紧缺(浇水季劳动力严重不足以致需要雇人,否则影响农业生产)=1	2.19	0.63	1	3	−
	一般紧缺(浇水季劳动力较为紧张但提高劳动强度可以克服,从而无须雇人)=2					
	不紧缺(家中农业劳动力足以胜任浇水任务)=3					
技术使用便利性						
现有灌溉技术使用便利性	操作较为方便=1;操作烦琐=0	0.33	0.47	0	1	+
水资源价格						
灌溉电单价	单位:元/度	0.93	0.48	0.55	5	+
风险承受力						
种植作物种类数	实际种植作物种类数量	2.29	0.56	1	5	−

二、估计结果

利用Stata12.0统计软件通过使用极大似然估计程序估计农户灌溉技术选择回归模型。农户对现代节水灌溉技术选择对数概率估计结果与技术选择弹性如表5-4所示。模型估计了两个方程。在第一个方程中，因变量是相对于传统技术农户选择固定式中喷技术的对数概率；在第二个方程中，因变量是相对于传统技术农户选择移动式中喷技术的对数概率。表5-4给出了每个方程的估计系数和z值。使用Pseudo R^2 和对数似然值两个统计检验来评价结果的可靠性。表5-4还报告了连续性变量和离散型变量的半弹性。

表5-4　现代技术选择对数概率估计结果与技术选择弹性

变量	估计结果		半弹性		
	固定式中喷相对传统技术	移动式中喷相对传统技术	传统技术	固定式中喷	移动式中喷
常数项	−0.1300 (−0.03)	7.0207 (0.14)	—	—	—
户主年龄	−0.0834** (−2.55)	0.1386 (1.01)	0.0037	−0.0797***	0.1423
户主文化程度	−1.0263 (−1.56)	−3.5326* (−1.69)	0.1052**	−0.9209	−3.4274*
种植业收入占总收入比重	0.0086 (1.00)	−0.0220 (−0.91)	−0.0003	0.0083	−0.0223
地块数	−0.0782 (−0.41)	−2.2448* (−1.95)	0.0307	−0.0474	−2.2141*
沙土	1.6109** (2.26)	−4.4752 (−1.53)	−0.0503	1.5609**	−4.5255
黏土	3.0311*** (2.9)	−4.1418 (−1.42)	−0.1437*	2.8896***	−4.2857
灌溉机井提水距离	0.0060 (0.54)	−0.0076 (−0.22)	−0.0003	0.0057	−0.0079
灌溉用水短缺程度	−0.1150 (−0.20)	2.3106 (1.13)	−0.0192	−0.1344	2.2914
浇水季劳动资源紧缺程度	1.1848** (2.04)	−2.4621* (−1.66)	−0.0465	1.1385**	−2.5087*
现有灌溉技术使用便利性	4.1882*** (3.38)	3.9022 (1.4)	−0.3087***	3.8792***	3.5933

续表

变量	估计结果		半弹性		
	固定式中喷相对传统技术	移动式中喷相对传统技术	传统技术	固定式中喷	移动式中喷
灌溉电单价	0.0008 (0.00)	−8.7981 (−1.30)	0.1008	−0.1021	−8.6973
种植作物种类数	−3.1983** (−2.09)	−2.0338 (−0.08)	0.2249	−2.9732**	−1.8087
观测量	349		—	—	—
Pseudo R^2	0.449		—	—	—
Likelihood ratio test: λ^2_{24}	93.11		—	—	—
Log-likelihood	−57.135		—	—	—

注：括号内数值为 z 值，*、**、***分别代表10%、5%和1%的显著性。

户主年龄与固定式中喷技术选择高度相关。随着户主年龄增加，相对于传统技术，农户选择固定式中喷技术的对数概率减小。样本中，选择传统灌溉技术的户主年龄平均值为58岁，选择固定式中喷技术户主年龄平均值为55岁，这可能因为：一方面年龄较大的农户收入来源少，风险承受能力低，因而对新技术持保守态度；另一方面固定式中喷设施需要加压，导致抽水距离提高，从而抽水灌溉电费支出增加，年龄较大农户因收入来源少，对灌溉能源成本提高的反应更敏感，因而放弃使用固定式中喷，转而重新采用传统灌溉技术。从半弹性结果看，相对传统技术，户主年龄对固定式中喷技术选择影响弹性更大。户主年龄对移动式中喷选择影响不显著，但影响方向为正，影响弹性在三种技术中也是最大的，农户选择移动式中喷均出自自发行为，有农户因年龄较高，为减轻劳动强度而选择移动式中喷，因此户主年龄对移动式中喷技术选择影响方向为正。

户主文化程度对农户选择固定式中喷和移动式中喷影响方向为负，与预期相符；但户主文化程度对农户选择固定式中喷影响不显著，对农户选择移动式中喷在10%水平显著。模型中户主文化程度变量被定义为初中及以下赋值1，高中及以上赋值0，因此提高户主文化程度会显著提高农户相对传统技术而选择移动式中喷技术的对数概率。据样本统计，选择传统灌溉技术的户主平均文化程度在小学与初中文化之间，选择固定式中喷的户主平均文化程度为初中，选择移动式中喷的户主平均文化程度为初中与高中文化之间，因此选择移动式中喷技术的户主平均文化程度最高，这与经验研究所得到的受教育程度更高的农民是新技术的早期采用者的结论一致。由半弹性结果可知，户主文化程度对农户选择移动式中喷影响弹性最大，对选择传统灌溉技术影响弹性最小。

种植业收入占总收入比重对农户相对传统技术选择固定式中喷和移动式中喷影响不显著。种植业收入占总收入比重较高的农户可能部分由于以农业为最主要收入来源，其耕种面积较大，为提高劳动生产率而选择现代灌溉技术；还有部分种植业收入占总收入比重较高的农户为以农业作为主要收入来源的老龄农业劳动力，该部分农户虽然耕种面积不大，但由于使用传统技术浇水对体力耗费较大，为节约劳动也选择现代节水灌溉技术。而种植业收入占总收入比重较低的农户因非农收入高，对现代节水灌溉技术固定投资能力强，为节约劳动以从事非农活动也会选择现代技术。因此，种植业收入比重对农户相对传统技术而选择现代节水灌溉技术影响不显著。

地块数对农户相对传统技术而选择固定式中喷和移动式中喷技术的影响为负，影响方向与预期相符。地块数对农户相对传统技术选择固定式中喷技术的影响不显著，对移动式中喷技术选择在10%水平显著。固定式中喷是国家2015年治理地下水超采试点技术，22个选择固定式中喷技术的农户对新技术的了解渠道均是"自己曾经是国家高效节水灌溉项目户"，固定式中喷技术选择多受国家政策干预驱动。部分试点村庄虽然农户的土地细碎化程度较高，但通过集体行动使同一个现代节水灌溉单元内的农户统一种植作物种类，合作浇水，使得地块分散、地块数较多的农户也可以采用具有一定规模要求的固定式中喷技术；因此，地块数较多的农户和地块数较少的农户均有可能相对传统技术选择固定式中喷，地块数对固定式中喷技术选择影响不显著。样本中选择移动式中喷技术的农户分为两类：一类是农业劳动力老龄化程度较高的农户，其地块数少、耕种土地面积在10亩内；在农业生产实现机械化以后，农业劳动最繁重的环节为灌溉环节，华北平原农户所使用的传统灌溉技术多为水带，用水带浇水每次都需要铺和收管子，尤其是井距离地头远的地块，劳动强度更大；移动式中喷技术较其他类型喷灌技术资本投入更小，面临农业劳动力老龄化的农户为降低劳动强度而选择移动式中喷技术。另一类选择移动式中喷技术的农户为通过土地流转实现较大经营规模的主体，其实际耕种土地地块数为1~2块，实际耕种面积在100亩以上；他们均为2014年国家地下水超采治理微喷技术试点项目户，在感受到现代节水灌溉技术的优点以及为弥补微喷技术烦琐的拆装工序后，通过市场行为自发选择资本投资不大、技术使用较为方便灵活的移动式中喷。因此地块少而整齐但具有不同经营规模的农户为提高劳动生产率而选择移动式中喷技术，地块数对移动式中喷技术选择具有显著的负向影响。地块数对移动式中喷技术选择影响弹性最大，对传统灌溉技术选择影响弹性最小。

土质对固定式中喷技术选择存在显著正向影响，与预期一致；土质对移动式中喷技术选择影响不显著。现代节水灌溉技术是一种土质增强型技术，而沙土渗透性强，土壤持水能力弱，从传统灌溉技术转向固定式中喷技术所获得的灌溉效率提高收益大，因此沙土土质可显著促进农户相对传统技术选择固定式中喷技术。调研实际中了解到，任县部分村庄的黏土地从传统灌溉技术转向现代灌溉技术所获得的灌溉效率提升收益非常显著，原因是黏土尤其是其中的红胶泥土容易因地面开裂而形成沟壑，在漫灌等传统灌溉技术下灌溉水流在重力作用下会先将深沟填满，然会才会继续向前流动以浇灌土地，水资源浪费严重，灌溉时间长，灌溉效率非常低。而固定式中喷技术可以使用少量的水在较长时间内持续、均匀地直接浇灌作物根系，减少水资源流失，提高灌溉效率；土质为黏土的农户通过使用固定式中喷技术还可以节约灌溉电费支出。壤土土质质量较高，其他经验研究（Gareth et al, 1997）也表明，具有较高土地质量的耕地采用现代节水灌溉技术可能性更低，因为较高质量的土地在传统重力技术下即可达到较高灌溉效率；样本中选择固定式中喷的农户的土质均为沙土和黏土。因此，相较于土质为壤土的农户，土质为沙土和黏土的农户更有可能采用固定式中喷技术。土质为沙土和黏土相对于土质为壤土的农户，在选择移动式中喷技术方面差别不大。农户选择移动式中喷均源于市场自发行为，选择移动式中喷技术的农户的耕地土质既有沙土和黏土，也有土质较高的壤土，一个可能的解释是，农户选择移动式中喷技术不仅出于土质考虑，更重要的是为节约劳动、提高劳动生产率。因此，土质类型对于农户相对于传统灌溉技术而选择移动式中喷技术影响不显著。土质为沙土和黏土相对于土质为壤土在选择固定式中喷技术和移动式中喷技术时影响弹性均大于1，说明沙土和黏土比壤土对现代节水灌溉技术反应更敏感。

灌溉机井提水距离对农户选择固定式中喷技术和移动式中喷技术影响均不显著。由表5-2可知，26个选择现代节水灌溉技术的农户的灌溉机井提水距离均位于（50，100］米区间内，且均位于邢台市任县；在任县的152个样本中，有139个样本灌溉机井提水距离位于（50，100］米区间内；以（50，100］米区间为参照，灌溉机井提水距离更低和更高的农户均采用传统灌溉技术，且提水距离位于（50，100］米区间外的农户绝大部分分布在衡水市故城县。由此可以看出，灌溉机井提水距离不是决定农户技术选择的主要因素，由灌溉机井提水距离分布特征体现出来的是地域差异，而地域差异背后潜藏的是不同区域在新技术推广方面的差异，以及由此导致的不同地域农户在新技术信息获取方面的差异。灌溉机井提水距离对三种类型技术选择弹性均很小。

灌溉用水短缺程度对农户选择固定式中喷和移动式中喷技术影响均不显著。在选择现代节水灌溉技术的26个农户中，有17个农户认为灌溉用水不存在短缺；而在349个农户的总样本中，有127个农户认为灌溉用水严重短缺，但其中仅有1个农户选择了固定式中喷，其余126个农户均选择传统灌溉技术。可见，由地下水位下降引起的水资源稀缺性不是诱致农户选择现代节水灌溉技术的最重要因素。

　　浇水季劳动资源紧缺程度变量对农户选择固定式中喷技术存在显著正向影响，即浇水季劳动资源越不紧缺的家庭越有可能采用固定式中喷技术，该影响方向与预期不符；浇水季劳动资源紧缺程度变量对农户选择移动式中喷技术存在显著负向影响，即浇水季劳动资源越紧缺的家庭越倾向于采用移动式中喷技术，该影响方向与预期一致。样本中采用固定式中喷技术的农户多为国家地下水超采治理项目户，其平均耕种面积为6.6亩，该类农户是基于集体行动在国家项目支持下发展喷灌技术，而不是基于资源禀赋条件的自发选择行为；因此表现出浇水季劳动资源越不紧缺的家庭越有可能采用固定式中喷技术。而选择移动式中喷技术的农户表现出两类特征：一是土地耕种面积大，均为100亩以上；二是家庭农业劳动力老龄化严重。具有这两类特征的农户均面临劳动资源稀缺，该类农户是基于劳动资源禀赋条件制约而通过市场方式自发选择移动式中喷技术，因此表现出浇水季劳动资源越紧缺的农户越有可能选择移动式中喷技术。浇水季劳动资源紧缺程度对移动式中喷技术选择影响最大，对传统灌溉技术影响弹性最小，说明现代节水灌溉技术较传统技术对劳动资源稀缺性反应更敏感。

　　现有灌溉技术使用便利性对农户相对传统技术而选择固定式中喷技术的对数概率存在显著的正向影响，即相对于传统技术，固定式中喷技术因操作较为方便更易被农户采用，该影响方向与预期一致；现有灌溉技术使用便利性对农户相对于传统技术而选择移动式中喷技术影响不显著。固定式中喷技术使用较为方便，既不像传统灌溉技术如水带那般劳动繁重，也不像微喷技术的工序烦琐，因此固定式中喷技术操作方便的特点使农户更易采用。移动式中喷技术在三种灌溉技术中不是操作最方便的，它比微喷省工但较固定式中喷麻烦，但其投入在三种喷灌中最小，且其相对传统技术更省工，因此技术操作方便性不是决定农户选择移动式中喷的最主要因素。

　　灌溉电单价对农户选择固定式中喷技术和移动式中喷技术影响均不显著。农户灌溉技术选择决策对灌溉电单价敏感性反应具有临界效应。可能在某一临界值以内，农户灌溉技术选择对灌溉电单价反应敏感性低，弹性小；而当灌溉电单价超过该临界值，农户灌溉技术选择决策对灌溉电单价变化弹性大，即会引起灌溉技术选择变化。另外，灌溉电单价对技术选择的影响还与机井提水距离有关，不同提水距离的农户对灌溉电单价承受能力存在差异。机井提水距离越大，灌溉技术选择对灌溉电单价变化反应弹性越大；机井提水距离越小，灌溉技术选择对灌溉电单价变化反应弹性越小。因此，撇开灌溉机井提水距离等其他因素，灌溉电单价对农户灌溉技术选择决策影响不显著。

　　种植作物种类数对农户选择固定式中喷存在显著负向影响，即种植作物种类越少的农户越有可能采用固定式中喷，该影响方向与预期一致；种植作物种类数对农户选择移动式中喷影响不显著。一方面，种植作物种类数较多的农户有更强的风险分散能力，其不太可能出于降低风险考虑采用现代灌溉技术（Jeremy，2003）；另一方面，固定式中喷技术采用者多为土地经营规模较小的农户，他们通过集体行动在灌溉环节实现合作，若种植作物种类多且不统一，由于不同的作物浇水时节和灌溉次数不同，很难达成一致从而在使用固定式中喷技术时实现合作。因此种植作物种类数越少的农户越有可能采用固定式中喷。农户选择移动式中喷是基于家庭资源条件的自发选择，且移动式中喷技术相对其他现代技术可分性更强，不需要与其他农户合作，农户可根据自家种植结构灵活安排灌溉时间，因此种植作物种类数不是决定农户选择移动式中喷技术的关键因素。

第六节　农户灌溉技术选择实际偏好分析

一、显示性偏好与实际偏好

上节计量模型假设有关偏好的参数是不可观测的服从 I 型极值分布的随机变量。通过使用对农户行为的观测值及有关农户特征方面信息，上文利用计量模型对农户偏好及行为进行了解释。但此种显示性偏好方法不足之处是，将农户技术选择原因过度归于特征变量而不是农户实际偏好。从政策角度看，该种方法危险之处是将政策直接引向特征而非偏好（Jeremy，2003）。

经济学假设个体偏好不为经济学家所知但为个体行为决策者所知。本研究借鉴 Jeremy（2003）所采用方法，即直接询问农户有关技术选择的实际偏好。通过直接询问农户选择或不选择现代节水灌溉技术原因，从而直接引出农户技术选择决策的决定因素。直接偏好揭示方法的不足之处是回答者不能充分描述自己的选择过程，所描述的偏好具有主观性。因此，经济学家更倾向于使用具有内在一致性的显示性偏好方法，而直接偏好陈述方法在社会学和心理学研究中更普遍。该部分首先报告直接偏好结果，再将直接偏好结果与计量模型揭示的显示性偏好结果进行对比，以期通过显示性偏好与直接偏好方法较全面揭示农户灌溉技术选择决策的决定因素。

二、实际偏好结果

为揭示直接偏好，每一位现代技术采用者都被询问其选择固定式中喷和移动式中喷的原因，直接偏好揭示问题被设置为半开放式题项，经过整理、编码再进行分析。技术选择原因如表5-5所示。实际偏好结果显示，农户选择固定式中喷技术的最主要原因是家庭劳动缺乏,而该技术劳动节约效果明显;其次是灌溉用水紧张,而该技术可节约用水;再者是该技术较微喷使用方便;最后是该技术相比使用水带省劲、节约灌溉电费、为国家试点项目户。由直接偏好结果可知,劳动资源缺乏和水资源缺乏是农户选择固定式中喷技术的最主要原因,即劳动资源和水资源稀缺性诱致农户选择固定式中喷技术。农户选择移动式中喷技术的最主要原因是劳动资源缺乏;其次是灌溉用水紧张;最后是节约灌溉电费、技术设备成本在可承受范围内以及较微喷技术使用方便。直接偏好结果显示,水资源稀缺性和劳动资源稀缺性诱致农户选择移动式中喷技术。综上可得:劳动资源稀缺性和水资源稀缺性诱致农户选择现代节水灌溉技术;节约灌溉能源成本支出、技术使用便利性也是促进农户技术选择的重要因素;移动式中喷技术成本在农户可承受范围内,解除了资本约束对农户技术选择的制约,成为农户技术选择的重要因素。

表5-5　选择现代节水灌溉技术原因

选择原因 灌溉技术	节约劳动	使用 更方便	节约用水	节约电费	成本 可承受	省劲	政府 有补贴
固定式中喷(户)	15	12	13	2	0	3	2
移动式中喷(户)	4	1	3	2	2	0	0

既然现代节水灌溉技术可以节约稀缺投入要素,那为什么样本中92.5%的农户没有选择现代技术?是什么因素制约了农户技术选择行为?表5-6给出了农户未选择现代节水灌溉技术的原因。农户未采用现代节水灌溉技术的最主要三项原因是:土地规模小且地块分散因而达不到技术规模要求;投入成本高;不知道如何使用新技术。这三项原因分别代表经营规模约束、资本约束和信息约束。若农户认为没有必要采用可以节约资源投入的现代节水灌溉技术,则会选择第(13)项和第(14)项原因,统计显示,极少有农户选择该两项原因。因此,技术选择者和未选择者对可以节约稀缺投入要素的现代节水灌溉技术具有类似需求,只是土地经营规模、资本及信息制约了未选择者对资源节约型灌溉技术的投资决策。除了上述三项最重要的制约因素,村里无人组织而缺乏规划和周围使用者少、不知道技术效果因而害怕承担风险也是阻碍未选择者投资决策的两个重要因素。现代节水灌溉技术是基于社区的节水技术,需要社区层面农户集体行动,缺乏集体合作是农户技术选择的组织制约因素。现代节水灌溉技术在华北平原推广尚处于技术扩散早期阶段,由于多种制约因素导致技术采用率低,灌溉技术采用具有不确定性,如技术采用后未来产出风险、技术使用寿命、技术是否能满足作物用水需求等,风险规避型农户面对新技术不确定性会采取延迟投资的做法。

表5-6 未选择现代节水灌溉技术原因

原因	户数	原因	户数
(1)技术投入成本太高	178	(8)村里无人组织而缺乏规划	46
(2)周围使用者少,不知道技术效果如何,害怕承担风险	14	(9)各家难以统一协调	8
(3)土地规模小且地块分散,达不到技术规模要求	226	(10)没有国家试点项目	8
(4)浇水环节劳动不繁重,没必要采用	5	(11)国家试点过但因浇水时各家无法协商便废弃	1
(5)不知道如何使用新技术	102	(12)所在生产队土地为窄长地形	1
(6)土地是流转来的,担心租期不稳定而不敢投资	4	(13)未考虑过采用问题	2
(7)新技术不好用,浇不透水	8	(14)灌溉用地下水不需交水费,没必要采用节水技术	0

三、比较显示性偏好与实际偏好结果

直接偏好与显示性偏好在劳动资源稀缺性、现有技术使用便利性、地块数三类因素方面对农户现代节水灌溉技术选择具有相同影响效果,即劳动资源稀缺性、现有技术操作使用方便、地块数少会促进农户对现代节水灌溉技术的选择。直接偏好结果在水资源稀缺性、能源成本、资本约束三类因素影响方面能增强弱的计量经济结果,即水资源稀缺、灌溉能源成本上升会促进现代节水灌溉技术选择;资本约束会抑制现代节水灌溉技术选择。直接偏好结果在信息约束、土地经营规模、新技术不确定性三方面可以弥补计量经济变量选择的空缺,即农户对现代节水灌溉技术信息掌握少、土地经营规模小、新技术不确定性会抑制农户的技术选择行为。

第七节 本章小结

本章利用总样本349个农户数据研究华北平原农户灌溉技术选择。样本地区表现出水资源与劳动资源稀缺性,其中,水资源稀缺性表现出地区差异,位于深层地下水超采区的故城县,灌溉用水短缺程度比位于浅层地下水超采区的任县更为严重。面对水

资源与劳动资源稀缺性，在 349 个农户的总样本中，有 26 个农户选择了现代节水灌溉技术，其中有 22 个农户选择固定式中喷技术，4 个农户选择移动式中喷技术。样本农户对现代节水灌溉技术采用率低，且以政府项目干预为主，农户通过市场行为自发选择情况较少，因此现代节水灌溉技术在华北平原推广尚处在技术扩散早期阶段。

计量经济模型所揭示的显示性偏好和询问农户选择与未选择新技术原因的直接偏好揭示方法表明，以下六方面是决定农户选择现代节水灌溉技术的重要因素：

第一，劳动资源稀缺性。农业劳动力老龄化和兼业化引致的劳动资源稀缺性诱致农户选择具有节约劳动资源效果的现代节水灌溉技术。移动式中喷技术具有投入成本较低、技术可分性相对较强的特点，因农业劳动力老龄化或土地耕种面积较大而面临浇水季劳动资源稀缺的农户，更有可能通过市场方式自发选择移动式中喷技术。

第二，水资源稀缺性。样本地区表现出较严重的水资源稀缺性，但在促进现代节水灌溉技术选择方面水资源稀缺性的作用要弱于劳动资源稀缺性，显示性偏好计量经济结果表明，水资源稀缺性不是诱致农户选择现代节水灌溉技术的最重要因素，但实际偏好结果可增强弱的计量经济结果。面对水资源稀缺性农户具有发展现代节水灌溉技术的愿望，但其较高的投入成本、农户土地经营规模小且地块分散的土地特征、农户难以在社区层面达成集体行动的制度与组织障碍、水资源价格没有真实反映水资源社会成本等方面因素制约了农户技术选择行为。

第三，土地特征。地块数越少、土质为沙土和黏土等较贫瘠的地块更有可能选择现代节水灌溉技术。地块数越少越能适应现代节水灌溉技术不可分性的特点；现代节水灌溉技术为土质增强型技术，当土质为沙土和黏土时，从灌溉技术变迁中可以获得更高的灌溉效率提高收益。

第四，人口特征。户主文化程度越高、年龄相对更年轻的农户更有可能选择现代节水灌溉技术，因为文化程度更高和更年轻的农户对新技术信息的获取和理解能力更强，更有可能成为新技术的早期采用者。

第五，技术使用便利性。技术操作使用便利性是农户技术选择的重要决定因素，现代节水灌溉技术即使具有较优的节水效果，但如果使用不方便、不能节约劳动则仍然不会被农户所采用，如 2014 年国家试点的微喷技术，虽具有很好的节水效果，但由于拆装程序较烦琐，仍为广大农户所放弃，进而选择使用更为方便的固定式中喷和移动式中喷技术。这说明劳动资源稀缺性在决定农户技术选择时，是比水资源稀缺性更重要的因素，因为节约水资源具有保护环境的正外部性；而节约劳动资源是完全利己行为，收益完全归农户个体享有。

第六，种植作物种类数。种植作物种类数对农户技术选择的影响实则与农业劳动用工和集体行动有关。一方面，各种作物灌溉需水的时点不一致，作物种类越多则需使用现代灌溉设施的次数越多，从而农户出工较多、耗费的农业劳动成本上升；另一方面，现代节水灌溉技术是基于社区层面的技术，需要集体行动，而种植作物种类数越少的农户其种植作物种类也趋同，具有一致的灌溉时间，易于在灌溉环节达成集体行动。

直接偏好结果显示，制约现代节水灌溉技术选择的因素主要归为四类：土地经营规模小且地块分散、资本约束、缺乏集体行动导致的组织约束、信息约束，前三个约束都与我国农户经营规模小有关。美国高平原面对地下水位下降采取的关键措施是推广现代节水灌溉技术，这与美国较大的土地经营规模相适应；鉴于此，有学者提出，通过土地流转、促进土地规模经营，进而可达到促进节水灌溉技术在华北平原的推广。鉴于我国人口实际和滞后的城市化发展，实现土地规模经营仍需经历较长时期，而华北平原地下水资源的紧缺状况亟待解决。从华北平原土地规模实际出发，在华北平原推广现代节水灌溉技术可分为两个层面：第一，对土地规模经营条件较好的主体推广现代节水技术，如家庭农场、承包大户、农业合作组织等，这类新型农业经营主体土地经营规模大，信贷约束小，因而推广阻力更小；第二，对于为数众多的小农户，可以通过探索农户在现代节水灌溉技术运行及设施维护中的集体行动组织创新和制度创新，以破解小农户对新技术选择的制约，这是本书第六章研究内容。较高的固定资本投资、因技术采用导致的环境正外部性使得现代节水灌溉技术采用水平低于社会最优水平，而政府补贴可以提高技术扩散速率。通过探索在现代节水灌溉技术建设中农户与政府成本共担机制，不仅可以破解技术选择的资本约束，还可以提高农户在技术使用过程中对设施维护的积极性，提高设备使用寿命，这是本书第七章研究内容。

| 第六章 |

现代节水灌溉技术设施运行
及维护中农户集体行动组织创新探索

第一节　引言与文献综述

从国际经验看，发展现代节水灌溉技术是解决农业用水资源稀缺的重要方法之一，美国高平原面对地下水位下降采取的关键措施是推广现代节水灌溉技术，以色列通过发展现代节水灌溉技术降低了农业用水需求，从而解决水资源稀缺问题，美国与以色列等发达国家推广现代节水灌溉技术取得成功，与当地资源禀赋、农业地形、土质等因素紧密相关，更为重要的是与这些国家较大的土地经营规模相适应。在华北平原推广现代节水灌溉技术主要受以下因素制约：土地经营规模小且地块分散、资本约束、缺乏集体行动导致的组织约束与信息约束，其中土地约束、资本约束、组织约束均与我国农户经营规模小有关。农户家庭经营在我国仍是重要的农业经营方式，由于城市化发展滞后，农民市民化过程仍将很漫长，土地仍是农民生存保障的重要部分，农业规模经营难以在短时期内实现，分散的小农户在较长一段时期仍然是最主要的经营主体。因此，将小农户排斥在现代节水灌溉技术之外，不但不利于治理华北平原地下水超采也不利于农业现代化建设。发展中国家从发达国家引进的先进技术即使在技术和经济上有利可图，但若忽视制度和社会习俗差异将导致引进技术无法达到预期目标，有效的政策导向是通过有效利用根植于传统的规范和习俗创造出能更好地开发经济机会的制度（速水佑次郎等，2009），解决高效节水灌溉技术对土地规模要求与农户土地经营规模小而地块分散现实之间矛盾的制度选择之一是探索社区层面农户集体行动。

通过农户集体行动，探索发展现代节水灌溉技术的组织形式与制度安排；通过组织创新与制度创新，解决土地分散问题、搭便车问题、机会主义行为及冲突等。现代节水灌溉技术运行及维护中农户集体行动组织形式、维持集体行动的制度规范、解决搭便车问题的制度设计是本章研究重点。

有关公共事物治理的三个有影响力的模型——哈丁的公地悲剧、囚犯困境博弈和曼瑟尔·奥尔森的集体行动的逻辑均预言：使用公共资源的人不会为争取集体利益而合作，人们会陷于传统环境以致无法改变影响其动机的规则。为改变灌溉水"公地悲剧"，学术界存在两类观点（Masako et al，2005）：其一，将灌溉水从社区管理转向国家管理或私人管理；其二，"放手政策（handing over）"，即将灌溉系统的国家管理转向当地社区管理，即灌溉者协会。"放手政策"存在成功案例，但更多的是失败案例，失败很大程度上源于政府草率放手而没有设计机制以组织集体行动。制定增强社区组织能力的政策与机制存在困难：组织灌溉管理集体行动的约束随社区环境、经济和社会条件不同而存在差异，需深入进行案例研究以识别恰当的政策。对社区农户灌溉管理集体行动的研究首先需要度量农户集体行动合作水平，然后分析影响合作水平的外生变量。

现有研究对农户在灌溉事务合作方面的度量主要从农田渠系维护、水资源分配规则、作物种植计划、灌溉制度及监督等方面进行。Pranab（2000）利用农田渠系维护质量、水资源分配中的冲突行为、违反水资源分配规则程度三个维度变量，衡量印度南部泰米尔纳德邦（Tamil Nadu）6个地区48个村庄在灌溉事务方面的合作。Masako等（2005）利用对菲律宾灌溉者协会的横截面调查数据，从四个方面度量农户合作行为：清理河道渠系的集体劳动、协调作物种植计划、轮流灌溉实践、组织对作物种植计划或轮流灌溉进行监督，再利用主成分分析法将四个变量整合为农户合作复合指数。而Yasuyuki等（2013）将农民组织集体行动分为四类：灌溉维护中货币参与、灌溉维护中劳动参与、对仪式的货币参与及社区工作参与，并根据集体行动的生产活动性质和贡献类型。将上述四类集体行动总结为：对生产活动的货币贡献、对生产活动的非货币贡献、对间接性生产活动的货币贡献和对间接性生产活动的非货币贡献。并得出：与生产直接相关的灌溉维护活动不太可能产生搭便车问题；在灌溉维护中，劳动贡献比货币贡献更容易产生搭便车问题，与劳动贡献不同，货币贡献涉及收费问题，易于追踪与核实，因此可以更好地实施集体行动。

影响农户灌溉合作集体行动的因素主要有群体规模、社会异质性、水资源供给条件、社区特征等。群体规模有两个衡量指标：群体内农户数和灌溉服务面积。奥尔森认为，随着群体成员增多，群体实现成功集体行动的可能性越低，因为一方面随着群体规模增大，个体从合作中获得的收益降低，而搭便车者的收益却不会下降；另一方面，小规模群体能更好地合作，如在小型灌溉社区监督更容易，社会规范更易于执行，农户用水需求更相似。Velded（2000）识别了五类群体异质性：禀赋差异、政治差异、财富及头衔差异、文化差异、经济利益差异；一般模型假设对分配规则存在完全的监督与执行，若用水者不是来自同一个村庄，即群体社会异质性较高，则监督与执行成本会很高，因此提高灌溉系统所包含的村庄数，会提高合作成本并降低均衡合作水平；异质性与成功的集体行动之间关系复杂，如 Pranab（2000）认为，由于有个体不参与集体行动，异质性更强的群体的集体行动效率更低，而 Amy 等（2004）认为，群体内异质性很有可能削弱自发组织的有效性，但异质性与集体行动之间的关系是非线性的，且依其他因素而定。群体规模与社会异质性也存在相互影响，规模较大的群体异质性更强，因为集体中每一位成员都会带来多样性。水资源供给太紧缺或太充裕都不利于激励农户采取集体行动以扩大水资源供给或节约水资源消费：在水资源极端稀缺条件下，用水者之间的冲突严重以致合作困难；水资源供给太充裕，则农户没有激励形成集体行动（Masako et al，2005；Pranab，2000）。社区特征如社区社会接触程度、与市场接近程度、过去就社区灌溉系统维护参与集体行动经历等会影响集体行动水平，且具有不同环境和社区特征的群体组织在形成集体行动方面需要不同的支持和激励措施。然而 Amy 等（2004）的研究认为，制度设计是比集体行动影响因素更重要的方面，制度可以影响异质性水平或对其起补充作用。

形成集体行动的群体需解决三个难题：新制度供给问题、可信承诺问题和相互监督问题（埃莉诺·奥斯特罗姆，2012）。尽管群体成员都希望有一个新的制度，使其能够不再单独行动，而是为达到一个均衡的结局协调活动，但具体选择何种制度，参与者之间很可能会产生分歧，建立信任和群体观念是解决新制度供给问题的机制。群体要形成集体行动以获得长期利益需要解决承诺问题，如果群体中的每一个成员或几乎每一个成员都遵循群体制定的规则，资源单位将以更可预测和更有效的方式分配，冲突水平将会下降，资源系统本身将得以存续。在集体行动中若违反规则可获得较高的净收益，则成员面临违反承诺的诱惑，外部强制是解决承诺问题的一种方案。为保证合同得到遵守，在外部力量会在未来所有阶段对违规行为给予强硬制裁的情况下，集体中每位成员都可能做出可信承诺从而获得他们不这么做便不可能得到的收益。要使成员做出可信承诺需满足以下两个条件：第一，大多数处境相同的个人做出同样的承诺；第二，若采用该策略的预期长期净收益大于采取占支配地位的短期策略的预期长期净收益，群体成员就会遵守所做出的承诺。然而，可信承诺只有在解决了监督问题后才可能做出。供给、承诺、监督三者的关系是：没有监督，则不可能有可信承诺；没有可信承诺，就没有提出新规则的理由。

综上，有关集体行动和公共事务治理研究主要从集体行动合作水平影响因素、形成集体行动的制度供给、可信承诺、相互监督问题及其关系展开，基于前人研究成果，现代节水灌溉技术运行及维护中农户集体行动组织形式及制度设计是本章研究重点，本章拟回答以下六方面问题：第一，在华北平原现代节水灌溉技术运行及设施维护中，什么是与农户集体行动要求相适应的组织设计？组织设计包括哪些要素？第二，什么是合理的群体规模？第三，农户集体行动组织创新制度设计的内容是什么？第四，灌溉及设施维护可采取何种管理形式？第五，组织应向成员农户收取哪些费用？对不按时缴费者应采取何种惩罚措施？第六，农户对现代节水灌溉技术运行及设施维护中形成集体行动的态度是什么？

第二节　农户集体行动组织创新：灌溉小组

一、灌溉小组组织设计

现代节水灌溉技术对土地规模要求高，该技术在我国推广的重要限制因素是农户土地细碎和协调困难。现代节水灌溉技术建设与安装具有最小规模要求，地块属于该最小规模范围内的农户，需要就是否发展现代节水灌溉技术达成共识，在形成发展共识的条件下，还需在统一种植作物、灌溉环节、设施维护环节进行合作，并形成一套约束集体行动的制度安排，以降低技术运行期参与农户违反规则、退出集体行动的可能性，提高技术发展的可持续性。从形成发展共识到技术运行过程中的合作再到对搭便车行为的制裁都需要以一个组织为载体来协调活动、实施规则，预调查中农户提议以一定准则为基础，就发展现代节水灌溉技术形成灌溉小组，灌溉小组的成立方式及制度设计是研究重点。

探索考虑如下组织设计：在村内按照农户自愿原则，以一定成员数目及土地规模标准成立灌溉小组，以灌溉小组为单位进行高效节水灌溉及设施维护，成员按土地面积分摊费用，以解决单个农户土地细碎问题。此外，政府可以以灌溉小组为单位推广节水技术或落实节水政策，以降低政府与单个农户谈判的交易成本。

二、灌溉小组成立方式

为进行有效灌溉与设施维护，发展现代节水灌溉技术需要土地适度集中连片，在村内划分成立灌溉小组方式如表6-1所示。在被调查的349个农户中，有2个农户为承包大户,而该研究为针对小农户的集体行动,因此将2个承包大户排除在外,共有347个农户给出了灌溉小组成立方式。由表6-1可知,认为可以按以同一口井灌溉的农户成立灌溉小组的农户数最多,为226户,一般以同一口井灌溉的农户其土地相连,且在打井、管井、灌溉排序中本身存在合作,因此具有形成集体行动的基础;认为可以按生产队成立灌溉小组的农户数位居第二,为65户,因为对大多数村庄而言,一个队的土地是连成片的,且一个生产队内的农户平时接触较多,相互了解较深,有利于形成集体行动;认为可以按一块方地内农户形成灌溉小组的农户数位居第三,为46户,一般而言,村庄内耕地被划分为若干方田,每一块方田具有一定规模,符合现代节水灌溉技术对土地规模的要求;而认为可以按使用同一个泵的农户、按地形规划连片以及按生产组成立灌溉小组的农户数较少。

表6-1 灌溉小组成立方式

成立方式	户数
按生产队成立	65
按生产组成立	6
按以一口井灌溉的农户成立	226
按方地成立	46
按地形规划连片成立	3
按使用同一个泵的农户成立	1

按不同的方式成立灌溉小组所包含的成员数和土地规模的分布特征存在差异。表6-2为灌溉小组成立方式与成员数之间的关系,其中,灌溉小组成立方式列出了最主要的三种,成员数划分为六个区间。若按以同一口井灌溉的农户成立灌溉小组,则灌溉小组所包含的成员数最主要位于小于等于10户、大于10户且小于等于20户、大于20户且小于等于30户三个区间;若按生产队成立灌溉小组,则灌溉小组所包含的成员数最主要位于大于10户小于等于30户和大于10户小于等于20户两个区间,按生产队的成立方式相比按井的成立方式所包含的成员数目更多,灌溉小组规模相对更大;若按方地成立灌溉小组,则灌溉小组所包含的成员数最主要位于大于10户小于等于20户、大于20户小于等于30户以及大于40户小于等于50户三个区间。可见,在三种最主要的灌溉小组成立方式中,按一块方地成立灌溉小组的方式所包含的成员数目相对最多,也即灌溉小组规模可能最大。

表6-2　灌溉小组成立方式与成员数

成员数	按以同一口井灌溉的农户成立（户）	按生产队成立（户）	按方地成立（户）
小于等于10户	80	4	4
大于10户小于等于20户	90	17	14
大于20户小于等于30户	32	32	14
大于30户小于等于40户	5	7	3
大于40户小于等于50户	12	3	10
大于50户	7	2	1

表6-3为灌溉小组成立方式与土地规模关系，将土地规模划分为六个区间。若按以同一口井灌溉的农户成立灌溉小组，则灌溉小组土地规模最主要位于［30，50］、（50，80］、（80，100］亩三个区间；若按生产队成立灌溉小组，则灌溉小组土地规模最主要位于（80，100］亩区间，其次位于（150，200］及大于200亩区间；若按方地成立灌溉小组，则灌溉小组土地规模最主要位于（80，100］亩区间。可见，以井为单位成立灌溉小组所包含的土地规模最小，以生产队为单位成立的灌溉小组所包含的土地规模相对最大。

表6-3　灌溉小组成立方式与土地规模

土地规模（亩）	按以同一口井灌溉的农户成立（户）	按生产队成立（户）	按方地成立（户）
［30，50］	49	3	1
（50，80］	76	5	3
（80，100］	70	38	35
（100，150］	11	2	1
（150，200］	8	7	6
大于200亩	8	10	0

三、灌溉小组规模

随着群体规模增大群体成功实现集体行动的可能性越低，一方面，群体规模越大，个体从合作中获得的收益越低；另一方面，小规模群体更易于监督，更易于执行制度规范，且农户用水需求更为相似。因此，需要知道利于协调、监督与合作的适合的灌溉小组规模，农户根据以往合作经验，判断适合的灌溉小组规模如表6-4所示。样本农户认为，最有利于协调、监督与合作的灌溉小组成员规模为（10，20]，选择该规模的样本量为127户；其次为［1，10]与（20，30]成员数规模。该结果与表6-2中按以同一口井灌溉的农户成立灌溉小组所包含的成员规模类似，即以井为单位成立灌溉小组所包含的成员规模可能最有利于协调、监督与合作。

表6-4 农户对适合的灌溉小组规模的判断

灌溉小组规模	样本量（户）
［1，10]	102
（10，20]	127
（20，30]	74
（30，40]	16
（40，50]	21
大于50户	6

第三节 灌溉小组制度设计

为发展现代节水灌溉技术需要农户在社区层面的集体行动，灌溉小组即为保证农户集体行动的组织设计，要保证其良好运行需要进行制度设计。本节主要从灌溉小组活动内容、灌溉及设施维护管理形式以及向农户收取的费用三方面介绍制度设计。

灌溉小组活动内容主要包括以下七方面：第一，将成员农户土地连片，以满足现代节水灌溉技术对土地规模要求；第二，统一种植作物类型，以方便合作与管理；第三，负责组织农户安装高效节水灌溉设施；第四，就灌溉与设施维护活动存在两种意见：一种认为灌溉小组应统一负责灌溉与设施维护，另一种认为设施维护由集体负责，而灌溉由各成员农户根据自家情况独立进行；第五，负责收集费用；第六，负责对不按时交费者进行惩罚；第七，负责对接与政府灌溉水资源管理或技术推广服务相关的项目或落实政府节水政策。

灌溉及设施维护活动既可以采取选择代表进行统一管理的形式，也可以由各成员农户独立承担，管理形式如表6-5所示。根据样本农户回答情况共整理出八类管理形式。其中，最重要的管理形式是在成员农户中选一位代表以负责灌溉、设施维护及收费等活动，并由其他农户向该代表农户支付服务费，选择该管理形式的样本数为198户；由于现代节水灌溉技术是资本密集型、劳动节约型技术，在灌溉小组内由代表农户完成灌溉、设施维护等活动，可以解决农业劳动力老龄化和兼业化问题，分散的小农户通过灌溉环节合作可以享受技术的规模效应。第二重要的管理形式是由成员农户轮流提供灌溉、设施维护及收费服务，因为这样可以避免产生服务费用，支持该管理形式的农户数为71户。第三重要的管理形式是灌溉由农户自己负责，而设施维护和收费服务由集体负责，由于农户灌溉习惯不同，如灌溉时间、每次灌溉水量、灌溉次数等，各农户间难以统一，还是由农户独立完成较好，持该观点的农户数为49户。第四重要的管理形式是灌溉时每户出一个人共同管理，而维护由集体负责，这样灌溉时既不产生服务费也利于相互监督，持该观点的农户数为20户。灌溉小组具体的管理形式可依成员情况、习俗、环境等因素而定。

灌溉小组向成员农户收取的按土地面积分摊的费用主要包括四类：现代节水灌溉技术设备购买及安装中农户应承担的费用、灌溉用电费、灌溉设施维护费、对代表农户提供的服务支付费用，最后一种费用与所采取的灌溉及设施维护活动管理形式有关，若在成员农户中选择了代表以负责灌溉、设施维护及收费活动，则该过程产生了服务费。为防止搭便车行为需对不按时足额交费的农户采取惩罚措施，98%的农户认为可以在下次浇水季停止给该不按时足额交费的农户浇水。但是几乎所有的农户都认为费用会足额上交，不存在搭便车行为问题。理由有二：第一，农户都关心收成，害怕因浇不上水而影响产量；第二，农村是熟人社会，不按时交费者会受到村民舆论压力。

表6-5　灌溉及设施维护活动管理形式

管理形式	样本数(户)
由成员农户轮流提供灌溉、设施维护及收费服务	71
在成员农户中选一位代表以负责灌溉、设施维护、收费等活动，并由其他农户向该代表农户支付服务费	198
在成员农户中选若干代表负责灌溉、维护及收费	3
灌溉时每户出一个人共同管理，维护由集体负责	20
由管井的人(井长)负责灌溉、设施维护及收费	4
灌溉由农户自己负责，维护和收费由集体负责	49
灌溉由农户自己负责，维护和收费由管泵的人负责	1
灌溉和维护均由农户自己负责	1

第四节 成立灌溉小组必要性

在349个农户的总样本中，有328户认为有必要成立灌溉小组，其中，有215户给出了必要性理由。成立灌溉小组必要性理由如表6-6所示。

表6-6 成立灌溉小组必要性理由

理由	样本数（户）
省工省力,解决劳动力不足	168
在安装、浇水、维护、种植作物统一等方面便于合作与协商	11
方便打工或创业	5
老人种不动地可以合作	1
单家独户土地面积小且地块分散,通过灌溉小组可将土地连片	21
发挥规模效益,降低成本	4
需要有代表统一管理	6

有必要成立灌溉小组的最主要原因是发展现代节水灌溉技术可以省工省力，解决劳动力不足问题；第二主要原因是单家独户土地面积小且地块分散，通过成立灌溉小组可以将土地连片以满足现代节水灌溉技术对土地规模的最小要求；第三主要原因是在安装、浇水、维护、种植作物统一等方面便于合作与协商；第四主要原因是方便打工或创业、发挥规模效益降低成本及需要有代表统一管理。部分农户给出了没有必要成立灌溉小组的理由，理由有如下五点：第一，各家种植作物不同、出工不同，因而无法合作；第二，彼此缺乏信任；第三，还是将土地流转，由承包大户来安装现代节水灌溉设施较好；第四，组织会提高投入成本；第五，自家地少，从而从集体行动中受益也少。

第五节　有关农户集体行动问题的讨论

一、冲突论与契约论

将现代节水灌溉技术以村庄为单位进行推行的过程中，农户对待发展现代节水灌溉技术的态度表现出契约论派、冲突论派和中立派三种类型。发展现代节水灌溉技术对土地有最小规模要求，土地在地域上连片的农户达成共识，形成集体行动以进行技术设施的安装、维护和灌溉等活动。要形成集体行动，需要在参与者之间产生管理者以协调活动，管理者与那些选择其作为管理者的农户之间达成契约，而管理者与反对者之间产生冲突。参与发展现代节水灌溉技术的农户所采取的策略为选择契约论，反对发展现代节水灌溉技术的农户所采取的策略是选择冲突论，经过选择之后便形成两种联盟：契约论派和冲突论派，虽然农户的派别立场具有稳定性，但随着经济利益的变化农户会相应地对派别选择做出调整。还有一类农户对发展现代节水灌溉技术持中立态度，既不支持也不反对，属于"随大流"类型，这种中立立场选择也符合经济理性：一是这类农户认为其选择无法影响结果；二是这类农户更多地倾向于对新技术发展持观望态度，待他人实践表明新技术是有利可图时，这类农户也会打破中立立场而成为契约论派。

二、个人理性与社会理性

在推广现代节水灌溉技术的过程中会出现个人理性与社会理性的冲突，最终可能导致放弃具有节约灌溉用地下水资源的技术。如果选择现代节水灌溉技术的未来净收益现值大于零，则农户会做出技术选择，反之农户会继续使用已有的传统灌溉技术。但是单个农户的理性选择是基于自身的成本与收益核算，并未考虑地下水超采导致的社会成本及地下水位下降导致的其他农户抽水灌溉能源成本上升。因此，个人理性不必然暗含社会理性，对个人有利的结果相加之后可能产生社会非理性。

三、建立信任与社群观念

要形成集体行动需要有制度供给，而解决新制度供给问题的关键是建立信任和建立一种社群观念。在推广现代节水灌溉技术中，有的村庄通过一定土地规模范围内农户间合作并严格遵守相关规则，使现代节水灌溉技术运行良好；有的村庄通过并地互换使每户地块数为1至2块，从而单个农户单块土地规模更大、地块更整齐，解决了发展现代节水灌溉技术的地块小而分散的制约。但上述两类成功的案例都要求村庄有强有力的领导者、村民彼此的信任和牢固的社群观念。也有部分村庄由于缺乏强有力的领导者、制度供给缺失、农户间彼此缺乏信任等，即使在安装了现代节水灌溉技术后，因极少数农户出于自身利益考虑而中途放弃技术使用，导致整个集体技术设施的废弃。群体规模越大组织成本越高，推行新事物的阻力也越大，如果群体成员都追求个体利益最大化则无法实现群体或社会利益最大化，除非有某种强制力量迫使他们以群体或社会利益最大化为目标，而这种强制力量可能与建立信任与社群观念、制定制度规范、实行监督、对违规行为进行制裁等有关。

第六节　本章小结

发展现代节水灌溉技术是解决农业用水资源稀缺的重要方法之一，解决高效节水灌溉技术对土地规模要求与农户土地经营规模小而地块分散现实之间矛盾的制度选择之一是探索社区层面农户集体行动，通过农户集体行动，探索发展现代节水灌溉技术的组织形式与制度安排。灌溉小组组织设计为：在村内按照农户自愿原则，以一定成员数目及土地规模标准成立灌溉小组，以灌溉小组为单位进行高效节水灌溉及设施维护，成员按土地面积分摊费用，以解决单个农户土地细碎问题。要保证灌溉小组良好运行，需要进行制度设计，主要从灌溉小组活动内容、灌溉及设施维护管理形式、向农户收取的费用三方面进行制度设计。

|第七章|

现代节水灌溉技术设施建设农户与政府成本共担机制研究

第一节 引言与文献综述

为改变水资源紧缺现状以推动农业可持续发展，国家在《全国农业可持续发展规划（2015—2030）》中指出，要分区域规模化推进高效节水灌溉，到2020年和2030年，农田节水灌溉率分别达到64%和75%。2014年河北省地下水超采治理高效节水灌溉试点技术为微喷，由于微喷设施在小麦、玉米种植期内需要多次进行拆装，较为费工，农民采用意愿低；2015年试点技术改为固定式中喷，固定式中喷不但可以节约用水，还省去了设备使用过程中的拆装工序，较微喷省工，农民采用意愿高。在探寻到适合的技术后关键问题是如何推广实施。美国高平原推广现代节水灌溉技术的经验做法是，实施农户与政府成本共担机制，成本共担机制的关键是农户在一次性工程技术建设中应承担的份额。若完全由农户承担技术建设成本则现代节水灌溉技术的采用水平将低于社会最优水平，理由有三点：第一，现代节水灌溉技术较高的固定资本投资超出了农户理性支付能力（刘军弟等，2012）；第二，农户因技术采用而节约的水资源具有保护环境、节约资源的正外部性；第三，新技术采用具有产量不确定性，农户出于风险规避性会降低技术采用率。而若完全由政府承担技术建设成本，不仅政府财政压力大，也不利于激发农户对技术设备维护的积极性，从而降低技术使用效率。探索农户与政府成本共担机制，不仅可以破解农户技术选择的资本约束，提高技术扩散速率，还可以提高农户在技术使用过程中对设施维护的积极性。现代节水灌溉技术建设农户意愿承担额度可通过希克斯补偿变化及替代技术成本分析方法进行研究，本研究通过条件调查法来获取希克斯补偿变化对农户意愿承担额度的度量。

使用条件调查法引出农户意愿承担额度的问题设置，既可采用开放式（open-ended）也可采用封闭式（closed-ended）问题。经验研究更主张采用封闭式提问方式，因为该方式只需要农户对所给定的投标（bidding）做出"是"或"否"的选择；开放式问题要求农户给出最大意愿承担额度，而未使用现代节水灌溉技术的农户可能无法明确给出效用函数，因而增加了农户回答的困难。可以使用重复投标（iterative bidding）、支付卡法（payment cards）及二分选择法（dichotomous choice）引出农户意愿承担额度。Kevin 等（1988）通过对这三种技术的对比研究发现，在引出希克斯剩余时没有哪一种引出技术是中性的，每种技术各有优缺点。由于农户可能要对未使用过的技术给出意愿承担额度，条件调查通常存在三类偏差：策略性偏差（strategic bias）、起点偏差（starting point bias）以及假设偏差（hypothetical bias），经验研究对三类偏差给出了检验或消除方法（Alebel et al，2009；Dale et al，1990；Ronald et al，1999）。国内有学者利用条件调查法研究农户对现代节水灌溉技术的受偿意愿或支付意愿：刘军弟等（2012）通过对关中灌区大棚蔬菜种植户的受偿意愿研究得出，公共财政应成为推行节水灌溉技术的主要投入，政府补贴标准应为样本农户采用节水灌溉技术支出成本的 2.17 倍；许朗等（2015）利用开放式问题设置方式通过对山东省蒙阴县的研究得出，农户对节水灌溉技术的平均支付意愿为 4086 元/公顷，农户年龄、文化程度、耕地面积以及对技术预期效果的认知是影响农户支付意愿的主要因素；曾仪庆等（2009）利用支付卡法对山东青岛的研究发现，农户对节水灌溉技术的年均支付意愿为 117.93 元/户；左喆瑜（2016）通过对华北平原深层地下水超采区山东省德州市宁津县的调查，利用双边界离散选择双变量 Probit 模型计算得到，样本农户对现代节水灌溉技术的平均意愿承担额度为 111.44 元/亩。

本章通过条件调查引出农户在现代节水灌溉技术建设中的意愿承担额度。Arrow 等（1993）指出进行条件调查应遵循的原则主要有：足够大的样本、较高的回答率、使用封闭式提问方式、回答者对项目信息有充分了解、提醒回答者用于项目的支付会影响用于其他方面的消费、进行预调查等。为遵循以上原则，该部分研究在问卷设计与调查中特做出以下六方面安排：第一，调查选取的样本县——任县和故城县均是国家地下水超采治理高效节水灌溉项目县，受国家技术干预影响强，样本农户对现代节水灌溉技术具有较好的背景知识；第二，为得到较高回答率并保证回答质量，采取入户方式对农户进行面对面问卷调查；第三，采用双边界离散选择提问方式；第四，在问卷首页介绍华北平原地下水超采现状、现代节水灌溉技术优缺点及工程投入成本，并由调查员在开场白中向农户介绍该内容；第五，在询问农户意愿承担额度时，提醒农户用于现代节水灌溉技术的支付会影响其他方面消费；第六，在正式调查前进行预调查。离散选择条件调查通常会产生策略性偏差和假设偏差。策略性偏差产生于受访者试图非真实地回答问题以达到影响投资或政策决策目的之情形，为减小该偏差，本研究参照Alebel（2009）的做法，在调查的开场白就向农户说明该调查仅用于学术研究，不涉及任何政府政策或项目；假设偏差产生于受访者不理解或没有正确感知到被描述对象特征的情形，本研究选取国家地下水超采治理高效节水灌溉试点县作为样本县，且在问卷开场白向农户介绍有关现代节水灌溉技术信息的调查设计可以有效消除该类偏差。

农户与政府成本共担机制研究采用双边界离散选择并附以询问开放式最大意愿承担额度的问题设置。通过预调查了解到，国家项目试点技术主要为针对小麦-玉米种植的固定式中喷和针对蔬菜种植的滴灌技术，且通过技术示范和传播，当地农户对这两种现代节水灌溉技术了解较多，因此本研究所问及的农户意愿承担额度，主要指农户对固定式中喷或滴灌技术建设成本的意愿承担额度。双边界离散选择初始价格及阶梯的选取基于作者对华北平原深层地下水超采区——山东省德州市宁津县的前期研究成果（左喆瑜，2016）及前人研究成果（管仪庆等，2009；许朗等，2015），共设置六个投标。

本章使用条件调查数据研究现代节水灌溉技术建设农户与政府成本共担机制，本章拟回答以下五方面问题：第一，双边界离散选择农户意愿承担额度的两阶段投标具有何分布特征？第二，农户给出零意愿承担额度的原因是什么？其中，哪些原因是真实零意愿承担额度，哪些属于抗议性回答？第三，影响农户意愿承担额度的主要因素有哪些？有何影响？第四，由双边界离散选择模型得到的农户平均意愿承担额度估计值是多少？该估计值与单边界模型得到的平均意愿承担额度估计值有何区别？第五，农户使用替代技术如水带的成本与希克斯补偿变化有何区别？

第二节　理论基础与经验模型

一、条件调查法对福利的测度

农户对现代节水灌溉技术建设成本的意愿承担额度可由条件调查通过直接陈述偏好的方式来评估，可通过希克斯补偿变化（Hicksian Compensating Valuation）以货币形式来表示效用变化。该部分借鉴 Alebel 等（2009）及 Mascollel 等（1995）的研究成果简要阐述条件调查测度效用变化的理论机理。

希克斯补偿变化可以表述为式（1）：

$$CV = (P^0, P^1, w) = e(P^1, z^1, u^1) - e(P^1, z^1, u^0) \tag{1}$$

其中，$e(p, z, u)$ 代表在给定价格向量 P、公共产品水平 z、家庭效用水平 u 时的家庭支出函数。上标"0"代表实施项目前的时期，上标"1"代表实施项目后的时期。若某项目为效用增加型，则希克斯补偿变化的含义是：在实施某项目后最多可以从该家庭拿走多少货币，以使该家庭的效用保持在实施效用前的水平。在本研究中希克斯补偿变化即代表农户对现代节水灌溉技术建设成本的意愿承担额度。假设 P 和收入保持不变，式（1）可以表示为式（2）：

$$CV(P^0, P^1, w) = e(p^1, z^0, u^0) - e(p^1, z^1, u^0) = -\int_{z^0}^{z^1} \frac{\partial e(p, z, u)}{\partial z} dz \tag{2}$$

由于 $-\frac{\partial e(p,z,u)}{\partial z}$ 不可观测，由发展现代节水灌溉技术所导致的效用变化可以通过在条件调查中询问农户对现代节水灌溉技术建设成本的意愿承担额度来度量。

二、经验模型

在各种条件引出技术中，二分选择法的最大优点是易于应用，为提高农户调查效率，本研究采用二分选择引出技术。二分选择法既可以采用单边界离散选择形式，也可采用双边界离散选择形式，Michael 等（1991）的研究证实双边界方法比单边界方法更具渐进有效性。因此，本研究采用双边界离散选择形式并附以开放式最大意愿承担额度问题设置（Double-bounded Dichotomous-Choice Elicitation Format with an Open-ended Follow-up Question）。以下有关技术引出方式与模型设定参考 Michael 等（1991）及 Alebel（2009）的研究成果。在双边界条件调查中，受访者被要求依次对两个投标进行回答，第二个投标值大小取决于受访者对第一个投标的回答。如果受访者愿意承担第一个投标（B_i），则继续询问其是否愿意承担一个更高的投标（$B_i^u > B_i$）；如果受访者拒绝承担第一个投标，则继续询问其是否意愿承担一个更低的投标（$B_i^d < B_i$）。因此，受访者对意愿承担额度的回答有以下四种情况：（a）两次接受（yes, yes）；（b）两次拒绝（no, no）；（c）第一次接受，第二次拒绝（yes, no）；（d）第一次拒绝，第二次接受（no, yes）。该四种情形出现的概率分别用 π^{yy}、π^{nn}、π^{yn}、π^{ny} 表示。

在第一种情形中有 $B_i^u > B_i$，因此有式（3）：

$$
\begin{aligned}
\pi^{yy}(B_i, B_i^u) &= \Pr(B_i \leqslant \max WTP, B_i^u \leqslant \max WTP) \\
&= \Pr(B_i \leqslant \max WTP \mid B_i^u \leqslant \max WTP) \cdot \Pr(B_i^u \leqslant \max WTP) \\
&= \Pr(B_i^u \leqslant \max WTP) \\
&= \Pr(B_i^u \leqslant X_i' \beta + \varepsilon_i) = \Pr(\varepsilon_i \geqslant -X_i' \beta + B_i^u) = 1 - G(B_i^u; \beta)
\end{aligned} \tag{3}
$$

其中，$\Pr(B_i \leq \max WTP | B_i^u \leq \max WTP) = 1$；$WTP$ 为农户意愿承担额度；X' 为影响农户意愿承担额度的因素；$G(B_i^u; \beta)$ 为累积概率分布，参数为 β。同理可得式（4）、式（5）、式（6）：

$$\pi^{nn}(B_i, B_i^d) = \Pr(B_i > \max WTP, B_i^d > \max WTP)$$
$$= \Pr(B_i > \max WTP | B_i^d > \max WTP) \cdot \Pr(B_i^d > \max WTP) = G(B_i^d; \beta) \qquad (4)$$

$$\pi^{yn}(B_i, B_i^u) = \Pr(B_i \leq \max WTP < B_i^u) = G(B_i^u; \beta) - G(B_i; \beta) \qquad (5)$$

$$\pi^{ny}(B_i, B_i^d) = \Pr(B_i > \max WTP \geq B_i^d) = G(B_i; \beta) - G(B_i^d; \beta) \qquad (6)$$

该双边界离散选择的对数似然函数可表示为式（7）：

$$\ln L(\beta) = \sum_{i=1}^{N} \left\{ \begin{matrix} d_i^{yy} \ln \pi^{yy}(B_i, B_i^u) + d_i^{nn} \ln \pi^{nn}(B_i, B_i^d) + \\ d_i^{yn} \ln \pi^{yn}(B_i, B_i^u) + d_i^{ny} \ln \pi^{ny}(B_i, B_i^d) \end{matrix} \right\} \qquad (7)$$

其中，d_i^* 为虚拟变量，当第 i 个农户的回答为（yes，yes）时，$d_i^{yy} = 1$，$d_i^{nn} = d_i^{yn} = d_i^{ny} = 0$；同理可得到对虚拟变量 d_i^{nn}、d_i^{yn}、d_i^{ny} 的定义。参数 β 的极大似然估计量可通过一阶条件得到：$\frac{\partial \ln(\hat{\beta})}{\partial \beta} = 0$。由于对两个投标回答的误差项具有相关性，可以用双变量 Probit 模型（Bivariate Probit Model）对该双边界响应建模。

第三节　双边界离散选择农户意愿承担额度

本书作者在华北平原深层地下水超采区——山东省德州市宁津县做过农户对现代节水灌溉技术建设成本意愿承担额度的调查（左喆瑜，2016）。采用双边界离散选择模型询问农户对总成本为 1000 元/亩的喷灌、滴灌技术的意愿承担额度，初始投标最小值设置为 100 元/亩，最大值设置为 300 元/亩，梯度为 50，即共设置 100、150、200、250、300 五个初始投标。宁津县的研究结果显示：样本农户平均意愿承担额度为 111.44 元/亩；最大意愿承担额度大于 300 元/亩的农户数为 14 户，占比 7.7%；最大意愿承担额度小于等于 100 元/亩的农户数为 69 户，占比 37.7%；最大意愿承担额度大于 100 元/亩小于等于 150 元/亩的农户数为 27 户，占比 14.8%；最大意愿承担额度大于 150 元/亩小于等于 200 元/亩的农户数为 30 户，占比 16.4%；最大意愿承担额度大于 200 元/亩小于等于 300 元/亩农户数为 43 户，占比 23.4%。可见，最大意愿承担额度大于等于 100 元/亩的农户占比最大。本研究对投标的设置参考宁津县的研究成果：本章研究将双边界离散选择初始投标最小值仍设置为 100 元/亩，由于在宁津县的调查中仍有为数不少的农户的最大意愿承担额度大于等于350元/亩，所以本章研究将初始投标最大值设置为350元/亩，梯度仍为50，即共设置100、150、200、250、300、350六个初始投标，受访者被随机分配一个初始投标，并询问其是否愿意承担该额度以发展现代节水灌溉技术。有关投标的设置及受访者对双边界问题的回答情况如表7-1所示。

表7-1　双边界离散选择农户意愿承担额度回答情况

投标设置(元/亩)		第一阶段(%)		第二阶段(%)		合计(户)
第一阶段	第二阶段	接受比例	拒绝比例	接受比例	拒绝比例	
100	50	—	33.9	45	55	20
100	150	66.1	—	38.5	61.5	39
150	100	—	37.9	54.5	45.5	22
150	200	62.1	—	50.0	50.0	36
200	150	—	34.4	4.8	95.2	21
200	250	65.6	—	35.0	65.0	40
250	200	—	60.0	36.1	63.9	36
250	300	40.0	—	58.3	41.7	24
300	250	—	47.9	0.0	100.0	23
300	350	52.1	—	36.0	64.0	25
350	300	—	72.1	9.1	90.9	44
350	400	27.9	—	29.4	70.6	17

假设受访者接受了随机分配的初始投标100元/亩，则其被继续询问是否意愿接受更高的150元/亩的投标；如果受访者拒绝了100元/亩的初始投标，则其被继续询问是否意愿接受更低的50元/亩的投标。其他初始投标的询问方式依此类推。表7-1中的每一个初始投标都对应两种可能的回答情况，每一种回答情况用行来表示。其中，第一行对应拒绝初始投标的情况，第二行对应接受初始投标的情况。以100元/亩的初始投标为例，共有59名受访者被随机询问了这一初始投标，其中33.9%拒绝了该投标，66.1%接受了该投标；在33.9%拒绝该初始投标的回答者中，有45%的回答者接受了第二阶段更低的50元/亩的投标，55%的回答者拒绝了这一更低的50元/亩的投标。其他初始投标回答情况依此类推。

在总样本349位受访者中，有51位受访者两次拒绝所给出的投标，且在附加的开放式最大意愿承担额度题项中给出的最大意愿承担额度为0元/亩。受访者的零意愿承担额度可分为真实零意愿承担额度和抗议性回答两种情况。表7-2显示了受访者零意愿承担额度的原因分类。将抗议性回答样本纳入计量模型会低估农户平均意愿承担额度，本研究直接将其剔除出随后的计量分析过程。因此，进入计量分析过程的样本数为309户。

表7-2 零意愿承担额度原因分类

零意愿承担额度原因	样本数(户)	占零意愿承担额度总数比例(%)
真实零意愿承担额度	11	21.6
经济困难	2	3.9
没有必要节约灌溉用水	3	5.9
还是用水带浇水方便	1	2.0
喷灌技术不适用	1	2.0
喷灌会提高灌溉电费	1	2.0
用河水灌溉很合适，没必要装喷灌	1	2.0
已为已有灌溉设施投资	2	3.8
抗议性回答	40	78.4
不相信所交的钱能得到合理利用	6	11.8
政府应承担全部成本	34	66.6

第四节 农户最大意愿承担额度分布特征

将农户最大意愿承担额度分为十个区间，农户最大意愿承担额度及其土地特征如表7-3所示。由表7-3可知，最大意愿承担额度为0的农户占比为14.61%，其土地面积之和占总土地面积的11.56%。最大意愿承担额度为（50，100］元/亩的农户数占比最大，为25.79%；其土地面积之和占比位于第二，为22.89%。最大意愿承担额度为（150，200］元/亩的农户占比位于第二，为22.35%；但其土地面积之和占比最大，为35.44%。最大意愿承担额度为（400，500］元/亩的农户占比最小，为1.43%；其土地面积之和占比也最小，为1.65%。可见，农户最大意愿承担额度主要分布在（50，100］和（150，200］元/亩两个区间内，这两个区间内的农户耕种土地面积之和占比为58.33%。

表7-3 农户最大意愿承担额度分布特征

最大意愿承担额度 （元/亩）	户数	户数占比 （%）	土地面积均值 （亩）	土地面积之和 （亩）	土地面积 之和占比（%）
0	51	14.61	8.19	417.9	11.56
(0,50]	20	5.73	6.68	133.5	3.69
(50,100]	90	25.79	9.19	827.3	22.89
(100,150]	22	6.30	13.55	298.2	8.25
(150,200]	78	22.35	16.42	1280.9	35.44
(200,250]	14	4.01	8.41	117.8	3.26
(250,300]	40	11.46	7.03	281.3	7.78
(300,350]	19	5.44	7.24	137.5	3.80
(350,400]	10	2.87	6.09	60.9	1.68
(400,500]	5	1.43	11.86	59.3	1.65

第五节　现代节水灌溉技术建设农户意愿承担额度的计量分析

一、变量选取

根据本书作者在山东省宁津县前期研究成果、其他学者研究成果、本研究实际调查情况，将影响农户意愿承担额度的因素归为六类：人口与社会经济特征、土地特征、资源稀缺性、灌溉特征、农户对现代节水灌溉技术信息获取渠道、农户对技术工程寿命要求。

反映人口与社会经济特征的变量包括户主年龄、户主文化程度、种植业收入占总收入比重、最主要农业劳动力兼业情况。预期户主年龄对意愿承担额度的影响不确定：一方面，年龄越大的农户越希望采用劳动节约型灌溉技术以降低劳动强度，因而对技术建设成本承担意愿更强；另一方面，年龄越大的农户风险规避程度越高，对新技术的保守性越强，因而成本承担意愿更低。预期相对于高中及以上文化程度，户主文化程度为初中的农户其成本承担意愿更高，因为户主文化程度越高其非农就业机会越多，越不愿意在农业生产方面做成本较高的固定投资。预期种植业收入占总收入比重更高的农户其成本承担意愿更强，种植业收入占比较高的农户以农业为主要收入来源，因而更愿意在农业生产中做长期投资以获得未来较高的收入流。预期家庭最主要农业劳动力兼业则农户成本承担意愿更强，家庭最主要农业劳动力兼业，则农户在浇水季节更有可能面临劳动资源稀缺，因而更愿意投资于具有节约劳动作用的现代节水灌溉技术。

将反映土地特征的变量设置为土地规模、地块数、沙土三个变量。发展现代节水灌溉技术需要具备规模经济，因此预期农户实际耕种土地面积越大则其成本承担意愿更强。地块数越多的农户地块越分散，单块土地面积越小，无法达到发展节水灌溉技术的最小规模要求，在达成集体行动时也面临更大的分歧和困难，因此预期地块数越多则农户成本承担意愿越低。沙土土质持水能力差，在漫灌等重力灌溉下易流失水分，因此适合采用喷灌等现代节水灌溉技术，将土质为沙土变量引入模型，参照组为黏土或壤土，预期相对土质为黏土或壤土的农户，土质为沙土的农户具有更高的成本承担意愿。

设置变量灌溉用水短缺程度和浇水季劳动资源紧缺程度以反映资源稀缺性。现代节水灌溉技术具有节约水资源和劳动的作用，当农户面临的水资源和劳动资源稀缺程度越高，对现代节水灌溉技术需求越大，因此预期灌溉用水短缺程度和浇水季劳动资源紧缺程度越严重，则农户成本承担意愿更强。

设置三个变量反映灌溉特征：以地下水为唯一灌溉水源、灌溉机井提水距离、小麦-玉米轮作灌溉能源成本。经验研究发现，相较于地表水源灌区，地下水源灌区更有可能采用现代节水灌溉技术（Rajendra et al，1993；Gareth et al，1996；Margriet et al，1985），预期以地下水为唯一灌溉水源的农户更有可能接受所给出的成本承担额度。灌溉机井提水距离反映了水资源稀缺程度和灌溉困难程度，预期灌溉机井提水距离越大，农户成本承担意愿越强。小麦-玉米轮作灌溉能源成本越高，则农户农业收益空间越低，农户对灌溉设施固定资本投资意愿越低，预期小麦-玉米轮作灌溉能源成本越高，农户对所给出的成本承担额度接受意愿越低。

反映农户对现代节水灌溉技术信息获取渠道的变量为自己是国家高效节水灌溉项目户、村内有其他农户采用、邻村有农户采用、本县其他地方有农户采用或无了解渠道，其中，本县其他地方有农户采用或无了解渠道为参照组。有关技术选择的学习成本约束研究文献表明，处在技术推广开展较好、邻居对新技术采用率高的地区的农户，最有可能成为新技术的早期采用者（Jeremy，2003），相对于以本县其他地方有农户采用作为信息获取渠道或无了解渠道的农户，以自己是国家高效节水灌溉项目户、村内有其他农户采用、邻村有农户采用作为技术信息获取渠道的农户，与新技术接触程度更高，对技术信息了解更全面，因而更有可能接受所给出的成本承担额度。

　　农户给出的意愿成本承担额度与农户对技术使用寿命要求有关。农户对现代节水灌溉技术进行固定资本投资，是希望获得较稳定的未来收入流，技术使用寿命越长则农户可获得的收入流现值可能越高，农户成本承担意愿也越强。因此，将农户对技术工程使用寿命要求变量引入模型，并预期影响方向为正。

　　表7-4给出了影响农户成本承担意愿的变量描述性统计信息，样本量为309。

表7-4　农户成本承担意愿变量描述性统计

变量	变量定义	均值	标准差	最小值	最大值	影响方向
人口与社会经济特征						
户主年龄	实际值	57.89	9.61	24	80	?
户主文化程度	初中及以下=1；高中及以上=0	0.85	0.36	0	1	+
种植业收入占总收入比重	（种植业收入/家庭总收入）×100%	63.03	36.48	0.5	100	+
最主要农业劳动力兼业情况	兼业=1；否则=0	0.34	0.48	0	1	+
土地特征						
土地规模	实际耕种土地（亩）	10.62	19.89	0.5	240	+
地块数	实际值（块）	3.64	2.06	1	13	−
沙土	是=1；否=0	0.54	0.49	1	1	+
资源稀缺性						
灌溉用水短缺程度	严重短缺=1；一般短缺=2；不存在短缺=3	1.92	0.80	1	3	−
浇水季劳动资源紧缺程度	非常紧缺=1；一般紧缺=2；不紧缺=3	2.18	0.63	1	3	−
灌溉特征						
以地下水为唯一灌溉水源	是=1；否=0	0.75	0.43	0	1	+
灌溉机井提水距离	实际值（米）	81.50	44.49	0	270	+
小麦-玉米轮作灌溉能源成本	每亩小麦与每亩玉米灌溉电费支出之和	199.78	126.66	0	630	−
农户对现代节水灌溉技术信息获取渠道						
自己是国家高效节水灌溉项目户	是=1；否=0	0.09	0.28	0	1	+
村内有其他农户采用	是=1；否=0	0.29	0.46	0	1	+
邻村有农户采用	是=1；否=0	0.27	0.44	0	1	+
农户对技术工程使用寿命要求	要求工程寿命最小年数（年）	8.7	3.41	0	30	+

二、计量模型估计结果与分析

为比较单边界离散选择与双边界离散选择的统计效率，本章估计了两个计量模型：利用对初始投标的单边界离散选择响应建立Probit模型；利用双边界问题的响应建立双变量Probit模型（Bivariate Probit Model）。利用Stata12.0统计软件估计回归模型。有关农户对现代节水灌溉技术成本承担意愿影响因素的回归结果与平均边际效应如表7-5所示。单边界离散选择模型估计结果与双边界离散选择模型第一阶段估计结果较为接近。在影响农户成本承担意愿的六大类因素中，资源稀缺性和农户技术信息获取渠道两类因素影响均不显著。下文主要对双变量Probit模型结果进行分析。

在人口与社会经济特征中，户主年龄、户主文化程度、种植业收入占总收入比重变量影响不显著；最主要农业劳动力兼业情况变量对农户成本承担意愿在1%统计水平存在显著正向影响，影响方向与预期一致。若家庭最主要农业劳动力兼业，一方面为节约劳动用工农户对具有劳动节约性质的现代节水灌溉技术的发展意愿高；另一方面其收入来源更多，对现代节水灌溉技术支付能力更强，因而更容易接受所给出的成本承担额度。

表7-5　农户成本承担意愿影响因素回归结果及平均边际效应

变量	单边界离散选择		双边界离散选择			
	系数	边际效应	第一阶段系数	边际效应	第二阶段系数	边际效应
户主年龄	0.0132 (1.51)	0.0046	0.0133 (1.51)	0.0046	−0.0080 (−0.90)	−0.0028
户主文化程度	0.2518 (1.10)	0.0878	0.2548 (1.11)	0.0888	0.1667 (0.76)	0.0594
种植业收入占总收入比重	−0.0030 (−1.13)	−0.0011	−0.0031 (−1.14)	−0.0011	0.0014 (0.51)	0.005
最主要农业劳动力兼业情况	0.5825*** (2.66)	0.2030	0.5823*** (2.66)	0.2029	0.2923 (1.36)	0.1041
土地规模	0.0104* (1.78)	0.0036	0.0103* (1.79)	0.0036	0.0114** (1.96)	0.0041
地块数	−0.0689* (−1.76)	−0.0240	−0.0690* (−1.76)	−0.0240	−0.0553 (−1.43)	−0.0197
沙土	−0.3004* (−1.90)	−0.1047	−0.3025* (−1.92)	−0.1054	0.0520 (0.34)	0.0185
灌溉用水短缺程度	0.0625 (0.54)	0.0218	0.0618 (0.53)	0.0215	0.1140 (1.02)	0.0406

续表

变量	单边界离散选择		双边界离散选择			
	系数	边际效应	第一阶段系数	边际效应	第二阶段系数	边际效应
浇水季劳动资源紧缺程度	−0.0371 (−0.27)	−0.0129	−0.0362 (−0.26)	−0.0126	0.0876 (0.64)	0.0312
以地下水为唯一灌溉水源	0.3491* (1.83)	0.1217	0.3477* (1.83)	0.1212	0.0663 (0.34)	0.0236
灌溉机井提水距离	0.0053** (2.31)	0.0018	0.0052** (2.31)	0.0018	−0.0005 (−0.22)	−0.0002
小麦-玉米轮作灌溉能源成本	−0.0006 (−0.72)	−0.0002	−0.0006 (−0.72)	−0.0002	0.0014 (1.62)	0.0005
自己是国家高效节水灌溉项目户	−0.2457 (−0.81)	−0.0856	−0.2487 (−0.82)	−0.0867	0.1791 (0.58)	0.0638
村内有其他农户采用	−0.1474 (−0.70)	−0.0514	−0.1528 (−0.73)	−0.0532	0.2139 (1.07)	0.0762
邻村有农户采用	−0.2449 (−1.25)	−0.0853	−0.2470 (−1.26)	−0.0807	0.0612 (0.31)	0.0218
农户对技术工程使用寿命要求	0.0168 (0.68)	0.0059	0.0170 (0.68)	0.0059	0.0389* (1.76)	0.0139
常数项	−1.0716 (−1.30)	—	−1.0663 (−1.28)	—	−1.2709 (−1.59)	—
Log Pseudolikelihood	−189.3860	—	−381.4893		−381.4893	
Wald χ^2	45.60	—	73.64		73.64	
观测量	309					

注：括号内数值为 Z 值；*、**、***分别代表10%、5%和1%的显著性水平。

反映土地特征的三个变量影响均在10%水平统计显著，其中，土地规模和地块数影响方向与预期一致，变量沙土影响方向与预期相反。土地规模对第一阶段投标和第二阶段投标影响均显著为正，说明土地规模越大，农户越愿意接受所给出的第一阶段成本承担额度，并且也更愿意接受第二阶段更高的承担额度；土地规模越大越能满足发展现代节水灌溉技术的最小规模要求，因而农户越愿意接受所给出的成本承担额度。而若地块数越多、土地越分散，则意味着单块土地面积越小，越难达到技术发展最小规模要求，在统一种植作物、形成集体行动进行灌溉和设施维护时面临的矛盾与分歧也越多，从而降低了农户投资意愿，因而农户对所给出的成本承担额度接受意愿更低。相对土质为黏土或壤土，当土质为沙土时，农户对所给出的成本承担额度接受意愿更低，该影响方向与预期相反，一个可能的解释是：相对黏土和壤土土质，沙土土质保墒性更差，更容易流失水分，水资源利用效率更低，农业产出相对更低而投入相对更高，因而农业收益空间更低，农民风险承受能力更弱，从而对新技术投资意愿更低。

在灌溉特征中，变量以地下水为唯一灌溉水源、灌溉机井提水距离对农户成本承担意愿存在显著正向影响，影响方向与预期一致；变量小麦-玉米轮作灌溉能源成本影响不显著。相对于以地表水为唯一灌溉水源或结合使用地表水和地下水灌溉，以地下水为唯一灌溉水源的农户所面临的资源约束更强，农业灌溉更困难，因而对具有节约水资源作用的现代节水灌溉技术投资意愿更高。灌溉机井提水距离越大则地下水位下降越严重，农户面临的水资源约束越强，从而发展现代节水灌溉技术意愿越高，越能接受所给出的成本承担额度；但灌溉机井提水距离变量系数估计值为0.0058，边际效应为0.0018，可能不具有经济显著性。

农户对现代节水灌溉技术工程使用寿命要求变量对第一阶段投标影响不显著，对第二阶段投标影响显著为正。农户意愿承担额度取决于其对技术工程预期使用寿命要求，农户所要求的预期使用寿命越长，则其从技术工程固定资本投资中获得的预期未来收入流现值越高，对新技术投资的风险越小，因而越能接受所给出的成本承担额度。

资源稀缺性及农户对现代节水灌溉技术信息获取渠道两类因素各变量影响均不显著，说明真正落实到成本承担额度时，农户的经济承受能力、灌溉特征、现代节水灌溉技术本身特征，如规模要求、使用寿命等，是最主要的影响因素。

三、单边界模型与双边界模型效率比较及平均意愿承担额度估计

有关单边界模型与双边界模型效率比较方法参考Michael等（1991）研究成果，如式（8）所示：

$$\beta_0 + \beta_1 X_{1i} + \beta_2 X_{2i} + \cdots + \beta_{16} X_{16i} = (1 + e^{a - b(B_i)})^{-1} \tag{8}$$

其中，β_0、β_1、$\cdots$、β_{16}为计量模型估计系数，B_i为第i位受访农户面对的初始投标；设a、b分别为初始投标的截距项与斜率项。分别利用非线性最小二乘法估计得到单边界模型与双边界模型有关a、b的方差-协方差矩阵并进行比较。通过计算得到，农户对现代节水灌溉技术建设成本承担意愿的单边界离散选择与双边界离散选择的初始投标的截距项（a）与斜率项（b）的方差-协方差矩阵为式（9）：

单边界离散选择：$\begin{pmatrix} 4.181 \times 10^3 & 4.073 \times 10^1 \\ 4.073 \times 10^1 & 3.967 \times 10^{-1} \end{pmatrix}$

$$\tag{9}$$

双边界离散选择：$\begin{pmatrix} 2.067 \times 10^1 & 1.803 \times 10^{-1} \\ 1.803 \times 10^{-1} & 1.572 \times 10^{-3} \end{pmatrix}$

由式（9）可得，双边界模型a的方差2.067×10^1<单边界模型a的方差4.181×10^3；双边界模型b的方差1.572×10^{-3}<单边界模型b的方差3.967×10^{-1}；双边界模型a与b的协方

差 1.803×10^{-1}<单边界模型 a 与 b 的协方差 4.073×10^{1}。这会导致双边界模型更高的 Z 统计量。除此之外，由表7-5可知，双边界模型比单边界模型具有更高的 $\mathrm{Wald}\chi^2$ 统计量和 Log Pseudolikelihood。这证明本研究采用双边界离散选择引出技术更具统计效率。

通过式（8）得到 a、b 的非线性最小二乘估计量，由此可计算样本平均意愿成本承担额度（Michael et al，1991），如式（10）所示：

$$WTP_{\text{mean}} = WTP_{\text{median}} = \left| \frac{a}{b} \right| \qquad (10)$$

利用样本数据计算得到单、双边界模型的平均意愿成本承担额度如表7-6所示。

表7-6 单边界与双边界模型的意愿成本承担额度

项目	单边界模型	双边界模型
$\hat{a}$	1.474909	1.003803
$\hat{b}$	0.022276	0.00921
意愿成本承担额度	66.21	108.99

通过单边界模型得到的平均意愿成本承担额度为66.21元/亩，通过双边界模型得到的平均意愿承担额度为108.99元/亩，通过附加的开放式最大意愿承担额度问题得到的样本平均最大意愿承担额度为189.92元/亩。本研究所得到的单、双边界模型平均意愿成本承担额度小于作者在山东省宁津县所做的类似调查（左喆瑜，2016），左喆瑜（2016）对山东省宁津县调研得到的农户意愿成本承担额度为：由单边界模型得到的意愿成本承担额度为116.21元/亩，由双边界模型得到的意愿成本承担额度为111.44元/亩。本研究基于河北省农户调查所得的意愿成本承担额度更低，理由如下：本研究选取的样本县河北省邢台市任县和衡水市故城县均是国家地下水超采治理高效节水灌溉项目试点县，国家2014年试点技术为微喷，由于微喷技术使用过程中设施拆装工序较为费工，农户采用意愿低；因而2015年将试点技术改为固定式中喷，固定式中喷技术在节约用水同时使用操作更方便，农户采用意愿高。样本中以自己是国家高效节水灌溉项目户、村内有其他农户采用该技术、邻村有农户采用该技术作为新技术信息获取渠道的农户占65%，前期研究选取的山东省宁津县并不是高效节水灌溉项目试点县，农户对技术信息的最主要了解渠道是电视和广播，因而宁津县的样本农户对现代节水灌溉技术信息了解不够全面；而本研究中样本农户对现代节水灌溉技术信息可达性更强，了解更深入、全面，通过自己或周围使用者对技术性能的对比，对在使用过程中所暴露出来的技术缺陷及达成集体行动方面困难的了解，使得农户对现代节水灌溉技术投资更谨慎和理性，因而本研究所得到的样本平均意愿成本承担额度小于对山东省宁津县调研所得值。本研究所得平均意愿成本承担额度也低于其他学者的研究所得，

如许朗等（2015）对山东省蒙阴县农户调查得到农户对节水灌溉技术平均支付意愿为272元/亩，该值高于本研究所得意愿，可能是许朗等（2015）的研究采用开放式最大支付意愿问题设置方式，而开放式引出技术可能会使农户给出的支付意愿偏高。本研究通过双边界模型得到的108.99元/亩的平均意愿成本承担额度占本研究假设的1000元/亩现代节水灌溉技术总成本的10.9%，农户意愿成本承担额度较低，较大部分成本将由政府承担。

四、农户意愿成本承担额度的希克斯补偿变化与替代技术机会成本比较分析

现代节水灌溉技术的被替代技术——传统灌溉技术的灌溉成本，如水带的成本，是影响农户采用现代节水灌溉技术的重要参考标准。本研究在农户问卷设置了有关农户使用水带平均成本的题项，在进入计量模型分析的309个样本农户中，有262个农户给出了水带平均一年投入成本，以下基于该262个农户比较分析由希克斯补偿变化和替代技术机会成本反映的意愿成本承担额度。上文通过双边界离散选择模型计算得到的样本农户平均意愿成本承担额度108.99元/亩即反映了希克斯补偿变化；而农户给出的水带平均一年投入成本单位为元/年，指家庭在水带方面平均一年投入成本，为便于比较，对农户意愿成本承担额度进行换算，将单位也统一为元/年，计算方法如下：（108.99×农户承包土地面积）/农户对技术工程使用寿命要求，即得到在工程使用寿命期内平均一年的成本承担额，比较该希克斯补偿变化与替代技术投资成本：希克斯补偿变化大于替代技术投资成本的农户数为166户，占比63.4%；希克斯补偿变化小于替代技术投资成本的农户数为96户，占比36.6%。农户对现代节水灌溉技术意愿成本承担额大于替代技术投资成本，主要原因可能是农户更看重现代节水灌溉技术节省劳动用工的特性，从而可以将节省下来的时间从事比较收益更高的非农活动；而农户对现代节水灌溉技术意愿成本承担额小于替代技术投资成本，主要原因可能是现代节水灌溉技术除需要进行一次性固定资本投资外，在技术后期使用过程中还需对设施维护投资，因此农户对技术的一次性固定资本意愿投资额小于替代技术成本。

第六节　本章小结

本章利用双边界离散选择条件调查就华北平原农户对固定式喷灌、滴灌技术的意愿成本承担额度进行分析。本研究将双边界离散选择初始投标最小值设置为100元/亩，

最大初始投标设置为 350 元/亩，梯度为 50，共设置六个初始投标；对单边界离散选择与双边界离散选择问题分别建立 Probit 模型和双变量 Probit 模型，以对比分析农户成本承担意愿。研究结果表明：第一，双边界离散选择引出技术较单边界离散选择更具统计效率，样本农户平均意愿成本承担额度为 108.99 元/亩。第二，在人口与社会经济特征中，户主年龄、户主文化程度、种植业收入占总收入比重变量影响不显著；最主要农业劳动力兼业变量影响显著为正，即家庭最主要农业劳动力兼业可以显著提高农户对现代节水灌溉技术的成本承担意愿。第三，在土地特征中，土地规模对初始投标和第二阶段投标均存在显著正向影响；地块数和沙土对初始投标存在显著负向影响。第四，在灌溉特征中，以地下水为唯一灌溉水源、灌溉机井提水距离对农户成本承担意愿存在显著正向影响；变量小麦-玉米轮作灌溉能源成本影响不显著。第五，农户对现代节水灌溉技术工程使用寿命要求越长，越能显著提高农户对第二阶段投标接受意愿。第六，资源稀缺性及农户对现代节水灌溉技术信息获取渠道两类因素各变量影响均不显著。

当前农业劳动力老龄化引致的劳动资源稀缺、农户对水资源紧缺程度加剧现状的感知以及由地下水位下降引起的抽水灌溉能源成本提高，使农户表现出对现代节水灌溉技术的需求，而农业较低的比较收益和农户较低的风险承受能力直接限制了其对新技术的支付能力。要在华北平原推广喷灌、滴灌等现代节水灌溉技术，投入需采取农户与政府共担的方式，且政府需承担其中较大部分比例。研究得出的农户对固定式中喷、滴灌技术 108.99 元/亩的平均意愿成本承担额度，对于政府制定推广现代节水灌溉技术成本分担机制具有政策参考价值。此外，因风险承受能力较低，在面对新技术时农户往往持观望态度，政府可以选点示范农户与政府成本共担的现代节水灌溉技术推广机制，一方面可以积累总结推广经验，另一方面可以在农户发展意愿较高、具有发展意愿的农户土地所占比例较大的地方优先试点，以提高政府投资效率。

|第八章|

农户节水抗旱小麦品种技术选择与农户灌溉行为

第一节　引言与文献综述

粮食作物占华北平原农作物总播种面积70%以上，是华北平原灌溉农田主要耗水项和地下水开采用户，而小麦-玉米轮作是华北平原粮食作物主要种植类型。以玉米为主的秋粮作物需耗水时间多处在雨季，由于降水较多，作物生长所需的灌溉用水量较小；而以小麦为主的夏粮作物需耗水时间主要发生在每年春旱季节（3—5月），这期间降水较少，导致夏粮作物生长所需的灌溉用水量较大，由此地下水开采强度在全年中处于最大时期，并表现为区域性普遍超采，此期间区域地下水获得的补给量十分有限，从而造成在每年夏粮作物主要灌溉期，区域地下水位处于全年最低状态。由水资源稀缺性诱致的技术创新包括以喷灌、滴灌等现代节水灌溉技术为代表的机械技术和以节水抗旱品种为代表的生物技术，在小麦需水的春季，根据小麦的抗旱需水生理特性以优化灌溉模式或灌溉过程，通过培育和推广节水抗旱小麦品种可以实现一定程度的节水效果。国家于2014年始在河北省地下水严重超采区推广节水抗旱小麦品种[1]，通过浇好拔节水，适墒浇灌孕穗灌浆水，实现小麦生育期内减少灌溉1至2次，在减少灌溉次数的同时实现小麦稳产。从推广节水抗旱小麦品种的微观层面看，影响品种节水效果

---

[1]河北省种子管理总站组织专家通过论证确定不同区域节水品种目录，本文将不同厂商提供的节水品种统称为节水抗旱小麦品种。

的发挥主要有两方面：一是农户对节水抗旱小麦品种的技术选择；二是在节水抗旱小麦品种技术选择下农户是否减少浇水次数，即农户灌溉行为会影响品种节水效果的发挥。较多经验研究将新品种选择变量归为"选择"或"未选择"两类，而多数情况下，对新品种技术选择无法由一个离散型变量充分解释，农户将多大比例的土地用于种植新品种，即技术使用的程度和强度，是有关技术选择的更重要信息。即使农户选择了节水抗旱小麦品种，但若仍按以往习惯浇水，并未减少灌溉次数，则无法发挥节水抗旱小麦品种缓解地下水位下降的作用，因此，有必要研究技术选择农户的灌溉行为及其影响因素。

新技术的经济可行性因资源条件而异，不同的资源禀赋状况会诱致农户做出不同的技术选择，速水和拉坦将因适应于各个地区不同的要素相对稀缺程度而产生的技术创新称为"诱致性技术创新"。速水和拉坦将可供选择的技术发展途径归为机械技术进步过程和生物技术进步过程，其中，生物技术进步主要涉及以下三方面因素中的一个或几个：第一，开发土地和水资源，为作物生长提供条件；第二，增加土壤中植物营养的有机质和无机质来源，促进作物生长，并利用生化手段保护作物免遭病虫害；第三，选择具有生物学效应的作物品种，以对环境条件做出反应。有关新品种技术选择的开创性研究是Griliches（1957）研究美国杂交玉米品种总体技术采用及其决定因素，并发现总体技术扩散随时间呈"S"型路径。之后有关新品种技术选择的微观研究也非常丰富，在有关新品种技术选择变量选取上，不仅将农户技术选择行为归为"选择"还是"未选择"的离散型变量，还将农户在新品种与传统品种之间土地分配决策作为技术选择被解释变量，研究农户使用新品种的程度和强度。如Justin等（1991）利用中国湖南省500个农户的截面数据，通过联立有关是否选择杂交水稻品种的离散Probit模型和杂交水稻品种种植面积比率的Tobit模型，以研究教育对新品种选择的影响，并得出提高教育水平可以促进杂交水稻新品种选择。Melinda等（1994）认为，发展中国家农户在选择新品种时仍然将一部分土地分配给传统品种这样一种土地分配决策，可由四方面微观经济理论解释：投入固定性、投资组合选择、安全第一行为、农户试验与学习，并利用马拉维420个农户的截面数据，通过Hechman两阶段程序估计上述四个因素对高产品种选择土地分配决策的影响，并得出没有哪一个因素可以单独解释农户在新品种和传统品种间的土地分配决策。Andrew等（1996）利用堪萨斯州1974年至1994年36个品种724个观测量的非平衡混合截面、时间序列样本研究小麦生产特征，如产量、产量稳定性、品种抗病性和加工品质（如籽粒重量、制粉品质）对品种种植面积百分比的影响，通过两阶段加权最小二乘法估计得出，能提高平均产量和烘焙质量的品种更易被采用。

有关发展中国家技术选择的经验之谜是：既然新技术如杂交玉米可以显著提高利

润，为何采用率低？Tavneet（2011）给出的解释是：技术的成本与收益具有异质性，因此具有较低净收益回报的农户不会选择新技术，Tavneet以肯尼亚为研究区域，依对杂交玉米品种回报率与选择行为关系将农户分为三类，并通过估计随机系数模型及杂交玉米收益分布来解释三类农户技术选择行为，以检验上述解释假设。研究结果表明：具有最高收益的农户群体未采用杂交玉米，因为高收益与技术采用的高投入相关，而高投入与落后的基础设施有关；具有较低收益的农户群体采用了杂交玉米；而具有零收益的边际农户不断徘徊于选择与放弃技术使用之间。农户品种选择决策是理性的，并且可以由技术净收益的异质性来解释。

对于已经选择的新技术，由于制度条件和经济环境变化将变得不再适宜，此时就会出现技术选择后的技术放弃。例如玉米-鳘豆轮作体系是一种可持续农业技术方式，可以在更少的土地上以更低的劳动和资本投入产出更多的玉米，因此在洪都拉斯传播非常之快，但到20世纪90年代采用率急剧下降，Sean等（2001）提出洪都拉斯玉米-鳘豆轮作体系被放弃的三大原因是：一是外部因素，包括土地制度变化导致能达到玉米-鳘豆种植体系最小农场规模的农户比例减少；畜牧业发展间接导致供小农户和无地者耕种的租赁土地数骤减；交通发展使土地增值，从而导致种植玉米相对种植水果和非农雇佣经济性降低。二是农业及生物物理因素，包括出现了威胁玉米-鳘豆体系生命力的有毒草类、过度降雨和持续干旱的极端气候。三是管理因素。因此，新品种技术扩散要适应于异质性的资源和环境条件（Kshirsagar et al，2002；Malcom et al，1973；Selvaraj et al，2006）。

本章抓住华北平原地下水消耗主要作物——小麦这个主要矛盾，研究水资源约束下农户对节水抗旱小麦品种技术选择与农户灌溉行为，拟回答以下七方面问题：第一，样本农户对节水抗旱小麦品种选择和土地分配决策具有何分布特征？第二，农户人口与社会经济特征、资源禀赋条件、新品种技术信息获取渠道、能源成本、品种生产特性与农户节水抗旱小麦品种技术选择和土地分配决策有何关系？第三，在技术选择下，农户灌溉次数与使用传统品种时有何变化？第四，农户经济特征、资源禀赋条件、土质、品种生产特性、灌溉水源等与农户灌溉行为有何关系？第五，影响农户技术选择的主要因素有哪些？有何影响？第六，影响农户灌溉行为的因素有哪些？有何影响？第七，显示性偏好分析和直接偏好分析所揭示的农户技术选择与农户灌溉行为影响因素有何异同？

第二节　样本特征与节水抗旱小麦品种技术选择

一、样本特征与节水抗旱小麦品种选择

在349个农户的总样本中，选择节水抗旱小麦品种的农户有290户，未选择的农户有59户。样本特征与技术选择之间的关系如表8-1所示。

表8-1　样本特征与抗旱小麦品种选择

样本特征变量	类别	选择		未选择		合计（户）
		样本数（户）	百分比（%）	样本数（户）	百分比（%）	
户主年龄	24~45岁	23	67.6	11	32.4	34
	46~55岁	87	82.1	19	17.9	106
	56~65岁	115	88.5	15	11.5	130
	66~80岁	65	82.3	14	17.7	79
户主文化程度	不识字或识字很少	30	75	10	25	40
	小学	91	86.7	14	13.3	105
	初中	132	86.3	21	13.7	153
	高中及以上	37	72.5	14	27.5	51
种植业收入占总收入比重	小于或等于10%	25	65.8	13	34.2	38
	(10%,30%]	67	79.8	17	20.2	84
	(30%,50%]	38	86.4	6	13.6	44
	(50%,100%]	160	87.4	23	12.6	183
灌溉用水短缺程度	严重短缺	118	92.9	9	7.1	127
	一般短缺	101	80.8	24	19.2	125
	不存在短缺	71	73.2	26	26.8	97
浇水季劳动资源紧缺程度	非常紧缺	37	86	6	14	43
	一般紧缺	172	86.9	26	13.1	198
	不紧缺	81	75	27	25	108

续表

样本特征变量	类别	选择		未选择		合计
		样本数（户）	百分比（%）	样本数（户）	百分比（%）	（户）
新品种技术信息获取渠道	国家在本村推广	237	96.3	9	3.7	246
	国家在邻村推广	2	100	0	0	2
	农资店推荐	50	92.6	4	7.4	54
	亲戚朋友介绍	1	100	0	0	1
	不了解	0	0	46	100	46
灌溉能源成本	[0,50]	39	90.7	4	9.3	43
	(50,75]	68	87.2	10	12.8	78
	(75,100]	59	78.7	16	21.3	75
	(100,150]	42	77.8	12	22.2	54
	(150,200]	34	75.6	11	24.4	45
	(200,300]	39	86.7	6	13.3	45
	(300,360]	9	100	0	0	9
土质	沙土	166	86.9	25	13.1	191
	黏土	161	78.2	45	21.8	206
	壤土	9	90	1	10	10

（一）户主年龄

将年龄分为四组，分别计算每一年龄组别内，选择与未选择新品种的农户占比分布。户主年龄为46～55岁农户相对于24～45岁农户选择节水抗旱小麦品种比例增大，由67.6%增至82.1%；户主年龄为56～65岁农户相对于46～55岁农户选择节水抗旱小麦品种的比例增加，由82.1%增至88.5%；而户主年龄为66～80岁农户相对于56～65岁农户选择节水抗旱小麦品种的比例降低，由88.5%降至82.3%。即随着户主年龄增大，农户选择节水抗旱小麦品种的比例表现为先增加后减少趋势。

（二）户主文化程度

将户主文化程度分为四类，分别计算每一层次文化程度农户选择与未选择新品种的比率分布。相对于不识字或识字很少的农户，户主文化程度为小学的农户选择新品种的比率增加，由75%增至86.7%；相对于小学的农户，户主文化程度为初中的农户选择新品种比率降低，由86.7%降至86.3%；户主文化程度为高中及以上的农户选择节水抗旱小麦品种的比率在四个文化程度层次中最低，为72.5%。即随着户主文化程度提高，农户选择节水抗旱小麦品种的比例表现为先增加后降低趋势。

（三）种植业收入占总收入比重

将种植业收入占总收入比重分为四类，分别计算每一比重类别下农户选择与未选择新品种的比率。在四个类别中，随着种植业收入占总收入比重提高，每一类别下农户选择节水抗旱小麦品种的比率增加。

（四）灌溉用水短缺程度

将灌溉用水短缺程度分为三类。每一类别定义如表5-2。相比不存在短缺的农户，灌溉用水一般短缺的农户选择节水抗旱小麦品种的比率增大，由73.2%增加至80.8%；相比不存在短缺和一般短缺的农户，灌溉用水严重短缺的农户选择节水抗旱小麦品种的比率均增加，增加到92.9%。即灌溉用水稀缺性程度更高，则农户选择节水抗旱小麦品种比率越大。

（五）浇水季劳动资源紧缺程度

将浇水季劳动资源紧缺程度分为三类，每一类别定义如表5-2。相比不紧缺的农户，浇水季劳动资源非常紧缺的农户选择节水抗旱小麦品种比率增加，由75%增至86%；相比一般紧缺的农户，浇水季劳动资源非常紧缺的农户选择节水抗旱小麦品种的农户比率稍有降低，从86.9%降至86%。总体来看，浇水季劳动资源稀缺程度更高，则选择节水抗旱小麦品种的样本比率更大。

（六）新品种技术信息获取渠道

样本农户获取节水抗旱小麦品种技术信息的渠道包括五类，若以国家在本村推广和农资店推荐作为新品种技术信息获取渠道，则农户选择节水抗旱小麦品种的比率要远大于不了解新品种技术信息的农户，不了解节水抗旱小麦品种的农户均未选择该技术。以国家在邻村推广和亲戚朋友介绍作为信息获取渠道的农户仅3户，且均选择了新品种。即国家在本村推广和农资店推荐是农户了解节水抗旱小麦品种的主要渠道，且可提高选择新品种的农户比率。

（七）灌溉能源成本

灌溉能源成本指每亩小麦灌溉电费支出，被定义为每亩每水用电量、灌溉电单价、灌溉次数三变量乘积。将灌溉能源成本分为七个组别，分别计算每一组别内农户选择与未选择新品种的农户数比率。当农户灌溉能源成本小于等于200元/亩时，即在前五个区间类别，随着灌溉能源成本提高，每一区间类别内选择节水抗旱小麦品种的农户占比降低；但当灌溉能源成本超过200元/亩时，即在（200，300]和（300，360]两个区间内，选择比例又提高。

（八）土质

土质为壤土的农户选择新品种的样本比率为90%；而土质为沙土和黏土两个组别

的农户选择新品种的比例分别为86.9%和78.2%。

二、样本特征与农户土地分配决策

仅知道农户选择还是未选择的离散结果还不足以充分解释农户技术选择行为，样本中做出选择行为的农户，既有将0.02%的土地用于种植新品种，也有将100%的土地用于种植新品种，因此研究农户在节水抗旱小麦品种与传统小麦品种之间的土地分配决策，可以更深刻地解释农户技术选择行为。在选择节水抗旱小麦品种的290个农户中，新品种种植面积比率等于1的农户有211户，面积比率小于1的农户有79户；其中，面积比率大于0小于等于0.5的农户有55户，面积比率大于0.5小于1的农户有24户。样本特征与农户土地分配决策之间的关系如表8-2所示。表8-2中，将节水抗旱小麦品种种植面积比率分为小于1和等于1两类，并分别统计样本特征与两类面积比率关系。

表8-2 样本特征与农户土地分配决策

| 样本特征 | 类别 | 节水抗旱小麦品种面积比率 | | | | 合计 |
| | | 小于1 | | 等于1 | | |
		样本数（户）	百分比（%）	样本数（户）	百分比（%）	样本数
户主年龄	24~45岁	10	43.5	13	56.5	23
	46~55岁	25	28.7	62	71.3	87
	56~65岁	29	25.2	86	74.8	115
	66~80岁	15	23.1	50	76.9	65
户主文化程度	不识字或识字很少	12	40	18	60	30
	小学	18	19.8	73	80.2	91
	初中	42	31.8	90	68.2	132
	高中及以上	7	18.9	30	81.1	37
种植业收入占总收入比重	小于或等于10%	0	0	25	100	25
	(10%,30%]	18	26.9	49	73.1	67
	(30%,50%]	12	31.6	26	68.4	38
	(50%,70%]	8	47.1	9	52.9	17
	(70%,100%]	41	28.7	102	71.3	143
灌溉用水短缺程度	严重短缺	47	39.8	71	60.2	118
	一般短缺	22	21.8	79	78.2	101
	不存在短缺	10	14.1	61	85.9	71
浇水季劳动资源紧缺程度	非常紧缺	10	27	27	73	37
	一般紧缺	62	36	110	64	172
	不紧缺	7	8.6	74	91.4	81

续表

| 样本特征 | 类别 | 节水抗旱小麦品种面积比率 | | | | 合计 |
| | | 小于1 | | 等于1 | | |
		样本数（户）	百分比（%）	样本数（户）	百分比（%）	样本数
新品种技术信息获取渠道	国家在本村推广	76	32.1	161	67.9	237
	农资店推荐	3	6	47	94	50
	国家在邻村推广或亲戚朋友介绍	0	0	3	100	3
灌溉能源成本	[0,50]	15	38.5	24	61.5	39
	(50,100]	28	22	99	78	127
	(100,200]	18	23.4	58	76.4	76
	(200,360]	18	37.5	30	62.5	48
土质	沙土	53	31.9	113	68.1	166
	黏土	44	27.3	117	72.7	161
	壤土	1	11.1	8	88.9	9
新品种亩产提高	是	18	17.1	87	82.9	105
	否	61	33	124	67	185
新品种产量稳定性提高	是	39	20.9	148	79.1	187
	否	40	38.8	63	61.2	103
新品种抗病性增强	是	36	22.9	121	77.1	157
	否	43	32.3	90	67.7	133

（一）户主年龄

当户主年龄为24～45岁，其新品种种植面积比率小于1的样本占比为43.5%；当年龄提升至46～55岁年龄段后，新品种面积比率小于1的样本占比降至28.7%；户主年龄为66～80岁年龄段时，其新品种面积比率小于1的样本占比最低，为23.1%，而该年龄段新品种面积比率等于1的样本占比最大，为76.9%。即随着户主年龄提高，表现出节水抗旱小麦品种种植面积比率提高的趋势。

（二）户主文化程度

户主文化程度为高中及以上的农户，其新品种种植面积比率等于1的样本占比为81.1%；其次是户主文化程度为小学的农户，其新品种种植面积比率等于1的样本占比为80.2%；户主文化程度为不识字或识字很少的农户，其新品种面积比率等于1的样本占比最小，为60%。即相对于户主文化程度为不识字或识字很少的农户，当户主文化程度为小学、初中、高中，其节水抗旱小麦品种种植面积比率有上升的趋势，但种植面积比率并未表现出随户主文化程度提高而递增趋势。

（三）种植业收入占总收入比重

种植业收入占总收入比重为小于或等于10%的农户将土地全部用于种植新品种，即新品种面积比率等于1的样本占比为100%；随着种植业收入占总收入比重提高，新品种面积比率等于1的样本占比逐渐降低，如种植业收入占总收入比重为（10%，30%］区间的农户，其新品种种植面积比率等于1的样本占比为73.1%；种植业收入占总收入比重为（30%，50%］和（50%，70%］区间内的农户，其新品种面积比率等于1的样本占比分别降至68.4%和52.9%；（70%，100%］区间内的农户，其新品种种植面积比率等于1的样本占比有所提升，为71.3%，但仍低于小于或等于10%及（10%，30%］区间内农户样本占比。即随着种植业占总收入比重的提高，表现出新品种种植面积比率降低的趋势。

（四）灌溉用水短缺程度

灌溉用水严重短缺的农户，其种植新品种面积比率等于1的样本占比为60.2%；灌溉用水一般短缺的农户，其新品种种植面积比率等于1的样本占比提高到78.2%；灌溉用水不存在短缺的农户，其新品种种植面积比率等于1的样本占比最高，为85.9%。即随着灌溉水资源稀缺性程度降低，农户种植节水抗旱小麦品种面积比率提升。

（五）浇水季劳动资源紧缺程度

浇水季劳动资源非常紧缺的农户，其新品种种植面积比率等于1的样本占比为73%；随着浇水季劳动资源稀缺程度的降低，劳动资源一般紧缺的农户，其新品种种植面积比率等于1的样本占比降至64%；但浇水季劳动资源不紧缺的农户，其新品种种植面积比率等于1的样本占比又提升至91.4%。即随着浇水季劳动资源稀缺程度降低，农户新品种种植面积比率表现为先降低后提高的趋势。

（六）新品种技术信息获取渠道

样本中不了解节水抗旱小麦品种的46个农户均未选择该品种，因此在分析新品种种植面积比率时，将其技术信息获取渠道归为三类：国家在本村推广、农资店推荐、国家在邻村推广或亲戚朋友介绍。以国家在邻村推广或亲戚朋友介绍作为信息获取渠道的农户有3户，其新品种种植面积比率均等于1；以国家在本村推广作为信息获取渠道的农户，其新品种种植面积比率等于1的样本占比为67.9%；以农资店推荐作为信息获取渠道的农户，其新品种种植面积比率等于1的样本占比为94%。即相对于以国家在邻村推广或亲戚朋友介绍作为信息获取渠道的农户，以国家在本村推广或农资店推荐作为信息获取渠道的农户表现出种植节水抗旱小麦品种面积比率下降的趋势。

（七）灌溉能源成本

为便于分析灌溉能源成本与节水抗旱小麦品种种植面积比率关系，将灌溉能源成本划分为四个区间。当农户灌溉能源成本为［0，50］元/亩区间时，其种植新品种面积比率等于1的样本占比61.5%；当农户灌溉能源成本为（50，100］和（100，200］元/亩区间时，其种植面积比率等于1的样本占比均提高，分别为78%和76.4%；当农户灌溉能源成本为（200，360］元/亩区间时，其种植面积比率等于1的样本占比62.5%，较（50，100］和（100，200］区间样本占比有所降低，但仍高于［0，50］区间的样本占比。

（八）土质

土质为壤土的农户，其种植节水抗旱小麦品种面积比率等于1的样本占比为88.9%；土质为黏土的农户，其种植新品种面积比率等于1的样本占比为72.7%；土质为沙土的农户，其种植新品种面积比率等于1的样本占比为68.1%，在三类土质中占比最低。即相对土质为壤土的农户，土质为沙土和黏土的农户种植节水抗旱小麦品种面积比率降低。

（九）节水抗旱小麦品种生产特性

节水抗旱小麦品种相较于传统小麦品种在亩产、产量稳定性、抗病性方面等生产特性的提升会影响农户对种植面积比率决策。因此用新品种亩产提高、新品种产量稳定性提高、新品种抗病性增强三个变量来反映生产特性，其类别均为"是"或"否"。新品种亩产相对传统品种提高的农户，其新品种种植面积比率等于1的样本占比为82.9%；亩产未提高的农户其新品种种植面积比率等于1的样本占比为67%，两样本占比之差为15.9%。新品种产量稳定性相对传统品种提高的农户，其新品种种植面积比率等于1的样本占比为79.1%；产量稳定性未提高的农户其新品种种植面积比率等于1的样本占比为61.2%，两样本占比之差为17.9%。新品种抗病性相对传统品种增强的农户，其新品种种植面积比率等于1的样本占比为77.1%，认为新品种抗病性未提高的农户其新品种种植面积比率等于1的样本占比为67.7%，两样本占比之差为9.4%。可见，在亩产、产量稳定性、抗病性三个生产特性中，节水抗旱小麦品种产量稳定性较传统品种提高的特性在提高农户新品种种植面积比率方面影响最大。

第三节　样本特征与农户灌溉行为

在选择节水抗旱小麦品种后，只有当农户减少灌溉次数时，才能达到通过推广新品种以减少抽取地下水、缓解地下水位下降之目的。因此，有必要研究在新品种技术选择行为发生后，农户是否减少灌溉次数以及有哪些因素影响农户灌溉行为。在290个选择节水抗旱小麦品种的农户中，减少灌溉次数的有43户，其中少浇1次水的农户有38户，少浇2次水的有5户；未减少灌溉次数的有247户。样本特征与农户灌溉行为关系如表8-3所示。

表8-3　样本特征与农户灌溉行为

样本特征	类别	减少灌溉次数		未减少灌溉次数		合计
		样本数（户）	百分比（%）	样本数（户）	百分比（%）	样本数
种植业收入占总收入比重	小于或等于10%	6	24.0	19	76.0	25
	(10%,30%]	12	17.9	55	82.1	67
	(30%,50%]	4	10.5	34	89.5	38
	(50%,70%]	2	11.8	15	88.2	17
	(70%,100%]	19	13.3	124	86.7	143
土质	沙土	24	14.5	142	85.5	166
	黏土	20	12.4	141	87.6	161
	壤土	0	0	9	100	9
以地下水为唯一灌溉水源	是	37	17.5	175	82.5	212
	否	6	7.7	72	92.3	78
灌溉能源成本（元/亩）	[0,50]	11	28.2	28	71.8	39
	(50,100]	18	14.2	109	85.8	127
	(100,200]	11	14.5	65	85.5	76
	(220,360]	3	6.3	45	93.7	48
灌溉用水短缺程度	严重短缺	15	12.7	103	87.3	118
	一般短缺	18	17.8	83	82.2	101
	不存在短缺	10	14.1	61	85.9	71
浇水季劳动资源紧缺程度	非常紧缺	4	10.8	33	89.2	37
	一般紧缺	20	11.6	152	88.4	172
	不紧缺	19	23.5	62	76.5	81
新品种亩产提高	是	20	19.0	85	81.0	105
	否	23	12.3	162	87.7	185
新品种产量稳定性提高	是	38	20.3	149	79.7	187
	否	5	4.9	98	95.1	103

（一）种植业收入占总收入比重

在种植业收入占总收入比重的五组类别中，收入占比小于或等于10%的农户其减少灌溉次数的样本占比最大，为24.0%；随着种植业收入占总收入比重提高，减少灌溉次数的农户样本占比降低，如种植业收入占比位于（10%，30%］和（30%，50%］区间内的农户，其减少灌溉次数的样本占比分别下降至17.9%和10.5%；随着种植业收入占总收入比重进一步提高，减少灌溉次数的农户样本占比又开始上升，如种植业收入占比位于（50%，70%］和（70%，100%］区间内的农户，其减少灌溉次数的样本占比分别上升至11.8%和13.3%。

（二）土质

土质为壤土的农户均未减少灌溉次数；当土质为沙土，农户减少灌溉次数的样本占比为14.5%；当土质为黏土，农户减少灌溉次数的样本占比为12.4%。即相对土质为壤土，当土质为沙土和黏土时，农户减少灌溉次数的可能性更大。该结果与常规逻辑相反，沙土持水能力弱，减少灌溉次数所带来的减产风险可能更高，因此相对土质较好的壤土，当土质为沙土和黏土时，农户更倾向于不减少灌溉次数。

（三）灌溉水源

若以地下水为唯一灌溉水源，农户减少灌溉次数的样本占比为17.5%；若以地表水为唯一灌溉水源以及地下水与地表水相结合作为灌溉水源，农户减少灌溉次数的样本占比为7.7%。即相对于以地表水为唯一灌溉水源以及地下水与地表水相结合作为灌溉水源，当以地下水为唯一灌溉水源时，农户更倾向于减少灌溉次数。

（四）灌溉能源成本

在灌溉能源成本的四个区间内，当成本为［0，50］元/亩时，农户减少灌溉次数的样本占比最大，为28.2%；（50，100］和（100，200］区间内的农户减少灌溉次数的样本占比次之，分别为14.2%和14.5%；灌溉能源成本为（200，360］区间时，农户减少灌溉次数的样本占比最小，为6.3%。即随灌溉能源成本提高，农户越倾向于不减少灌溉次数。

（五）灌溉用水短缺程度

若灌溉用水严重短缺，减少灌溉次数的样本占比为12.7%；若灌溉用水一般短缺，减少灌溉次数的样本占比有所提升，为17.8%；灌溉用水不存在短缺时，减少灌溉次数的样本占比降低，降至14.1%。

（六）浇水季劳动资源紧缺程度

若浇水季劳动资源非常紧缺，减少灌溉次数的农户占比最小，为10.8%；若劳动资源一般紧缺，减少灌溉次数的农户占比有所提升，为11.6%；若劳动资源不紧缺，减少灌溉次数的样本占比最大，为23.5%。即劳动资源越不紧缺，则农户越倾向于减少灌溉次数。

（七）节水抗旱小麦品种生产特性

节水抗旱小麦品种较传统品种提高亩产和提高产量稳定性的生产特性，会影响农户对灌溉次数的决策。若采用节水抗旱小麦品种后亩产提高，减少灌溉次数的农户占比为19%，而当亩产未提高时，减少灌溉次数的农户占比为12.3%，即若节水抗旱小麦品种可以提高亩产，则农户更倾向于减少灌溉次数。若使用节水抗旱小麦品种后产量稳定性提高，减少灌溉次数的农户占比为20.3%，而当新品种产量稳定性未提高时，减少灌溉次数的样本占比为4.9%，即节水抗旱小麦品种若产量稳定性提高，则农户更倾向于减少灌溉次数。

第四节　模型

一、农户节水抗旱小麦品种技术选择模型

（一）理论模型

被解释变量y_i的断尾与另一变量z_i有关的情形被称为偶然断尾或样本选择（Sample Selection），z_i为选择变量。

令样本选择方程为式（1）：

$$Z_i^* = w'_i \gamma + u_i$$

$$Z_i = \begin{cases} 1, & 若 Z_i^* > 0 \\ 0, & 若 Z_i^* \leq 0 \end{cases} \tag{1}$$

其中Z_i^*为不可观测的潜变量。

令待解释的回归方程为式（2）：

$$y_i = X'_i \beta + \varepsilon_i$$

$$y_i = \begin{cases} 可观测, & 若 Z_i = 1 \\ 不可观测, & 若 Z_i = 0 \end{cases} \tag{2}$$

样本选择规则是当Z_i^*大于零时y_i可观测。假设u_i和ε_i均服从均值为零的正态分布，且其相关系数为ρ。可观测样本的条件期望为式（3）：

$$
\begin{aligned}
E(y_i|y_i\text{可观测}) &= E(y_i|Z_i^* > 0) \\
&= E(X'_i\beta + \varepsilon_i|w'_i\gamma + u_i > 0) \\
&= X'_i\beta + E(\varepsilon_i|u_i > -w'_i\gamma) \\
&= X'_i\beta + \rho\sigma\lambda(-w'_i\gamma)
\end{aligned}
\tag{3}
$$

上式边际效应为式（4）：

$$
\frac{\partial E(y_i|Z_i^* > 0)}{\partial X_{ik}} = \beta_k + \rho\sigma_\varepsilon\frac{\partial\lambda(-w'_i\gamma)}{\partial X_{ik}}
\tag{4}
$$

右边第一项为 X_{ik} 对 y_i 的直接影响，第二项则为通过改变个体被选入样本的可能性而产生的间接影响。若直接用OLS估计样本数据将导致不一致的估计量，样本选择模型通常可以用Heckman两步估计法（two-step estimation）或极大似然估计法（MLE）进行估计。Heckman两步估计法中第一步的误差被带入第二步，故其效率不如MLE的整体估计效率。因此本研究采用完全信息极大似然法（Full information maximum likelihood，FIML）估计Heckman样本选择模型。通过联立样本选择与未选择的概率函数得到完全对数似然函数（Full log-likelihood function），如式（5）：

$$
\ln L = \sum_{z=1}\ln\left[\frac{\exp(-(1/2)\,\varepsilon_i^2/\sigma_\varepsilon^2)}{\sigma_\varepsilon\sqrt{2\pi}}\varPhi(\frac{\rho\varepsilon_i/\sigma_\varepsilon + w'\gamma_i}{\sqrt{1-\rho^2}})\right] + \sum_{z=0}\left[1 - \ln\varPhi(w'_i\gamma)\right]
\tag{5}
$$

FIML估计量较两步估计法效率更高，主要源于两方面因素：一是使用似然函数而非矩方法；二是基于约束 $-1 < \rho < 1$ 估计 ρ。FIML的缺点是，似然函数的复杂性使得估计过程较两步估计法更困难。

（二）经验模型

农户对节水抗旱小麦品种技术选择行为可分为两步进行解释：第一步为"选择"还是"未选择"节水抗旱小麦品种的离散选择模型；第二步是在发生技术选择行为的情况下，农户将多大比例的土地面积用于种植节水抗旱小麦品种，即农户在节水抗旱小麦品种和传统小麦品种间的土地分配决策，该决策为限值因变量模型。农户对节水抗旱小麦品种技术选择模型为：

选择机制：$Z_i^* = w'_i\gamma + u_i$

其中 $Z_i = 1$，当农户选择了节水抗旱小麦品种，即 $Z_i^* > 0$，否则 $Z_i = 0$，$\mathrm{Prob}(Z_i = 1|w_i) = \varPhi(w'_i\gamma)$ 且 $\mathrm{Prob}(Z_i = 0|w_i) = 1 - \varPhi(w'_i\gamma)$。

其中，w_i 为影响农户选择节水抗旱小麦品种的因素。

回归模型：$y_i = X'_i\beta + \varepsilon_i$ 可观测，当农户选择了节水抗旱小麦品种，即 $Z_i = 1$。

扰动项分布如式（6）所示：

$$
(u_i, \varepsilon_i) \sim \text{bivariate normal}[0, 0, 1, \sigma_\varepsilon, \rho]
\tag{6}
$$

其中，y_i表示发生技术选择行为的农户所种植的新品种的面积比率，X_i表示影响面积比率的因素。y_i取值范围为$0 < y_i \leq 1$。

二、节水抗旱小麦品种技术选择下农户灌溉行为模型

（一）理论模型

在样本选择模型中，若选择变量和回归变量均为非线性，则该模型为非线性模型样本选择问题。William将该类模型称之为具有样本选择的扩展的双变量Probit模型（extended bivariate probit model with sample selection）。定义y_{i1}为选择变量，y_{i2}为回归变量，Greene将具有样本选择的双变量Probit模型定义为式（7）：

$$Z_{i1} = \beta_1 X'_{i1} + \varepsilon_{i1}, \ y_{i1} = 1, \ \text{当} \ Z_{i1} > 0, \ y_{i1} = 0, \ \text{当} \ Z_{i1} < 0$$

$$Z_{i2} = \beta_2 X'_{i2} + \varepsilon_{i2}, \ y_{i2} = 1, \ \text{当} \ Z_{i2} > 0, \ y_{i2} = 0, \ \text{当} \ Z_{i2} < 0 \qquad (7)$$

$$\varepsilon_{i1}, \varepsilon_{i2} \sim \text{BVN}(0, 0, 1, 1, \rho), \ Var(\varepsilon_1) = Var(\varepsilon_2) = 1, \ Cov(\varepsilon_{i1}, \varepsilon_{i2}) = \rho$$

仅当$y_{i1} = 1$时(X_{i2}, y_{i2})可观测。

由样本可得到三类观测结果，如式（8）所示：

$$y_{i1} = 0: \ \text{Prob}(y_{i1} = 0 | X_{i1}, X_{i2}) = 1 - \Phi(X'_{i1} \beta_1)$$

$$y_{i2} = 0, y_{i1} = 1: \ \text{Prob}(y_{i1} = 1, y_{i2} = 0 | X_{i1}, X_{i2}) = \Phi_2(-X'_{i2} \beta_2, X'_{i1} \beta_1, -\rho) \qquad (8)$$

$$y_{i2} = 1, y_{i1} = 1: \ \text{Prob}(y_{i1} = 1, y_{i2} = 1 | X_{i1}, X_{i2}) = \Phi_2(X'_{i1} \beta_1, X'_{i2} \beta_2, \rho)$$

其中，Z为潜变量，Φ_2代表双变量正态累积分布函数，Φ代表单变量正态累积分布函数。将样本中所有个体相加得到对数似然函数式（9）：

$$\ln L = \sum_{y_1 = 1, y_2 = 1} \ln \Phi_2 [\beta_1 X'_{i1}, \beta_2 X'_{i2}, \rho] + \sum_{y_1 = 1, y_2 = 0} \ln \Phi_2 [\beta_1 X'_{i1}, -\beta_2 X'_{i2}, -\rho] + \sum_{y_1 = 0} \ln \Phi(-\beta_1 X'_{i1}) \qquad (9)$$

将似然函数对系数和相关系数求微分得式（10）：

$$\frac{\partial \ln L}{\partial \beta_1} = \frac{\partial \ln L}{\partial \beta_2} = \frac{\partial \ln L}{\partial \rho} = 0 \qquad (10)$$

可得到极大似然估计系数、标准误差和ρ值。若原假设"$\rho = 0$"无法被拒绝，则式（7）中两方程的扰动项不存在相关性，因此可由两个独立的Probit模型估计。

（二）经验模型

推广节水抗旱小麦品种以达到节约使用地下水之目的，从农户层面看包括两方面决策：是否选择节水抗旱小麦品种以及技术选择后是否减少灌溉次数。最初的技术选择决策以及技术选择后的灌溉行为决策可由如下离散序列决策树图8-1表示：

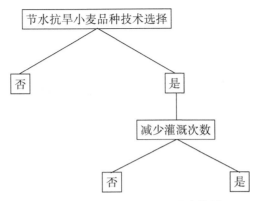

图8-1 技术选择与灌溉行为决策树

该框架包括两个离散决策，其中第二个决策以第一个决策结果为条件。两个方程中的扰动项可能存在相关性，即技术选择方程扰动项所包括的不可观测因素很可能影响灌溉行为决策的误差项。基于样本选择的双变量Probit灌溉行为决策模型设定为：

$$Z_{i1} = \beta_1 X'_{i1} + \varepsilon_{i1}, \quad y_{i1} = 1, \quad \text{当} Z_{i1} > 0, \quad y_{i1} = 0, \quad \text{当} Z_{i1} < 0$$

$$Z_{i2} = \beta_2 X'_{i2} + \varepsilon_{i2}, \quad y_{i2} = 1, \quad \text{当} Z_{i2} > 0, \quad y_{i2} = 0, \quad \text{当} Z_{i2} < 0$$

其中，$y_{i1} = 1$ 表示第 i 个农户选择了节水抗旱小麦品种；$y_{i2} = 1$ 表示农户 i 在技术选择后减少了灌溉次数。未选择节水抗旱小麦品种由 $y_{i1} = 0$ 表示；未减少灌溉次数由 $y_{i2} = 0$ 表示。该模型考虑 X_{ij} 对三类结果的影响：农户选择节水抗旱小麦品种且减少灌溉次数的概率；农户选择节水抗旱小麦品种但未减少灌溉次数的概率；农户未选择节水抗旱小麦品种的概率。用模型表示为：

选择节水抗旱小麦品种且减少灌溉次数：

$$P(y_{i1} = 1, y_{i2} = 1) = P(Z_{i1} > 0, Z_{i2} > 0) = \Phi_2(\beta_1 X'_{i1}, \beta_2 X'_{i2}, \rho)$$

选择节水抗旱小麦品种但未减少灌溉次数：

$$P(y_{i1} = 1, y_{i2} = 0) = P(Z_{i1} > 0, Z_{i2} < 0) = \Phi_2(\beta_1 X'_{i1}, -\beta_2 X'_{i2}, -\rho)$$

未选择节水抗旱小麦品种：

$$P(y_{i1} = 0, y_{i2}\text{不可观测}) = P(Z_{i1} < 0) = 1 - \Phi(\beta_1 X'_{i1})$$

第五节　农户节水抗旱小麦品种技术选择
计量经济分析

一、变量选取

本研究假设，影响农户选择新品种的样本选择离散模型和种植新品种的土地分配决策具有不同的影响因素，在考虑种植面积时农户可能会受到更多因素影响。根据前人经验研究成果和调研实际，假设影响农户新品种离散选择的因素主要包括人口与社会经济特征、资源稀缺性状况、灌溉能源成本、新品种技术信息获取渠道四方面；假设影响新品种种植面积比率的因素主要包括人口与社会经济特征、资源稀缺性状况、灌溉能源成本、新品种技术信息获取渠道、土质、节水抗旱小麦品种生产特性六方面。

（一）农户对节水抗旱小麦品种技术选择离散模型影响因素

在人口与社会经济因素中，将户主文化程度和种植业收入占总收入比重两个变量引入模型。未将户主年龄变量引入模型，理由基于两点：第一，从调研实际看，影响农户技术选择离散决策的更重要的因素是国家在本村推广试点的技术干预，户主年龄在土地分配决策中影响更大；第二，在模型试运行过程中，若将户主年龄引入模型，会显著降低其他重要影响因素的显著性水平并降低模型估计效率。种植业收入占总收入比重越大，农户所承担的农业风险越高，为降低天气干旱、地下水位下降等对农业生产的风险，农户更有可能选择节水抗旱小麦品种。舒尔茨（1964）强调，教育可能会促进新技术扩散，即教育水平较高的农户更有可能采用新技术。Justin等（1991）通过对中国湖南农户调查发现，提高教育水平可以促进杂交水稻新品种选择。预期提高户主文化程度可以促进节水抗旱小麦品种技术选择。

资源稀缺性状况。美国和日本农业发展历史经验表明，不同的资源禀赋状况会诱致不同的技术选择类型，美国劳动资源稀缺性诱致机械技术变迁，日本土地资源稀缺性诱致以杂交品种-化肥为主的生物技术变迁。华北平原当前地下水位下降引起的水资源稀缺性和农业劳动力老龄化、兼业化引起的劳动资源稀缺也会诱致农户做出相应的技术选择。将灌溉用水短缺程度变量和浇水季劳动资源紧缺程度变量引入技术选择离散模型，预期灌溉用水资源稀缺性程度越高，农户越有可能选择节水抗旱小麦品种；浇水季劳动资源稀缺性程度越高，农户越有可能选择节水抗旱小麦品种。

灌溉能源成本。美国高平原农户面对地下水位下降、抽水灌溉能源成本上升转向种植耗水较少的作物（Harry，1988），随着华北平原地下水位下降，农户灌溉能源成本不断上升，349个农户的总样本中，小麦生长季灌溉能源成本大于100元/亩的农户占43.8%，灌溉能源成本小于等于50元/亩的农户仅占12.3%。将灌溉能源成本变量引入离散模型，预期小麦灌溉能源成本越高，农户越有可能选择节水抗旱小麦品种。

新品种技术信息获取渠道。农户技术选择决策基于其对新技术信息的接触程度，农户通过各种渠道对新技术信息接触程度越高，越能降低主观不确定性（Gershon et al，1985）。由表8-1可知，样本农户获取节水抗旱小麦品种信息的最主要渠道是国家在本村推广和农资店推荐，以国家在邻村推广和亲戚朋友介绍作为信息获取渠道的农户仅3户，若将这两个变量引入离散选择模型，程序会直接将其剔除出模型。因此，将国家在本村推广和农资店推荐两个变量引入离散选择模型，参照组为"不了解"。预期国家在本村推广和农资店推荐两个信息获取渠道会促进农户选择新品种。

（二）农户对节水抗旱小麦品种土地分配决策模型影响因素

在人口与社会经济因素中，将户主年龄和种植业收入占总收入比重两个变量引入土地分配决策模型。未将户主文化程度变量引入模型，理由基于两点：第一，户主文化程度更多地影响"选择"还是"未选择"的离散决策，文化程度更高的农户是新技术的早期采用者，文化程度决定了技术采用的时点，而技术选择后究竟分配多大比例土地用于种植新品种则可能取决于风险因素、资源稀缺性状况等；第二，在模型试运行阶段，若将户主文化程度变量引入土地分配决策模型，会降低其他重要变量的显著性水平和估计效率。预期年龄更大的农户会将更大比例的土地面积用于种植节水抗旱小麦品种；种植业收入占总收入比重越高，农户越可能会将更大比例土地面积用于种植新品种，原因是当以农业为主要收入来源时，农户会更多地种植节水抗旱小麦品种，以降低水资源约束给农业带来的不确定性。

资源稀缺性状况。从理论上说，节水抗旱小麦品种相较于传统品种可以减少灌溉1至2次，不仅可以节约水资源，还可以节约劳动用工，因此通过更密集地种植该品种可以缓解资源压力对农业生产的制约。将灌溉用水短缺程度变量和浇水季劳动资源紧缺程度变量引入土地分配决策模型，预期灌溉用水资源和浇水季劳动资源稀缺性程度更高的农户更可能将更大比例的土地用于种植节水抗旱小麦品种。

灌溉能源成本。随着华北平原地下水位下降，以地下水为主要灌溉水源的地区提水距离不断增加，使灌溉能源成本在农业生产总成本中份额提高，进一步压低了农业收益空间。新品种通过减少灌溉1至2次，可以节约灌溉能源支出。将灌溉能源成本变量引入土地分配决策模型，预期小麦生长季灌溉能源成本越高，农户会将更大比例土地面积用于种植节水抗旱小麦品种。

　　新品种技术信息获取渠道。只有当农户选择了节水抗旱小麦品种后，才会进一步做出土地分配决策，对节水抗旱小麦品种不了解的农户均被排除在农户土地分配决策样本之外，因此在农户土地分配决策模型中，农户对节水抗旱小麦品种技术信息获取渠道包括三类：国家在本村推广、农资店推荐、国家在邻村推广或亲戚朋友介绍。将国家在本村推广和农资店推荐两个变量引入土地分配决策模型，参照组为国家在邻村推广或亲戚朋友介绍；预期当农户从国家在本村推广和农资店推荐两个渠道获取技术信息时，会将更大比例土地面积用于种植节水抗旱小麦品种。

　　土质。在面对地下水位下降和极端干旱气候引起的水资源稀缺性时，耕地土壤质量越差、持水能力越弱，则农户所承受的风险越大，越有可能更密集地种植节水抗旱小麦品种以分散风险。将沙土和黏土两个变量引入土地分配决策模型，参照组为壤土；预期当土质为沙土和黏土时，农户会将更大比例土地面积用于种植节水抗旱小麦品种。

　　节水抗旱小麦品种生产特性。将新品种产量稳定性提高特性变量引入土地分配决策模型，而新品种提高亩产和增强抗病性特征变量不引入土地分配决策模型。理由基于以下两点：第一，由极端干旱天气和地下水位下降引起的抽水灌溉困难，使得农户面临小麦减产风险，因此在考虑土地分配决策时，农户更重视新品种产量稳定性提高的特性；第二，若将节水抗旱小麦品种提高亩产和增强抗病性生产特性变量引入模型，不仅两变量自身影响不显著，而且会显著降低其他关键变量统计显著性水平和估计效率，因此直接将其剔除出模型。预期节水抗旱小麦品种产量稳定性提高的特性会促使农户将更大比例土地面积用于种植该品种。

　　农户节水抗旱小麦品种技术选择变量描述性统计如表8-4所示。

表8-4　农户节水抗旱小麦品种技术选择变量描述性统计

变量	变量描述	观测量	均值	标准差	最小值	最大值	影响方向	
							离散模型	土地分配模型
人口与社会经济特征								
户主年龄	实际年龄	349	58.01	9.61	24	80	−	+
户主文化程度	初中及以下 =1；高中及以上=0	349	0.85	0.35	0	1	−	−
种植业收入占总收入比重	（种植业收入/总收入）×100%	349	62.78	36.43	0.5	100	+	+

续表

变量	变量描述	观测量	均值	标准差	最小值	最大值	影响方向	
							离散模型	土地分配模型
资源稀缺性								
灌溉用水短缺程度	严重短缺=1；一般短缺=2；不存在短缺=3	349	1.92	0.80	1	3	–	–
浇水季劳动资源紧缺程度	非常紧缺=1；一般紧缺=2；不紧缺=3	349	2.19	0.63	1	3	–	–
灌溉能源成本	每亩小麦灌溉电费支出=每亩每水用电量×灌溉电单价×灌溉次数	349	118.57	74.74	0	360	+	+
新品种技术信息获取渠道								
国家在本村推广	是=1；否=0	349	0.70	0.46	0	1	+	+
农资店推荐	是=1；否=0	349	0.16	0.36	0	1	+	+
国家在邻村推广或亲戚朋友介绍	是=1；否=0	349	0.008	0.092	0	1	–	–
不了解	是=1；否=0	349	0.13	0.34	0	1	–	–
土质								
沙土	是=1；否=0	349	0.55	0.49	0	1	–	+
黏土	是=1；否=0	349	0.59	0.49	0	1	–	+
壤土	是=1；否=0	349	0.03	0.17	0	1	–	–
节水抗旱小麦品种生产特性								
新品种产量稳定性提高	是=1；否=0	290	0.64	0.48	0	1	–	+

二、估计结果

利用Stata12.0软件采用完全信息极大似然法（FIML）估计Heckman样本选择模型，农户对节水抗旱小麦品种离散选择模型和土地分配决策模型估计结果如表8-5所示。表8-5同时报告了Heckman样本选择模型两步估计法（Heckit two-step estimation）估计结果，以与极大似然估计结果进行对比。由表8-5可知，极大似然估计效率要高于两步估计法，使用两步估计法后许多关键解释变量如土质、户主文化程度、资源稀缺性等变得不再显著。接下来对极大似然估计结果进行解释。由估计结果可知，ρ 为-1且在1%水平显著，表明促使农户选择节水抗旱小麦品种的因素会显著降低农户种植该品种的面积比率。

表8-5　农户对节水抗旱小麦品种离散选择和土地分配决策Heckman样本选择模型估计结果

决策及变量	极大似然估计法		两步估计法	
	系数	Z值	系数	Z值
土地分配决策				
户主年龄	0.0032***	2.85	0.0054***	3.42
种植业收入占总收入比重	−0.0008*	−1.95	−0.0009**	−2.02
灌溉用水短缺程度	0.0496**	2.47	0.0512**	2.26
浇水季劳动资源紧缺程度	0.0381	1.58	0.0426*	1.67
灌溉能源成本	0.0002	0.87	0.0002	0.9
国家在本村推广	−0.5073***	−7.08	−0.5055*	−1.78
农资店推荐	−0.4028***	−5.32	−0.3944	−1.43
沙土	−0.0155	−0.64	−0.0452	−1.16
黏土	−0.0233**	−2.04	−0.0523	−1.36
新品种产量稳定性提高	0.0491***	2.84	0.0705**	2.36
常数	1.0165***	8.22	0.9034***	2.9
离散选择决策				
户主文化程度	0.0742*	1.9	0.0885	0.27
种植业收入占总收入比重	0.0034**	2.04	0.0049	1.47
灌溉用水短缺程度	−0.1998**	−2.16	−0.1736	−0.94
浇水季劳动资源紧缺程度	−0.1773	−1.6	0.0209	0.1
灌溉能源成本	−0.0008	−0.88	−0.0017	−1.02
国家在本村推广	2.4200***	7.9	3.2806***	9.81
农资店推荐	1.9671***	6.05	3.0494***	7.79
常数项	−0.9842**	−2.22	−1.3682*	−1.72
ρ	−1***	—	−0.8840	—
σ	0.2399	—	0.2497	—
反米尔斯比率	−0.2399	—	−0.2207	—

注：*、**、***分别代表10%、5%和1%的显著性。

人口与社会经济特征。户主年龄越大，农户增加节水抗旱小麦品种种植面积比率越显著，该结果与预期一致。目前农业劳动最繁重的环节是灌溉环节，每次灌溉都需要铺和收水带，若井离地头较远则更耗费体力，随着农业劳动力老龄化灌溉环节变得更加困难，而节水抗旱小麦品种在小麦生长期可减少灌溉1至2次，可以节约劳动用工，因此当户主年龄越大，农户会将更多土地用于种植节水抗旱小麦品种以减轻体力耗费。户主文化程度越低，则农户选择节水抗旱小麦品种概率越大，该结果与预期相反，也与前人经验研究结果相反（Justin，1991），但该结果与表8-1显示的统计结果一致：在四类文化程度中，户主文化程度为高中及以上农户选择节水抗旱小麦品种样本占比最小，一个可能的解释为：当户主文化程度为高中及以上时，农户种植业收入占总收入比重平均值为53.1%，户主文化程度为初中及以下时，农户种植业收入占总收入比重平均值为64.4%，户主文化程度越高则农户非农收入来源越多，为规避种植业风险而选择节水抗旱小麦品种的激励越低，因此，户主文化程度为初中及以下时，为规避因水资源约束而导致的农业风险，农户更有可能选择节水抗旱小麦品种。种植业收入占总收入比重变量对农户离散选择决策和土地分配决策影响方向相反，种植业收入占总收入比重越高，则农户选择节水抗旱小麦品种概率越大，但农户会将更小比率土地面积用于种植新品种，农户该种决策行为可由风险和不确定性解释：种植业收入占总收入比重越高则农户面临的由水资源稀缺性导致的风险更高，为降低水资源约束对农业生产的制约，农户更有可能采用节水抗旱小麦品种；节水抗旱小麦品种对农户而言是一种新技术，新技术采用会给产量带来不确定性，种植业收入占比更高的农户所面临的产量不确定性更大，因此风险规避型农户会先小面积试种新品种，以考察产量稳定性、抗病性等生产特性。

资源稀缺性。资源稀缺性对农户离散选择决策和土地分配决策影响方向相反，其中，灌溉用水短缺程度变量影响显著，而浇水季劳动资源紧缺程度变量影响不显著。灌溉用水短缺程度越高，农户选择节水抗旱小麦品种的概率越大，但农户种植该品种面积比率越低，农户该种行为可用风险和不确定性解释：灌溉用水短缺程度越高，为降低资源约束农户更有可能选择节水抗旱小麦品种；但灌溉用水短缺程度越高，农户因新品种技术选择所需面临的产量不确定性风险也更大，风险规避性使得农户会选择小面积种植新品种，以观察试验其生产特性，将技术采用风险降至最低。浇水季劳动资源紧缺程度变量影响不显著的原因可能是，在新品种技术选择中，水资源稀缺性是比劳动资源稀缺性更重要的影响因素，农户选择节水抗旱小麦品种的最重要原因是为缓解水资源对农业生产的约束，以降低地下水资源、气候对产量的不利影响。

灌溉能源成本。小麦生长季灌溉能源成本对节水抗旱小麦品种离散选择决策和土地分配决策影响均不显著，可能是因为灌溉能源成本不是影响农户技术选择的最关键因素，技术选择后，较大部分农户并没有为降低灌溉能源成本而减少灌溉次数，在290个发生技术选择行为的农户中，减少灌溉次数的有43户，仅占14.8%。影响农户技术选择行为的更重要的因素是资源约束和稳定产量。

新品种技术信息获取渠道。以国家在本村推广和农资店推荐作为信息获取渠道对离散选择决策和土地分配决策影响均显著，但影响方向相反。相对于不了解节水抗旱小麦品种的农户，以国家在本村推广和农资店推荐作为信息获取渠道时，农户选择新品种的概率更大，因为若农户通过各种渠道对新技术信息的接触程度越高，则越有助于降低主观不确定性，从而促进技术选择行为（Gershon et al，1985）。在土地分配决策中，相对于以国家在邻村推广或亲戚朋友介绍作为信息获取渠道，以国家在本村推广和农资店推荐作为信息获取渠道时，农户种植节水抗旱小麦品种的面积比率更低，原因是技术选择具有学习外部性，农户关心其他采用者的决策，因为技术早期采用者可以为后采用者提供技术信息（Timothy et al，1993）。邻村技术试点户和亲戚朋友介绍等技术早期采用者的推荐，可以降低农户技术使用时的利润不确定性；而当农户自己作为技术早期采用者时，为降低信息不完全带来的风险，农户会分配小面积土地种植节水抗旱品种，以进行试验并与传统品种的生产特性进行对比。

土质。沙土对土地分配决策影响不显著。相对土质为壤土，当土质为黏土时，农户用于种植节水抗旱小麦品种的土地面积比率更小，该结果与预期一致，这可能与农户风险承受能力有关。土质较差时，农户面临的农业生产不确定性更高，在面对可能具有产出不确定性的新品种时，其风险承受能力更低。因此，相对土质为壤土，当土质为黏土时，农户会将更小比例面积用于种植节水抗旱小麦品种，以降低新品种不确定性的影响。

节水抗旱小麦品种生产特性。若节水抗旱小麦品种较传统品种产量稳定性提高，则农户会将更大比例土地用于种植该品种，在土地分配决策时，相对品种抗病性、是否提高产量的生产特性，农户更重视品种产量稳定性方面特征。水资源约束会造成小麦产量波动，从而影响农户收益，当节水抗旱小麦品种表现出更优的产量稳定性特征时，农户会扩大该品种种植面积以降低农业收入风险。

三、农户节水抗旱小麦品种技术选择实际偏好分析

为揭示直接偏好，农户被询问技术选择原因，直接偏好揭示问题被设置为半开放式题项，技术选择原因如表8-6所示。

实际偏好结果显示，农户技术选择的最主要原因是国家在本村推广试点，这与计量经济模型揭示——国家在本村推广的技术信息获取渠道可以显著提高新品种种植面积比率——的结果一致，即国家技术干预极大地促进了技术选择；其次是新品种遇干

旱可以稳产和增产的生产特性促进了农户技术选择行为，其中，以"遇干旱季节可以稳产"作为技术选择原因的农户数最多，这与计量模型中新品种产量稳定性提高可以显著增加种植面积比率结果一致；再者是节约灌溉电费，共有9个农户将其作为技术选择原因，计量模型中灌溉能源成本对离散选择决策和土地分配决策影响均不显著；最后，劳动资源稀缺性和水资源稀缺性促进农户技术选择行为，但以其作为技术选择原因的农户数很少，计量模型中水资源稀缺性对农户技术选择影响显著，而劳动资源稀缺性对农户技术选择影响不显著。在其他项中，以"小麦品质更好"作为技术选择原因的有3户，以"抗病性更好"作为技术选择原因的有1户；以"抗倒伏性更好"作为技术选择原因的有2户。

表8-6　农户选择节水抗旱小麦品种的原因

原因	可以增产	遇干旱季节可以稳产	国家在本村推广试点	家庭劳动力缺乏，该品种可以省工	当地灌溉水资源紧缺，该品种可节约地下水资源	节约灌溉电费	其他
户数	91	120	189	6	5	9	6

第六节　节水抗旱小麦品种技术选择下农户灌溉行为计量经济分析

一、变量选取

根据调研实际，在技术选择行为后，影响农户减少灌溉次数的因素主要包括农户经济特征、资源稀缺性状况、灌溉能源成本、灌溉水源、土质、节水抗旱小麦品种生产特性六方面。

（一）农户经济特征

将种植业收入占总收入比重变量引入灌溉决策方程，未将农户人口特征如户主年龄、户主文化程度引入方程，理由是人口特征对灌溉行为影响不显著，且将其引入模型后会显著降低其他关键变量统计显著性。新技术采用具有不确定性，农户担心减少灌溉次数会导致粮食减产，尤其是当种植业收入占比较大时，农户风险承受能力更低，更不愿意减少灌溉次数。预期种植业收入占总收入比重越高，农户越倾向于不减少灌溉次数。

（二）资源稀缺性状况

减少灌溉次数不仅可以缓解水资源稀缺性，还可以减少劳动用工，因此资源稀缺性会影响农户灌溉行为。将灌溉用水短缺程度和浇水季劳动资源紧缺程度两个变量引入灌溉行为方程，预期灌溉用水短缺程度越高、浇水季劳动资源紧缺程度越高，农户越倾向于减少灌溉次数。

（三）灌溉能源成本

节水抗旱小麦品种在小麦生育期内可减少灌溉 1 至 2 次，可节约灌溉能源成本。预期灌溉能源成本越高，农户越倾向于减少灌溉次数。

（四）灌溉水源

随着地下水位下降，相对于以地表水为主要灌溉水源，当以地下水为主要灌溉水源时，农户面临的水资源稀缺性更高，抽水灌溉更加困难，因此灌溉水源会影响农户灌溉行为。将以地下水为唯一灌溉水源变量引入灌溉行为方程，预期相对于以地表水为唯一灌溉水源以及地下水与地表水相结合作为灌溉水源，当以地下水为唯一灌溉水源时，农户更倾向于减少灌溉次数。

（五）土质

不同土壤质量的耕地在减少灌溉次数时所面临的风险程度不同。土质越差，则土壤渗透性越强，持水能力更弱，在减少灌溉次数后所面临的减产风险更高，因此土质会影响农户灌溉行为。将沙土和黏土两个变量引入灌溉行为方程，壤土为对照组，预期相对于土质为壤土，当土质为沙土和黏土时，农户更倾向于不减少灌溉次数。

（六）节水抗旱小麦品种生产特性

若节水抗旱小麦品种在遇干旱或减少灌溉次数后仍保持产量不降低，即产量稳定性较传统品种更优，则农户更有可能减少灌溉次数。将节水抗旱小麦品种产量稳定性提高变量引入灌溉行为方程，未将新品种亩产提高变量引入方程，原因基于两点：第一，农户是否减少灌溉次数不取决于产量是否提高，而取决于是否降低产量波动性，即农户所面临的风险降低；第二，模型试运行中，若将新品种产量提高变量引入模型，不仅该变量自身不显著，还会降低其他关键变量的显著性。预期当节水抗旱小麦品种能提高产量稳定性时，农户减少灌溉次数的概率将增加。

二、估计结果

利用Stata12.0软件采用极大似然法估计具有样本选择的双变量Probit模型，技术选择后，农户是否减少灌溉次数的灌溉行为模型估计结果如表8-7所示。表8-7同时报告了包含户主年龄、户主文化程度、家庭农业劳动力兼业情况、新品种亩产提高四个变量的模型估计结果，以检验极大似然估计结果稳健性。模型2与模型1相比，灌溉用水短缺程度和灌溉能源成本两个变量不再显著；模型2中新增加的四个变量均不显著；两个模型的ρ值、对数似然、似然比检验统计量较为接近。总体而言，模型1的系数估计和统计显著性水平表现出较强的稳健性。由估计结果知ρ为−1且在1%水平显著，表明可以拒绝"$\rho = 0$"的原假设，基于样本选择的双变量Probit模型估计效率高于两个独立Probit模型估计效率。在基于样本选择的双变量Probit模型中，对节水抗旱小麦品种技术选择的估计结果与表8−5中Heckman样本选择模型估计结果存在差异，两模型中变量影响方向较为一致，但双变量Probit模型中变量显著性降低。表8−7中主要关注灌溉行为方程，下文对模型1估计结果进行解释。

表8−7　基于样本选择的农户灌溉行为双变量Probit模型估计结果

行为及变量	模型1		模型2	
	系数	Z值	系数	Z值
灌溉行为				
种植业收入占总收入比重	−0.0032	−1.3	−0.0037	−1.25
灌溉用水短缺程度	−0.1972*	−1.74	−0.1852	−1.29
浇水季劳动资源紧缺程度	0.2854**	2.45	0.2966*	1.88
灌溉能源成本	−0.0026**	−2.55	−0.0026	−1.62
以地下水为唯一灌溉水源	0.4109*	1.83	0.4367*	1.77
沙土	−0.3469	−1.19	−0.3340	−1.14
黏土	−0.5779**	−1.98	−0.5804**	−1.97
新品种产量稳定性提高	0.6403***	3.66	0.6147***	2.78
户主年龄	—	—	−0.0050	−0.46
户主文化程度	—	—	0.2139	0.81
农业劳动力兼业情况	—	—	−0.1480	−0.64
新品种亩产提高	—	—	0.0568	0.29
常数	−0.9673*	−1.71	—	—
技术选择行为				
户主文化程度	0.2305	0.88	0.1548	0.48
种植业收入占总收入比重	0.0043	1.48	0.0047	1.42
灌溉用水短缺程度	−0.2333	−1.44	−0.2358	−1.30
浇水季劳动资源紧缺程度	0.0238	0.15	0.0244	0.12
灌溉能源成本	−0.0020*	−1.77	−0.0021	−1.21
国家在本村推广	3.2247***	9.95	3.2399***	9.47

续表

行为及变量	模型1		模型2	
	系数	Z 值	系数	Z 值
农资店推荐	3.0728***	8.31	3.0692***	8.2
常数项	−1.2824*	−1.79	−1.2398	−1.58
ρ	−1***		−0.9999***	
Log likelihood	−165.2608		−164.6232	
Likelihood ratio test	33.73***		35***	

注：*、**、***分别代表10%、5%和1%的显著性。

种植业收入占总收入比重对农户灌溉行为影响为负，与预期一致，但影响不显著。从表8-3样本特征与农户灌溉行为关系可知，种植业收入占总收入比重为（70%，100]区间时，农户未减少灌溉次数的样本占比为86.7%，要高于小于或等于10%及（10%，30%]两区间内的情况，但低于种植业收入占比为（30%，50%]和（50%，70%]两区间内的情况，因此随种植业收入占总收入比重提高，农户并未显著表现出不减少灌溉次数的特征。

灌溉用水短缺程度变量对农户灌溉行为影响显著为负，与预期影响方向一致；浇水季劳动资源紧缺程度变量对农户灌溉行为影响显著为正，与预期影响方向相反。节水抗旱小麦品种在小麦生育期内可以减少灌溉1至2次，灌溉用水短缺程度越高，农户通过减少灌溉次数所获得的增量收益更大，因此其减少灌溉次数的概率更大。浇水季劳动资源紧缺程度越高，农户不减少灌溉次数的概率越大，一个合理的解释是：浇水季劳动资源非常紧缺的农户的种植业收入占总收入比重平均值为69%，而浇水季劳动资源不紧缺的农户的种植业收入占总收入比重平均值为52.2%，种植业收入占总收入比重越高，农户风险承受能力越低，因而越不敢冒风险减少灌溉次数。

灌溉能源成本越高，农户减少灌溉次数的概率越小，该影响方向与预期相反。一个可能的解释是：灌溉能源成本越高，则农户越希望用高产出来弥补其高投入，面对产量不确定性，农户风险规避程度更高，为降低因减少灌溉次数而导致的产量波动风险，灌溉能源成本越高则农户越倾向于不减少灌溉次数。

相对于以地表水为唯一灌溉水源和地下水与地表水相结合作为灌溉水源，当以地下水为唯一灌溉水源时，农户减少灌溉次数的概率更大。当以地下水为唯一灌溉水源时，农户面临的水资源稀缺性更严峻，尤其在小麦需水期，同一区域同一时间集中抽取地下水，导致水位下降更为严重，抽水灌溉愈发困难，因此以地下水为唯一灌溉水源时，农户更倾向于减少灌溉次数。

沙土对灌溉行为影响为负，与预期方向一致，但影响不显著；相对土质为壤土，当土质为黏土时，会显著降低减少灌溉次数的概率。土质更差的土地在减少灌溉次数后所面临的产量波动风险更高，沙土和黏土土质较壤土土质土壤渗透性更强，持水能力更弱，减少灌溉次数后面临的减产风险更高，因此农户倾向于不减少灌溉次数。由表8-3样本特征与农户灌溉行为统计关系可知，相比土质为沙土，当土质为黏土时，农户不减少灌溉次数的样本占比更高，因而沙土土质影响显著性降低。

若节水抗旱小麦品种产量稳定性较传统品种提高，则会显著提高农户减少灌溉次数行为发生的概率。若减少灌溉次数后产量仍保持稳定，则是以更少的投入获得同样或更高的产出，在无风险情况下，追求利润最大化的农户会减少灌溉次数，以节约灌溉用水、劳动用工及灌溉能源成本支出。

三、农户灌溉行为实际偏好分析

为揭示直接偏好，每一位技术选择农户都被询问减少灌溉次数或未减少灌溉次数的原因，直接偏好揭示问题被设置为半开放式题项，经过整理、编码得到农户减少灌溉次数原因如表8-8所示，未减少灌溉次数原因如表8-9所示。

表8-8 农户减少灌溉次数原因

原因	产量不受影响	节约劳动	节约灌溉电费	节约用水	减少农药化肥投入
户数	39	37	36	17	1

表8-9 农户未减少灌溉次数原因

原因	害怕减产(1)	可以增产提质(2)	按以往习惯浇水(3)	灌溉次数不能再减少(4)	沙土不抗旱(5)	水源充足(6)
户数	234	3	8	3	2	1

由表8-8可知，农户减少灌溉次数的最主要原因是不影响产量，即节水抗旱小麦品种产量稳定性较好；其次是可以节约劳动和灌溉电费；最后是当地灌溉水资源紧张，而减少灌溉次数后可以节约用水。实际偏好结果与计量经济结果较为一致：节水抗旱小麦品种较传统品种产量稳定性提高的特点，使得农户可以以更少的劳动、能源成本、水资源投入获得同样或更高的产出，在无风险或风险很小的情况下，追求利润最大化的农户倾向于减少灌溉次数。

既然减少灌溉次数可以使得在减少稀缺投入资源的情况下保持小麦产量不降低，为什么在290个选择节水抗旱小麦品种的农户中，仍然有85.2%的农户未减少灌溉次数？表8-9显示，农户不减少灌溉次数的最主要原因是不相信节水抗旱小麦品种抗旱效果，害怕减少灌溉次数后导致减产，持该原因的农户占未减少灌溉次数的农户的

94.7%，这说明：第一，农户对节水抗旱小麦品种抗旱性缺乏完全信息，在信息不完全情况下，为降低产量风险，农户做出不减少灌溉次数的决策；第二，农户在产量方面的风险规避程度较高，宁可使用稀缺投入要素以保持产量稳定，该结论与表8-9中原因（2）较一致。农户未减少灌溉次数的行为还与以往灌溉习惯有关，在采用新品种后仍保持与传统品种同样的灌溉次数。最后，土质为沙土、水源条件较好等客观环境条件也是农户不减少灌溉次数的原因，这与计量经济结果较为一致。

第七节　本章小结

　　本章利用349个农户数据研究华北平原农户节水抗旱小麦品种技术选择与农户灌溉行为。在349个农户的总样本中，选择节水抗旱小麦品种的农户有290户，未选择的有59户；在290个选择节水抗旱小麦品种的农户中，节水抗旱小麦品种种植面积比率等于1的有211户，面积比率小于1的有79户；在290个选择节水抗旱小麦品种的农户中，减少灌溉次数的有43户，未减少灌溉次数的有247户。可见，节水抗旱小麦品种在样本地区推广较为普遍，农户采用率高，总样本中有83.1%的农户采用，且农户了解该品种的最主要渠道是国家推广试点，占总样本的70.5%；但节水抗旱小麦品种减少灌溉次数、节约地下水的效果发挥一般，290个选择节水抗旱小麦品种的农户中，发生减少灌溉次数行为的农户仅占14.8%。本研究对节水抗旱小麦品种离散选择和土地分配决策建立 Heckman 样本选择模型，并用完全信息极大似然法进行估计；对技术选择下农户是否减少灌溉次数的灌溉行为建立基于样本选择的双变量 Probit 模型，并用极大似然法进行估计。

　　由 Heckman 样本选择模型估计结果可知，决定农户"选"还是"不选"节水抗旱小麦品种的关键因素是种植业收入占总收入比重、水资源和劳动力稀缺性程度、技术信息获取渠道，农户的种植业收入占总收入比重越高、灌溉用水短缺程度越高、浇水季劳动力紧缺程度越高、技术信息了解程度越高，选择节水抗旱小麦品种的概率越大；农户完成技术选择决策后进入土地分配决策时，风险和不确定性因素起主导作用，面临风险和不确定性程度越高，则农户越会将更小比例的土地用于种植新品种，以降低新技术选择的不确定性。种植业收入占总收入比重越高，则农户面临的农业风险越高，风险承受力越弱；灌溉用水短缺程度越高，则农户面临的农业风险越高；以国家在本村推广或农资店推荐作为信息获取渠道的农户，是新技术的早期采用者，因技术信息不完全而面临较高风险；在上述情况下，为规避风险、降低不确定性农户会小面积种植节水抗旱小麦品种，通过对比、试验，以对新品种掌握更充分的信息。

由基于样本选择的双变量 Probit 模型估计结果可知，水资源稀缺性和降低粮食产量风险是农户灌溉行为决策的主要考虑因素。当灌溉用水短缺程度越高和以地下水为唯一灌溉水源，则农户面临的水资源稀缺性更严峻，从而农户减少灌溉次数以降低水资源对农业生产制约。新技术选择具有产量不确定性，为降低减产风险，农户做出不减少灌溉次数的决策，如浇水季劳动资源紧缺程度越高，则农户种植业收入占总收入比重更大，所面临的农业风险更高，为降低新技术选择导致的产量波动风险，农户更倾向于不减少灌溉次数；当灌溉能源成本较高时，农户希望用高产出弥补高投入，为降低减产风险更倾向于不减少灌溉次数。

土质和节水抗旱小麦品种生产特性对农户土地分配决策和灌溉行为决策具有类似影响。当土壤质量越差，持水能力越弱，在种植新品种时所产生的风险和不确定性更大，农户越有可能做出风险规避性行为：当土质为黏土时，农户种植的节水抗旱小麦品种面积比例更小且更倾向于不减少灌溉次数。只有当节水抗旱小麦品种产量风险为零的情况下，农户才会扩大种植面积并减少稀缺投入；节水抗旱小麦品种产量稳定性较传统品种提高的生产特性，会促使农户提高种植面积比率且更倾向于减少灌溉次数。

|第九章|

华北平原冬小麦休耕制度研究

第一节　引言与文献综述

　　冬小麦是华北平原主要耗水作物，对区域地下水位影响具有主导作用，主要发生在每年3—5月。小麦等夏粮作物灌溉用水量占华北平原农林总灌溉用水量的43.66%，是"严重不适应"中主导因素；在华北平原农灌用水"严重不适应"的中部地区，小麦等夏粮作物灌溉用水量占当地农林灌溉总用水量的48.37%～58.66%（张光辉等，2012）。在当前华北平原地下水位下降、水资源紧缺情势严峻的现实背景下，抓住小麦灌溉用水是华北平原农灌用水强度"严重不适应"中主导因素这个主要矛盾，实施和探索冬小麦休耕制度，既是应对资源约束的需要，同时也具备较为有利的国际国内市场环境条件。在多年"以粮为纲"的农产品供给压力下，耕地地力消耗过大，地下水过度开采，农业可持续发展面临水资源瓶颈，通过在华北平原地下水严重超采区探索冬小麦休耕制度，可以减少地下水开采，缓解水资源压力，促进农业可持续发展。当前国内粮食库存增加较多，国内外市场粮价倒挂明显，国内粮食价格相对下降的同时农业生产成本较高，此时探索开展休耕制度试点具备较为有利的市场条件，农民接受度也较高。国家于2014年始在河北省无地表水替代的浅层和深层地下水严重超采区，适当压减依靠地下水灌溉的冬小麦种植面积，改冬小麦-夏玉米一年两熟制为种植玉米、棉花、花生、油葵、杂粮等农作物一年一熟制，实现"一季休耕一季雨养"，充分挖掘秋粮作物雨热同期的增产潜力。国家对试点休耕的土地亩均补助500元，实施的基本原则是在充分尊重农民意愿基础上，坚持整村推进、集中连片实施。本研究调查对象不局限于休耕试点农户，为随机抽样调查；重点调查农户主动休耕情况、休耕原因及冬小麦休耕后是否改种一季；从农户视角探索当前休耕补偿标准可做何改进，农户意愿休耕年限及休耕土地分配决策。

国外对土地休耕制度研究主要集中于对美国土地休耕保护计划政策研究。美国于1985年实施土地休耕保护计划（Conservation Reserve Program，CRP），在自愿原则下由美国农业部与农户和土地所有者针对高侵蚀和环境脆弱性耕地签订休耕合同，同时CRP对休耕农户给予生态补偿，农户以投标的方式表明为退出耕种所愿意接受的亩均补偿额。合同执行期为10~15年，并且对违约者进行严格惩罚。CRP目标是高度关注高侵蚀土地、农业供给控制和农民收入支持，同时也致力于保护长期生产能力、水资源质量和野生动物栖息地，因此美国农业部希望更多环境脆弱但具有较高土地生产率的耕地加入休耕计划。

美国土地休耕计划参与决策的研究层面分为两方面：县域或总体层面和农户微观层面。研究的数据类型既包括基于条件参与调查的假设数据，也包括实际参与情况调查的数据。使用基于条件参与调查的假设回答数据的优点是可以识别基于个体的影响参与率的协变量；其局限性是使用假设回答数据预测实际参与反应的可靠性存在疑问，同时将小范围研究点获得的信息扩展至其他政策区域存在问题。

有关农户参与土地休耕保护计划的决策研究既有离散选择情形，也有将离散选择与连续变量相结合的模型设定。Patrica 等（1994）利用路易斯安那州农户实际数据研究农户参与 CRP 决策行为，共建立三个离散模型：针对农户是否知道 CRP 和是否愿意加入 CRP 建立两个 Logit 模型；针对农户不愿参加 CRP 的三个理由——补贴低、缺乏资源和其他理由建立了 multinomial-Logit 模型。研究结果表明，农户是否知道或了解 CRP 与教育、收入、种族、亩均收益显著相关；农户是否愿意参加 CRP 取决于休耕补偿额是否能弥补休耕机会成本，农户参与休耕意愿与亩均补偿额、年龄、兼业情况正相关；若种植业是主要收入来源，农户所耕种的是租佃土地，则农户不愿意参加休耕计划。Hung-Hao 等（2009）将农户土地休耕计划参与情况分为非参与者、完全参与者（指无农产品销售）和部分参与者（有农产品销售）三类，根据农户是否参与 CRP 和参与 CRP 情况下是完全参与者还是部分参与者建立双变量 Probit 模型；对于参与 CRP 的农户进一步研究休耕补偿和休耕面积，由于休耕补偿和休耕面积存在自选择问题，在休耕补偿和休耕面积方程中引入由双变量 Probit 模型得到的逆米尔斯比率，以修正自选择偏差；由于休耕面积与休耕补偿具有内生性，将休耕补偿方程中得到的预期休耕补偿额作为面积方程的工具变量以解决内生性问题。研究结果表明，农场规模、休耕补偿额度、环境收益指数、年龄、农业劳动力兼业变量与休耕参与概率正相关，种植经济作物、农户位于农业区、风险偏好程度变量与农户休耕参与概率负相关；在参与CRP后，农户年龄越大、兼业，则越倾向于为完全参与者，由于休耕补偿是农户养老收入的重要补充，愿意接受较大收益变异的农户越倾向于成为部分参与者；休耕补偿额与优等地和中等地面积、是否种植经济作物及务农年限显著相关；休耕面积与休耕补偿额正相关，与区域存在显著相关性。

农户CRP参与决策会对休耕补偿变化做出反应，有关休耕补偿额对农户参与决策的影响主要包括离散选择和休耕面积决策两类。Joseph等（1998）使用CVM投标提问方式，就如果续签合约不允许或允许放牧，分别询问农户是否愿意接受当前补偿额的X%或Y%以续签10年合约，针对X或Y共设置八个投标，将农户的回答设置为"是""否"及"不知道"三个选项，区别于以往经验研究仅设置"是"或"否"的选项，作者加入"不知道"选项的理由是：从经济学角度看，消费者可能对小的变化或小的激励差别表现出无差异性，只有当差别达到某一门槛值时消费者才会对其中某一选择表现出偏好；作者针对"是""否"及"不知道"三个选项建立Ordered Probit模型，并得出当前CRP休耕面积的50%会得以继续休耕，且补偿额会低于当前50美元/英亩的价格，要使当前休耕面积全部得以继续休耕所需的补偿额将较高。Jordan等（2008）利用CREP（Conservation Reserve Enhancement Program，CREP）数据研究土地休耕面积对休耕激励的响应；CREP源于CRP但比CRP具有更高的补偿额和更精简的参与程序，因此研究土地所有者对土地休耕激励反应时CREP比CRP更具优势；Jordan等以休耕河岸面积比率为因变量，以休耕补偿额、机会成本、县域条件为自变量，建立Tobit模型，研究结果表明：农户对休耕补偿额做出正向反应；提高一次性补偿额度有助于提高休耕参与率；有较高灌溉比率和发展压力的县其休耕参与率低。

农户参与休耕决策具有不确定性和不可逆性，不确定性源于农作物价格、产出波动和休耕补偿额在每一期的变化。Murat等（2004）认为，户参与CRP决策类似于不确定性条件下技术选择决策，其贡献在于将不确定性和不可逆性引入参与概率估计：通过使用动态规划方法得到对不确定性和不可逆性的度量，再将其作为自变量引入CRP参与概率方程，研究结果表明，休耕补偿投标值、生产成本、环境收益指数、年龄等变量能显著提高CRP参与概率。

土地休耕政策影响具有持续性，其影响会扩散至休耕期结束之后的时期。为研究休耕政策的持续性影响，Michael等（2007）针对CRP合同到期后农户是否会继续参加CRP休耕计划和退出CRP后是否会恢复农作物种植，建立基于样本选择的Heckman Probit模型，模型解释变量主要包括耕地坡度、土壤侵蚀指数、地表覆盖物等，研究结果表明：CRP土地休耕补偿会导致土地利用变化，且该变化的影响会扩散到合同期外；休耕结束后土地恢复农作物种植的可能性与作物种植利润、土地利用类型、CRP合同下植被覆盖、土地特征及地理位置有关。

一般的经验研究将休耕年限看作固定值或固定区间，而现实中的休耕实践更具复杂性，经济因素也会影响农户休耕决策。Gleave（1996）对塞拉利昂（Sierra eone）热带地区农业休耕系统研究发现：人口密度和环境条件影响休耕实践；同一社区内土地规模较大的群体比规模较小的群体休耕年限更长；在休耕地上种植固氮植物可以加速土壤肥力恢复并缩短最优休耕年限。Roger 等（1982）认为，北达科他州夏小麦休耕优缺点并存，优点是提高土壤湿度、固氮、杂草控制、提高生产稳定性并改善用工的季节分布，缺点是会导致土壤流失、盐度渗透及水体污染等，因此有必要研究北达科他州夏小麦休耕的季节影响因素以控制小麦休耕面积。研究发现，影响农户夏小麦休耕数量决策的主要经济因素是休耕地相对非休耕地小麦产量、小麦价格、氮肥价格、休耕地与非休耕地收入波动差异等，在低产出、低小麦价格、高氮肥价格土地上进行夏季休耕可以最大化收入。

有学者对华北地下水超采区冬小麦休耕的生态补偿问题进行了研究。王学等（2016）认为，考虑到冬小麦对地下水资源的影响，土地休耕政策应分为两个时期：土地休耕初期，以地下水回升和地下水环境恢复为主要目标，建议以350元/亩为补偿标准参考值；后期，休耕目标转为维持地下水资源采补平衡时，可将补偿标准调至280元/亩；作者建议的休耕补偿标准低于当前国家在河北省试点的500元/亩的冬小麦休耕补偿标准。而饶静（2016）认为，中国休耕补贴应大于农民种植粮食的收入才有利于农民自愿休耕，且应该对休耕后的植被种植甚至水利设施进行补贴，这样才有利于保障休耕后耕地管理，避免因土地抛荒引起新的生态破坏和威胁未来粮食安全。

基于上述经验研究及华北平原冬小麦休耕实践，本章结合使用实际数据和假设数据研究华北平原高耗水冬小麦休耕制度，其中，农户主动休耕小麦情况为实际数据，农户意愿休耕补偿额、意愿休耕年限、意愿休耕土地面积比率为基于条件调查的假设回答数据。本研究结合使用实际数据与假设数据的理由：华北平原冬小麦休耕正处于政策探索的试点阶段，所能掌握的数据非常有限，为探索与现实情况更为符合的政策，需要以条件参与调查方法了解农户意愿和生产实际，以探索与生产条件、资源状况、粮食安全保障、农户人口与经济特征、可持续发展要求等相适应的冬小麦休耕制度。为克服以往经验研究条件调查只关注休耕项目参与概率方面的不足，本研究关注农户意愿休耕面积。本章拟回答以下七方面问题：第一，样本农户是否主动休耕冬小麦？主动休耕农户比例、区域分布、休耕原因、休耕后种植结构是研究重点。第二，农户意愿休耕补偿方案是什么？应该对农户的哪些损失进行补偿？影响农户意愿休耕补偿额的因素有哪些？第三，农户意愿休耕土地面积比率分布有何特征？影响农户意愿休耕土地分配决策的因素是什么？农户基于什么标准选择用于休耕的地块？第四，农户意愿休耕年限主要分为哪几类？农户给出意愿休耕年限的理由是什么？有哪些因素影响意愿休耕年限？第五，农户可以接受的、合理的区域休耕组织形式是什么？第六，何种休耕年限和区域休耕组织形式既可以为较大部分农户接受又不影响国家小麦粮食安全？第七，冬小麦休耕可能给农业生产和农民生活带来何影响？

第二节　农户主动休耕冬小麦情况

在349个农户的总样本中，有主动休耕冬小麦经历的农户数为123户，其中，任县29户，故城县94户。冬小麦休耕后种植结构如表9-1所示。在冬小麦休耕地上未种植作物、全年仅种一季夏玉米的农户数为23户；冬小麦休耕后种一季春玉米的农户数为11户，其中，任县1户，故城县10户；冬小麦休耕后改种旱作作物的农户主要种植棉花、油葵、谷子、花生，种植大豆和红薯的农户数较少，分别为1户，且均分布在故城县。冬小麦休耕后改种旱作作物的农户中，种植棉花的农户最多，为55户，且均位于故城县；其次是油葵，有24户种植，其中任县16户，故城县8户；再者是谷子和花生，种植户数分别为6户和7户，其中，种植花生的农户全部位于故城县；最后是大豆和红薯，种植户数均为1户，且均位于故城县。可见，衡水市故城县较邢台市任县改种旱作作物的农户更多，且棉花是最主要的旱作作物，其次是油葵和花生；邢台市任县冬小麦休耕的农户较少，休耕后种植的最主要旱作作物为油葵。

农户主动休耕冬小麦的原因如表9-2所示。农户主动休耕冬小麦的最主要原因是经济因素，主要体现为收入和成本两方面，收入方面原因是休耕后改种旱作作物收入比种植小麦-玉米高，这主要是近两年小麦、玉米价格下降所致，导致种植小麦、玉米收益下降；成本方面原因是抽水灌溉电费高，这与地下水位下降、抽水距离提高有关。其次，资源稀缺性导致农户休耕决策，资源稀缺性中水资源稀缺是主要因素，劳动资源稀缺影响相对较弱。再者是自家食用和国家地下水超采治理冬小麦休耕试点，例如出于自家消费杂粮和食用油需要，农户休耕冬小麦而种植谷子、油葵。最后，农户出于倒茬需要和地块特征而做出休耕决策，当地块太小、为坡地或不平整而无法进行机械作业时，农户只有改小麦种植为旱作作物。

表9-1　冬小麦休耕后种植情况

作物	任县(户)	故城县(户)	合计(户)
夏玉米	8	15	23
棉花	0	55	55
油葵	16	8	24
春玉米	1	10	11
谷子	3	3	6
花生	0	7	7
大豆	0	1	1
红薯	0	1	1

表9-2　农户主动休耕冬小麦的原因

原因	户数	原因	户数
水资源稀缺导致浇水困难	28	倒茬	6
家庭劳动缺乏	7	国家试点	15
休耕后改种旱作作物比种植小麦-玉米高	25	地块小,无法进行机械作业	4
抽水灌溉电费太高	21	地块为坡地或不平整,无法进行机械作业	3
自家食用	22	其他	7

第三节　冬小麦休耕农户意愿补偿标准

一、农户意愿补偿方案

为了解农户对冬小麦休耕补偿方案的看法,设置半开放式题项"若对冬小麦休耕进行补偿,亩均补偿标准应采用何方案",冬小麦休耕农户意愿补偿方案如表9-3所示。

表9-3　冬小麦休耕农户意愿补偿方案

补偿方案	户数	百分比(%)
小麦亩均纯收益	249	71.3
小麦亩均纯收益+因购买小麦导致生活成本上升亩均折价	81	23.2
土地流转收益	8	2.3
小麦亩均纯收益+玉米遭灾风险	2	0.6
小麦亩均纯收益+粮食价格上升风险	1	0.3
小麦亩均纯收益+休耕土地管理成本	4	1.1
小麦亩均纯收益+休耕小麦后玉米种植成本上升	2	0.6
小麦亩均纯收益+支付土地流转租金	1	0.3
一直种旱作作物,不需补偿	1	0.3
合计	349	100

　　农户回答分为九类,其中补偿方案包括八类,还有一位农户认为"一直种旱作作物,不需补偿"。认为小麦休耕后仅需补偿小麦亩均纯收益的农户数为249户,占总样本的71.3%。认为小麦休耕补偿额应由小麦亩均纯收益和因购买小麦导致生活成本上升的亩均折价两部分构成的农户数为81户,占比23.2%;总样本中,小麦收割后有囤粮习惯的有229户,其中,认为小麦休耕后若购买粮食将导致生活成本上升的农户数为81户。对于有条件进行土地流转的村庄,农户休耕冬小麦的机会成本为土地流转收益,因此有农户认为休耕冬小麦应补偿土地流转租金收益,持该方案的农户数为8户。因发展旱作作物存在价格低、产量低、销售困难等因素,有农户认为冬小麦休耕后只会种一季夏玉米,种植作物种类减少导致农业风险提高,因此除了需要补偿小麦亩均纯收益还需要对玉米遭灾风险进行补偿。每年小麦休耕补偿额为固定值,不随粮食价格波动而调整,在小麦休耕期间若小麦价格上升则休耕机会成本提高,因此有农户认为除了需要补偿小麦亩均纯收益还需要对粮食价格上升风险进行补偿。为提高耕地质量,巩固和提升产能,在冬小麦休耕期间仍需对休耕地采取土壤改良、培肥地力等保护性措施,有农户提出冬小麦休耕期间仍需进行打药、除草、旋地等管理,因此需要对小麦亩均纯收益和休耕土地管理成本进行补贴。冬小麦休耕后夏玉米种植成本将上升,例如需增施肥料和多浇1次水,因此除了需要补偿小麦亩均纯收益,还需对小麦休耕后玉米种植成本上升部分进行补偿。当所耕种土地系从其他农户流转而来,需要支付流转租金,因此需要对支付的土地流转租金进行补偿。

二、农户意愿休耕补偿额分布特征

农户意愿休耕补偿额与补偿方案分布关系如表9-4所示。将亩均意愿休耕补偿额划分为六个区间，并分别考察每一意愿补偿额区间内农户意愿补偿方案分布情况。

表9-4　意愿休耕补偿额与补偿方案

方案	意愿休耕补偿额户数(户)					
	[0,500]	(500,600]	(600,700]	(700,800]	(800,1000)	[1000,1600]
小麦亩均纯收益	140	63	26	15	3	2
小麦亩均纯收益+因购买小麦导致生活成本上升亩均折价	11	15	25	11	5	14
土地流转收益	0	0	1	0	0	7
小麦亩均纯收益+玉米遭灾风险	0	0	1	1	0	0
小麦亩均纯收益+粮食价格上升风险	0	0	0	1	0	0
小麦亩均纯收益+休耕土地管理成本	0	1	2	0	1	0
小麦亩均纯收益+休耕小麦后玉米种植成本上升	0	1	0	1	0	0
小麦亩均纯收益+支付土地流转租金	0	0	0	1	0	0
一直种旱作物不需补偿	1	0	0	0	0	0
合计	152	80	55	30	9	23

意愿休耕补偿额位于[0，500]元/亩的农户数最多，为152户；其次是（500，600]区间，有80户；意愿休耕补偿额为（800，1000）区间的农户数最少，为9户；意愿休耕补偿额大于等于1000元/亩的有23户。休耕补偿方案为"小麦亩均纯收益"的意愿补偿额主要分布在[0，500]和（500，600]两个区间，该方案下意愿补偿额大于800元/亩的农户数较少。休耕补偿方案为"小麦亩均纯收益+因购买小麦导致生活成本上升亩均折价"的意愿补偿额分布较为均衡，最主要分布在（600，700]元/亩区间，其次是（500，600]和[1000，1600]两个区间，第三是[0，500]和（700，800]两个区间。休耕补偿方案为"土地流转收益"的意愿补偿额最主要分布在[1000，

1600〕元/亩区间内，这主要与土地流转租金有关。休耕补偿方案为"小麦亩均纯收益+粮食价格上升风险"和"小麦亩均纯收益+支付土地流转租金"的意愿补偿额均仅位于（700，800〕区间。休耕补偿方案为"小麦亩均纯收益+休耕土地管理"的意愿补偿额最主要位于（600，700〕元/亩区间，其次位于（500，600〕和（800，1000）元/亩两个区间。休耕补偿方案为"小麦亩均纯收益+休耕小麦后玉米种植成本上升"的意愿补偿额位于（500，600〕和（700，800〕元/亩两个区间。

三、农户冬小麦休耕损失类别及特征

农户冬小麦休耕损失类别及主要统计特征如表9-5所示。

表9-5 冬小麦休耕损失类别及特征

损失类别	均值(元/亩)	最小值(元/亩)	最大值(元/亩)
收益降低			
小麦亩均纯收益	545.75	200	1000
粮食价格上升风险	200	200	200
玉米遭灾风险	250	200	300
成本上升			
因购买小麦导致生活成本上升亩均折价	212.89	25	1100
休耕小麦后玉米种植成本上升	250	200	300
休耕土地管理成本	97.5	30	200
机会成本			
土地流转收益	933	400	1200

导致农户冬小麦休耕损失因素主要包括收益降低、成本上升及机会成本三类。收益降低包括因小麦休耕导致的小麦纯收益损失、休耕期间因小麦价格上升导致的收益损失、因种植作物种类减少使得风险分散能力降低导致的玉米收益降低损失三类。其中，总样本小麦亩均纯收益均值为545.75元/亩，与国家地下水超采治理冬小麦休耕试点500元/亩的补偿额较为接近；针对粮食价格上升风险，农户意愿补偿额均值为200元/亩；针对玉米遭灾风险，农户意愿补偿额均值为250元/亩。冬小麦休耕导致的成本上升主要包括因购买小麦导致生活成本上升、休耕小麦后玉米种植成本上升、休耕土地管理成本三类，其中，因购买小麦导致生活成本上升亩均折价意愿补偿均值为212.89元/亩，针对休耕后玉米种植成本上升的意愿补偿额均值为250元/亩，休耕土地管理成本意愿补偿额均值为97.5元/亩。对于土地流转条件较好的村庄，休耕冬小麦则会损失土地流转收益，因此土地流转收益是冬小麦休耕的机会成本，土地流转收益损

失的意愿补偿额均值为933元/亩，这与土地流转租金有关。

第四节　冬小麦休耕农户意愿土地分配决策

一、冬小麦休耕农户意愿土地分配决策及其原因

总样本中，农户意愿冬小麦休耕面积比率等于0的农户数为37户，占比10.6%；意愿休耕面积比率大于0小于1的农户数为204户，占比58.5%；意愿休耕面积比率等于1的农户数为108户，占比30.9%。将冬小麦休耕农户意愿土地分配决策分为不休耕、部分休耕和全部休耕三类，农户土地分配决策原因的样本分布如表9-6所示。

表9-6　冬小麦休耕农户意愿土地分配决策及原因

原因	农户数（户）		
	不休耕 （r=0）	部分休耕 （0<r<1）	全部休耕 （r=1）
保证口粮	14	157	0
若有休耕补偿则可弥补损失，比较合适	0	1	27
便于管理	0	0	17
土地规模小	1	0	11
休耕后收入降低	8	3	0
农业收益低	0	0	6
水资源短缺导致灌溉困难	0	1	7
方便打工	0	0	8
年纪大了种不动地	0	0	8
没地方打工只能种地	4	1	0
年纪大了不能打工，不种地没事干	2	5	0
担心粮价波动	0	4	0
地块小或地块差	0	5	0
怕荒废土地	2	0	0

农户不休耕的最主要原因是保证口粮，总样本中，小麦收割后有囤粮习惯的农户占65.6%，因此有农户担心若小麦休耕后粮价波动会影响家庭粮食消费，从而不愿休耕；农户不休耕的第二主要原因是担心休耕后收入降低，休耕后收入降低主要来自两方面，一方面休耕后若粮价上升则休耕补偿无法弥补小麦纯收益损失，另一方面小麦休耕后农户风险分散能力降低，玉米遭灾后农户因无法在两季作物中平抑风险而导致收入降低；农户不休耕的第三主要原因是没地方打工只能种地，若就业环境不景气则外出打工困难，农户只能选择返乡务农；农户不休耕的第四主要原因是年纪大了不能打工，若不种地就没事干，这说明农户仍将土地看作最后的生存保障，在就业困难时期和年老后仍以种地为主。农户选择部分休耕的最主要原因是保证口粮，选择该原因的有157户，农户根据家庭粮食消费情况选择部分休耕，既可以保证口粮、消除粮价波动给收入带来的风险，还可以将不同地块轮流休耕以缓解地力；农户选择部分休耕的第二主要原因是年纪大了不能打工，若不种地就没事干，以及地块小或地块耕种条件差，农户表示会选择无法进行机械作业的小地块或土质、水源条件较差的地块进行休耕，以最大化家庭收入；农户选择部分休耕的第三主要原因是担心粮价波动和休耕后收入降低。农户选择全部休耕的第一主要原因是若有休耕补偿，则可弥补损失，因而较合适；第二主要原因是便于管理；第三主要原因是土地规模小；第四主要原因是方便打工和年纪大了种不动地，即由农业劳动力老龄化和兼业化引致的劳动资源稀缺使农户愿意将全部土地实行冬小麦休耕；第五主要原因是水资源短缺导致灌溉困难和农业收益低。

综上，农户意愿土地分配决策具有以下六方面特征：第一，为保证口粮，农户更愿意选择部分休耕或不休耕；第二，因担心休耕后由小麦价格上升和风险分散能力下降导致的收入降低，农户更愿意选择部分休耕或不休耕；第三，土地特征影响农户意愿休耕土地分配决策，土地规模较小的农户更愿意选择将全部土地用于冬小麦休耕，地块小或地块土质及水源条件差的农户更愿意选择部分休耕；第四，劳动资源稀缺性和水资源稀缺性使农户更愿意选择全部休耕，其中，劳动资源稀缺性源于农业劳动力老龄化和兼业化；第五，年龄对农户冬小麦休耕土地分配意愿的影响分为两方面：因年龄因素不能外出打工但仍具有农业劳动能力的农户更愿意不休耕或拿出部分土地休耕冬小麦，而对于年龄较高无法承受农业劳动强度的农户则更愿意将全部土地用于冬小麦休耕；第六，若休耕补偿额可以弥补农户各项损失，则农户更愿意将全部土地用于冬小麦休耕。

二、冬小麦休耕农户意愿地块选择标准

愿意将部分土地用于冬小麦休耕的农户数为204户，占总样本的58.5%，因此有必

要分析农户休耕地块选择标准。冬小麦休耕农户意愿地块选择标准如表9-7所示。农户最有可能将距离水源较远的地块用于休耕；其次可能将产量较低的地块用于休耕；再者农户可能将水位下降较其他地块严重、抽水灌溉电费成本更高的地块用于休耕；最后农户可能将土壤保墒能力差的地块用于休耕。可见，灌溉条件和产量是农户决定冬小麦休耕地块的重要因素。

表9-7　冬小麦休耕农户意愿地块选择标准

选择标准	农户数
距离水源较远的地块	145
水位下降较其他地块严重、抽水灌溉电费成本更高的地块	61
土壤保墒能力差的地块	42
产量较低的地块	102
小块地	9
大块地	2
无水利设施地块	1
离田间道路远的地块	1
流转入的土地	1
随意选择	88

第五节　农户意愿冬小麦休耕年限

　　一般经验研究将休耕年限看作给定值，而现实中休耕实践更具复杂性，资源禀赋、社会经济因素、人口特征会影响农户休耕年限决策，为了解农户冬小麦休耕年限意愿及其决定因素，设置开放式题项，询问农户为缓解地下水位下降，若对冬小麦种植土地进行休耕，其愿意一次连续休耕的年限及理由。总样本中349个农户均回答了意愿休耕年限，农户给出的意愿休耕年限包括0年、1年、2年、3年、4年、5年、10年、20年共8类，其中休耕年限为0年即表示农户不愿休耕。为便于分析，将意愿休耕年限大于0年的农户归为三类：短期休耕，即意愿休耕年限为1～3年；中期休耕，即意愿休耕年限为4～5年；长期休耕，即意愿休耕年限为大于等于10年。其中，短期休耕又可分为三类：休耕1年耕种1年、休耕2年、休耕3年。在349个农户总样本中，意愿休耕年限为0的有30户；愿意短期休耕的有222户；愿意中期休耕的有39户；愿意长期休耕的有58户。农户意愿冬小麦休耕年限及原因如表9-8所示。

在222个愿意短期休耕的农户中，愿意休耕1年耕种1年的有152户，愿意连续休耕2年的有37户，愿意连续休耕3年的有33户，有171户回答了愿意短期休耕的理由；在39个愿意中期休耕的农户中，有33户回答了理由；在58个愿意长期休耕的农户中，有51户回答了理由。

表9-8 农户意愿冬小麦休耕年限及原因

意愿休耕年限原因	短期休耕(户)			中期休耕(户)	长期休耕(户)
	休1年种1年	休耕2年	休耕3年	4~5年	≥10年
对口粮影响小	61	19	12	4	—
可根据粮食价格、政策等行情进行调整	37	4	9	6	—
对收入影响小	7	1	2	—	—
短期休耕有事情干	6	2	—	—	—
缓解土地肥力	7	1	3	5	—
倒茬	4	2	1	1	—
土地不容易荒废	4	2	1	—	—
休耕时间太长农业机械会被转售或废弃	1	—	—	—	—
3年正好为一个深耕周期，休耕时间太长若不翻地再种时土地硬化	—	—	1	—	—
种小麦成本高	—	—	—	8	6
水资源稀缺、水位下降严重而种小麦太耗水	—	—	—	3	6
年纪大了种不动地	—	—	—	1	9
补偿额可以弥补休耕损失	—	—	—	6	16
省工	—	—	—	1	8
方便打工	—	—	—	—	6

由表9-8可知，农户愿意休耕1年耕种1年的最主要原因是对口粮影响小；第二主要原因是可根据粮食价格、政策等进行生产调整；第三主要原因分别为对收入影响小和可以缓解土地肥力；第四主要原因是短期休耕有事情干；第五主要原因分别为倒茬和土地不容易荒废。农户愿意连续休耕2年的最主要原因是对口粮影响小；其次是可根据粮食价格、政策等行情进行调整；再者是短期休耕有事情干、倒茬及土地不容易荒废；最后是对收入影响小和缓解土地肥力。农户愿意连续休耕3年的最主要原因是对口粮影响小；其次是可根据粮食价格、政策等行情进行调整；再者是对收入影响小和可

以缓解土地肥力；最后是倒茬和土地不容易荒废。农户愿意中期休耕的最主要原因是种小麦成本高；其次是可根据粮食价格、政策等行情进行调整和补偿额可以弥补休耕损失；再者是因为可以缓解土地肥力、对口粮影响小和水资源稀缺、水位下降严重而种小麦太耗水；最后是为了倒茬、省工和因为年纪大了种不动地。农户愿意长期休耕的最主要原因是休耕补偿额可以弥补休耕损失；其次是因为年纪大了种不动地和为了省工；最后是因为种小麦成本高、水资源稀缺且水位下降严重而种小麦太耗水以及为方便打工。

综上，农户意愿冬小麦休耕年限表现出以下特征：第一，农户小麦消费习惯及对粮食价格波动的担忧决定了农户更愿意短期休耕，尤其是休耕1年耕种1年的生产安排。总样本中，小麦收割后有囤粮习惯的农户占65.5%，由于小麦需求大，农户担心冬小麦休耕后存在粮价波动风险从而影响家庭生活和收入，因此更愿意选择短期休耕，不仅可以保证家庭小麦消费需要，还可以根据价格变化及时做出调整。第二，短期休耕不仅可以减少抽取灌溉用地下水资源、增强土地肥力，还可降低农户休耕风险。第三，随着水资源和劳动资源稀缺程度提高，农户更愿意选择中期休耕和长期休耕。冬小麦是华北平原的主要耗水作物，地下水位下降不仅导致抽水困难还导致抽水灌溉能源成本上升，从而使得主要依靠地下水灌溉的小麦种植收益相对下降；农业劳动力老龄化和兼业化导致的劳动资源稀缺使农户更愿意选择中长期休耕。第四，为保证粮食安全，防止耕地废弃，应依资源条件实施短期休耕或中期休耕，谨慎实施长期休耕。第五，由于大型农业机械如联合收割机、旋耕机等为专用设施，很难转为其他用途，为降低现代农业投资风险，应以短期休耕为主。

第六节　计量经济框架

一、农户意愿休耕补偿额与休耕土地分配决策方程

（一）农户意愿休耕补偿额方程
将冬小麦休耕农户意愿补偿额方程设定为式（1）：
$$\ln P_i = \delta'_p X_{pi} + u_{pi} \tag{1}$$
其中，P_i为冬小麦休耕农户意愿亩均补偿额，X_{pi}为影响农户意愿补偿额的因素，

δ'_p 为待估参数；通过将模型设定为半对数形式，即将因变量取对数，可以提高模型设定效率。

（二）农户冬小麦休耕土地分配决策方程

农户冬小麦休耕土地分配决策方程因变量为农户愿意用于休耕冬小麦的土地面积比率，其取值范围为 [0，1]，因此为归并数据（censored data）；由表9-6知，农户意愿休耕补偿额是决定农户意愿休耕面积比率的重要因素，但意愿休耕补偿额与意愿休耕面积比率可能存在内生性，为解释该内生性问题，本研究参考Chang等（2009）的做法，将方程（1）中农户意愿休耕补偿额预测值作为农户冬小麦休耕土地分配决策方程的工具变量。因此对冬小麦休耕农户意愿土地分配决策建立工具变量Tobit模型，如式（2）、式（3）、式（4）所示：

$$A_i^* = \beta_p P_i + \delta'_a X_{ai} + u_{ai} \tag{2}$$

$$P_i = X'_{ai}\gamma_1 + \hat{P}_i\gamma_2 + v_i \tag{3}$$

$$A_i = \begin{cases} A_i^* & 若0 < A_i^* < 1 \\ 0 & 若A_i^* = 0 \\ 1 & 若A_i^* = 1 \end{cases} \tag{4}$$

其中，A_i 为可观测的农户意愿休耕面积比率；A_i^* 为不可观测的潜变量；X_{ai} 为外生解释变量；P_i 为农户意愿休耕补偿额，为模型中唯一的内生解释变量；$\hat{P}_i$ 为方程（1）中农户意愿休耕补偿额预测值，是内生变量 P_i 的工具变量，$\hat{P}_i$ 与 P_i 相关，且 $\hat{P}_i$ 与 u_{ai} 无关；模型中 P_i 的内生性完全来自 u_{ai} 与 v_i 的相关性，若二者相关系数 $\alpha = 0$，则 P_i 为外生变量，P_i 内生性的检验可通过检验 "$H_0:\alpha = 0$" 来进行。IV Tobit模型可以用MLE估计，尽管MLE最有效率，但在数值计算时不易收敛，因此可考虑使用Newey（1987）提出的两步法，即首先对方程（3）进行OLS回归，得到残差 $\hat{v}_i$，然后将 $\hat{v}_i$ 作为解释变量加入到方程（2）中进行Tobit估计。

二、农户意愿休耕年限方程

由第五节可知，农户意愿休耕年限可分为不休耕、短期休耕、中期休耕、长期休耕四类，为排序数据，因此考虑建立Ordered Probit模型。假设式（5）：

$$y^* = X'\beta + \varepsilon \tag{5}$$

其中，y^* 为不可观测潜变量，农户意愿休耕年限选择规则为式（6）：

$$y = \begin{cases} 0, 若y^* \leqslant 0, 表示农户不愿休耕 \\ 1, 若0 < y^* \leqslant \mu_1, 表示农户愿意短期休耕 \\ 2, 若\mu_1 < y^* \leqslant \mu_2, 表示农户愿意中期休耕 \\ 3, 若y^* > \mu_2, 表示农户愿意长期休耕 \end{cases} \tag{6}$$

其中，$0 < \mu_1 < \mu_2$ 为待估参数，被称为"切点"。

假设 $\varepsilon \sim N(0,1)$，则有式（7）：

$$p(y = 0|X) = P(y^* \leq 0|X) = P(X'\beta + \varepsilon \leq 0|X) = P(\varepsilon \leq -X'\beta|X) = \Phi(-X'\beta)$$
$$P(y = 1|X) = \Phi(\mu_1 - X'\beta) - \Phi(-X'\beta)$$
$$P(y = 2|X) = \Phi(\mu_2 - X'\beta) - \Phi(\mu_1 - X'\beta)$$
$$P(y = 3|X) = 1 - \Phi(\mu_2 - X'\beta)$$

$$(7)$$

第七节　变量选取

一、农户意愿休耕补偿额方程变量选取

根据第三节冬小麦休耕农户意愿补偿方案和损失类别研究结果以及当地的资源与灌溉条件，将影响农户冬小麦休耕意愿补偿额的因素主要归为经济因素、水资源状况、土地特征和灌溉特征四类。

经济因素包括四个变量：小麦亩均纯收益、种植业收入占总收入比重、最主要农业劳动力兼业情况、农户囤粮习惯，其中，最主要农业劳动力兼业情况和农户囤粮习惯为虚拟变量。最主要农业劳动力兼业情况变量定义为：家庭最主要农业劳动力兼业等于1，否则等于0；农户囤粮习惯变量定义为：若小麦收割后囤一部分供家庭食用则等于1，全部卖掉则等于0。预期：小麦亩均纯收入越高、种植业收入占总收入比重越大、小麦收割后有囤粮习惯，则农户意愿休耕补偿额越高；相比纯农户，若家庭最主要农业劳动力兼业，则农户意愿休耕补偿额更低。

水资源禀赋条件影响农户意愿休耕补偿额。反映水资源状况的变量设置为灌溉用水短缺程度，其定义同前面章节，预期灌溉用水短缺程度越严重，则农户意愿休耕补偿额越低。

土地特征设置为两个变量：土地流转行为和地块数，其中农户土地流转行为设置为虚拟变量：农户发生土地流转行为则等于1，否则等于0。发生土地流转行为的农户一般将土地流转租金看作冬小麦休耕机会成本，样本中，以土地流转收益作为休耕补偿方案的农户所要求的意愿休耕补偿额主要分布在［1000，1600］元/亩区间，较其他方案补偿额高，因此预期发生土地流转行为的农户其意愿休耕补偿额更高。地块数越

多，则农户愿意将其中无法进行机械作业的小块地或不平整地块用于冬小麦休耕，由于这类地块相对收益较低，农户要求的意愿休耕补偿额也较低，预期地块数越多，农户意愿休耕补偿额越低。

将反映农户灌溉特征的变量设置为以地下水为唯一灌溉水源，将其设置为虚拟变量，定义同表8-3。当以地下水为唯一灌溉水源，农户面临的灌溉水资源更为短缺，灌溉成本更高，冬小麦休耕损失相对更小，因此预期若以地下水为唯一灌溉水源，则农户休耕意愿补偿额更低。

二、冬小麦休耕农户意愿土地分配决策方程变量选取

根据第九章第四节冬小麦休耕农户意愿土地分配决策及原因和休耕地块选择标准研究结果，将影响农户休耕土地分配决策的因素归为四类：人口与经济因素、资源稀缺性、灌溉特征与冬小麦休耕农户意愿补偿额。

人口与经济因素包括四个变量：户主年龄、户主年龄平方、最主要农业劳动力兼业情况、农户囤粮习惯。由第九章第四节第一部分可知，农户意愿冬小麦休耕面积比率随年龄增长呈先下降后上升趋势，因此将户主年龄设置为二次形式，预期户主年龄平方项对冬小麦休耕面积比率影响为正，户主年龄对冬小麦休耕面积影响为负。最主要农业劳动力兼业情况和农户囤粮习惯变量定义同第九章第四节第一部分，若家庭最主要农业劳动力兼业，则在有休耕补偿的情况下为节省农业劳动用工，农户愿意将更大比例的土地面积用于休耕，因此预期最主要农业劳动力兼业情况变量对农户意愿休耕面积比率影响为正。若农户有囤粮习惯，即小麦收割后囤一部分供家庭食用，则农户担心冬小麦休耕会影响家庭口粮消费需要，从而愿意用于休耕冬小麦的土地面积比率较小，因此预期农户囤粮习惯对意愿休耕面积比率影响为负。

设置两个变量反映资源稀缺性：灌溉用水短缺程度和农业生产季劳动资源稀缺状况。灌溉用水短缺程度变量定义同表5-2，灌溉用水短缺程度越高，则农户不仅存在灌溉困难，而且灌溉成本也较高，压缩了农业收益空间，因此愿意分配更多的土地面积用于冬小麦休耕，预期灌溉用水短缺程度变量对农户意愿休耕面积比率影响为负。农业生产季劳动资源稀缺状况为虚拟变量，变量定义为：若农业生产季劳动资源稀缺则等于1，否则等于0；预期农业生产季劳动资源稀缺，则农户愿意将更大比例的土地面积用于冬小麦休耕，其影响方向为正。

设置两个变量反映灌溉特征：灌溉机井提水距离和以地下水为唯一灌溉水源，其变量定义分别同表5-3和表8-3。灌溉机井提水距离越大，以地下水为唯一灌溉水源，则农户抽水灌溉所面临的困难越大，受地下水资源约束更强，且灌溉成本相对更高，因此愿意将更大比例的土地面积用于冬小麦休耕，预期灌溉机井提水距离和以地下水

为唯一灌溉水源变量对农户意愿休耕面积比率影响为正。

由表9-6可知，农户愿意将土地全部用于冬小麦休耕的最主要原因是若休耕补偿额可以弥补休耕损失，因此农户意愿补偿额是农户休耕土地面积决策的重要影响因素。但是，农户意愿休耕补偿额和意愿休耕土地面积比率可能存在内生性，将方程（1）所得到的冬小麦休耕农户意愿补偿额预期值作为农户意愿补偿额工具变量。因此，将冬小麦休耕农户意愿补偿额和冬小麦休耕农户意愿补偿额预期值引入模型，预期冬小麦休耕农户意愿补偿额越高，则农户意愿土地休耕面积比率越大。

三、农户意愿冬小麦休耕年限方程变量选取

由第五节冬小麦休耕年限及原因研究结果可知，年龄、农户小麦消费习惯、水资源状况、冬小麦休耕农户意愿补偿额、小麦亩均纯收入等是影响农户意愿休耕年限的重要因素。因此，将影响农户意愿休耕年限的因素归为五类：人口与经济因素、水资源状况、冬小麦休耕对农户生活影响、冬小麦休耕对农业生产影响、冬小麦休耕农户意愿补偿额。

人口与经济因素包括两个变量：户主年龄和小麦亩均纯收益。虽然目前在收割、播种、耕地等环节实现了农业机械化，但在灌溉、晾晒等环节仍劳动繁重，尤其当地块距离灌溉机井较远时，对劳动强度要求更高，因此年龄越大的农户其意愿休耕年限更长。小麦亩均纯收益越高，则休耕机会成本越大，对收入影响相对也越大，因此农户意愿休耕年限越短。

以灌溉用水短缺程度变量衡量水资源状况。灌溉用水短缺程度越高，对农业发展约束越大，农业比较优势越弱，在资源约束下农户更愿意长期休耕。

冬小麦休耕对农户生活影响包括两个变量：方便外出打工和农户囤粮习惯。方便外出打工也设置为虚拟变量，变量定义为：若农户认为冬小麦休耕可以方便外出打工则等于1，否则等于0。需要外出打工的农户为节省农业劳动用工可能更愿意选择长期休耕；小麦收割后有囤粮习惯的农户因担心小麦休耕会影响家庭口粮需要，从而意愿休耕年限更短。

设置休耕后再种植将增产变量，以反映冬小麦休耕对农业生产影响。休耕后再种植将增产变量为虚拟变量，若农户认为冬小麦休耕后再种植将增产则等于1，否则等于0。由于土地长期满负荷耕种导致土地肥力下降，冬小麦休耕为缓解土地肥力、倒茬提供了时机，农户对冬小麦休耕益处的认识可以提高休耕意愿和休耕年限，因此若农户认为休耕后再种植将增产则其意愿休耕年限更长。

由表9-7可知，认为休耕补偿额可以弥补休耕损失的农户更倾向于选择中长期休耕，因此将冬小麦休耕农户意愿补偿额变量引入模型，预期冬小麦休耕农户意愿补偿

额越高，则农户意愿休耕年限越长。

变量描述性统计如表9-9所示。

表9-9 冬小麦休耕制度样本统计

变量	变量定义	均值	标准方差	影响方向		
				补偿额方程	面积比率方程	休耕年限方程
户主年龄	实际值（岁）	58.01	9.61	—	−	+
户主年龄平方	实际值	3457.42	1072.73	—	+	—
种植业收入占总收入比重	（种植业收入/家庭总收入）×100%	62.78	36.43	+	—	—
最主要农业劳动力兼业情况	兼业=1；否则=0	0.34	0.47	−	+	—
小麦亩均收入	实际值（元/亩）	484.10	205.64	+	—	—
农户囤粮习惯	小麦收割后囤一部分供家庭食用=1；全部卖掉=0	0.66	0.48	+	—	—
土地流转行为	发生土地流转行为=1；否则=0	0.31	0.46	+	—	—
地块数	实际值（块）	3.67	2.02	−	—	—
灌溉用水短缺程度	严重短缺=1；一般短缺=2；不存在短缺=3	1.92	0.79	+	—	−
农业生产季劳动资源稀缺状况	农业生产季劳动稀缺=1；否则=0	0.46	0.49	—	+	—
灌溉机井提水距离	实际值（米）	81.85	45.69	—	+	—
以地下水为唯一灌溉水源	是=1；否则=0	0.75	0.43	−	+	—
冬小麦休耕农户意愿补偿额	实际值[元/亩·年]	610.01	166.06	—	+	+
方便外出打工	是=1；否=0	0.21	0.41	—	—	+
休耕后再种植将增产	是=1；否=0	0.48	0.50	—	+	—

第八节　经验结果

一、农户意愿休耕补偿额方程计量结果

利用Stata12.0软件采用大样本OLS法估计农户意愿休耕补偿额方程（1），并对异方差进行了纠正，所报告的标准误为稳健标准误。农户意愿休耕补偿额方程估计结果如表9-10所示。总样本中有一位农户的意愿休耕补偿额为0，无法取对数，因此直接将其剔除出计量模型，农户意愿休耕补偿额方程的样本量为348户。虽然模型R^2为0.15，但F值在1%水平统计显著，说明回归方程（1）高度显著，方程的标准误差（Root MSE）为0.2227，模型整体拟合效果较好。由表9-10知，种植业收入占总收入比重、最主要农业劳动力兼业情况、土地流转行为变量影响不显著；小麦亩均纯收入、农户囤粮习惯、灌溉用水短缺程度、地块数变量影响方向与预期一致；以地下水为唯一灌溉水源变量影响方向与预期相反。

表9-10　农户意愿休耕补偿额方程大样本OLS估计结果

变量	系数	标准差	T值
经济因素			
小麦亩均纯收入	0.00018**	0.00078	2.36
种植业收入占总收入比重	−0.00063	0.00041	−1.52
最主要农业劳动力兼业情况	−0.0366	0.0311	−1.18
农户囤粮习惯	0.0742***	0.0252	2.94
水资源状况			
灌溉用水短缺程度	0.0418**	0.0182	2.29
土地特征			
土地流转行为	−0.0285	0.0252	−1.13
地块数	−0.0206***	0.0072	−2.85
灌溉特征			
以地下水为唯一灌溉水源	0.0500**	0.0247	2.03
常数项	6.2667***	0.0629	99.62
样本量	348		
F值	9.05***		
R^2	0.15		
Root MSE	0.2227		

注：*、**、***分别代表10%、5%和1%的显著性。

（一）经济因素

小麦亩均纯收益更高，小麦收割后囤一部分供家庭食用，则农户意愿休耕补偿额更高。小麦亩均纯收入是小麦休耕后农户直接经济损失，是意愿休耕补偿额的重要组成部分，不同的家庭由于水资源条件、灌溉条件、对农业的劳动投入、农业技术知识掌握等方面差异，导致小麦亩均纯收入存在差别，小麦亩均纯收入更高，则休耕损失更大，为不降低收益，农户要求更高的休耕补偿额。虽然小麦亩均纯收入统计显著性较高，但其经济显著性较低，系数值仅为0.00018，说明小麦亩均纯收入的变化对农户意愿休耕补偿额影响不大，尽管该影响的幅度被估计得很精确。冬小麦休耕会对农户囤粮习惯产生两方面影响：第一，即使小麦价格稳定，可能从市场上购买小麦比消费自家囤粮成本上升；第二，休耕期间若小麦价格上升则从市场上购买小麦成本更高，即囤粮可以平抑小麦价格波动对生活的影响。为弥补成本上升和粮食价格波动风险，有囤粮习惯的农户会要求更高的休耕补偿额。

（二）水资源状况

灌溉用水短缺程度越严重，农户意愿休耕补偿额更低。灌溉用水短缺程度越严重，意味着灌溉机井提水距离更大，灌溉更为困难，灌溉成本更高，农业比较收益更低，此情况下冬小麦休耕农户机会成本更小，因此农户意愿休耕补偿额更低，也即农户更愿意以休耕方式缓解水资源稀缺对农业生产的制约。

（三）土地特征

地块数越多，农户意愿休耕补偿额越低。地块数较多的农户愿意将其中无法进行机械作业的小块地、坡地或不平整地块用于冬小麦休耕，这类地块耕种性较差，农业收益相对较低，休耕后机会成本也较低，因此农户要求的意愿休耕补偿额也较低。

（四）灌溉特征

当以地下水为唯一灌溉水源时，农户意愿休耕补偿额更高，该影响方向与预期不符。一个可能的理由是：以地下水为唯一灌溉水源的农户其小麦亩均纯收入均值为501.34元/亩；而以地表水为唯一灌溉水源及地下水与地表水相结合作为灌溉水源的农户，其小麦亩均纯收益均值为437.21元/亩。在农户确定意愿休耕补偿额时，小麦亩均收入是重要的参考因素，也是冬小麦休耕的最直接损失，因此不同灌溉水源的农户在小麦亩均纯收入方面的差异会影响其意愿休耕补偿额。

二、冬小麦休耕农户意愿土地分配决策方程计量结果

利用Stata12.0软件采用Newey两步法估计冬小麦休耕农户意愿土地分配决策工具变量Tobit模型（two-step Tobit with endogenous regressors），估计结果如表9-11所示。

由于工具变量冬小麦休耕意愿补偿额预期值来自方程（1）预测结果，方程（1）样本量为348户，因此农户意愿土地分配决策工具变量Tobit模型样本量也为348户。第一步回归因变量为冬小麦休耕农户意愿补偿额，第二步回归因变量为农户意愿休耕面积比率。在第一步OLS回归中，变量冬小麦休耕农户意愿补偿额预期值的系数显著为正，整个方程的F值为7.16，且在1%水平统计显著，故不存在弱工具变量。模型Wald检验统计量为7.89，且在1%水平统计显著，可以拒绝"$\alpha = 0$"的外生性假设，即认为存在内生变量。在第二步回归中，变量最主要农业劳动力兼业情况、灌溉机井提水距离、以地下水为唯一灌溉水源影响不显著，其余变量影响方向均与预期一致。下文解释第二步回归结果。

表9-11　冬小麦休耕农户意愿土地分配决策IV Tobit模型估计结果

变量	第一步OLS回归		第二步IV Tobit回归	
	系数	T值	系数	Z值
人口与经济因素				
户主年龄	15.7429** (7.5026)	2.10	−0.0937*** (0.0343)	−2.73
户主年龄平方	−0.1423** (0.0670)	−2.12	0.0008*** (0.0003)	2.73
最主要农业劳动力兼业情况	−0.6271 (19.5270)	−0.03	0.1134 (0.0794)	1.43
农户囤粮习惯	−6.2052 (19.7242)	−0.31	−0.2344*** (0.0785)	−2.98
资源稀缺性				
灌溉用水短缺程度	2.1867 (15.0657)	0.15	−0.1066* (0.0620)	−1.72
农业生产季劳动资源稀缺状况	−12.5233 (17.7169)	−0.71	0.2165*** (0.0731)	2.96
灌溉特征				
灌溉机井提水距离	0.1181 (0.1841)	0.64	−0.0011 (0.0007)	−1.45
以地下水为唯一灌溉水源	−0.1014 (22.7209)	−0.00	−0.1224 (0.0921)	−1.33
冬小麦休耕农户意愿补偿额	—	—	0.0019** (0.0009)	2.17
冬小麦休耕农户意愿补偿额预期值	1.1363*** (0.2461)	4.62	—	—

续表

变量	第一步 OLS 回归		第二步 IV Tobit 回归	
	系数	T值	系数	Z值
常数项	−490.7244** (245.5153)	−2.00	2.5131*** (0.9115)	2.76
F值	7.16***		—	
Ajusted R^2	0.16		—	
Wald Test Statistic	7.89***			
样本量	348			

注：括号内数值为标准误；*、**、***分别代表10%、5%和1%的显著性。

人口与经济因素。随着户主年龄增大，农户意愿休耕面积比率表现出先下降后上升的趋势。由表9-6知，年纪较轻可以外出打工和年事较高无法承受农业劳动强度的农户，意愿将更大比例土地用于冬小麦休耕以节省劳动用工，这两类农户面临较高的劳动资源稀缺性；而当农户年龄位于55岁左右时，外出务工存在一定困难，更多地选择在家务农，这类农户认为若冬小麦休耕将会无事可做，因此其意愿休耕土地面积比率更小。有囤粮习惯的农户意愿休耕面积比率更低。农户囤粮一方面是为满足家庭口粮需要，另一方面是为平抑小麦价格波动风险，一般而言，有囤粮习惯的农户其风险规避程度也较高，而冬小麦休耕后农户面临的粮价波动风险更大，对农业收入影响也更大，为规避风险，农户愿意将更少比例的土地用于冬小麦休耕。

资源稀缺性。灌溉用水短缺程度更严重，农业生产季劳动资源稀缺，则农户意愿休耕面积比率更高。由水资源稀缺导致的灌溉困难使得农业投入成本更高，收益更低，且农业发展面临资源的不可持续性，在收益空间压低和资源约束双重压力下，农户愿意将更多土地用于冬小麦休耕。农业生产季劳动资源稀缺性主要源于两方面：老龄农业劳动力无法承受农业劳动强度和青壮年农业劳动力外出打工需要，由农业劳动力老龄化和兼业化导致的劳动资源稀缺使农户愿意将更大比例土地用于冬小麦休耕。

冬小麦休耕农户意愿补偿额反映了农户休耕损失，休耕损失既包括直接损失，如小麦亩均纯收入、休耕土地管理成本等，也包括间接损失，如粮价波动导致的收入降低、生活成本上升等，还包括机会成本如土地流转收益，因此若休耕补偿额可以弥补休耕损失，则农户愿意将更大比例土地用于冬小麦休耕，也即休耕补偿额要能保证农户收益不降低。

反映灌溉特征的变量对农户意愿休耕土地面积比率影响均不显著，可能的原因是农户休耕土地分配决策更多地受人口与经济因素、资源约束及休耕补偿能否弥补经济损失等方面影响。

三、农户意愿冬小麦休耕年限方程计量结果

利用Stata12.0软件采用极大似然法估计农户意愿冬小麦休耕年限Ordered Probit模型，估计结果如表9-12所示。虽然准R^2仅为0.04，但所有解释变量均显著，且似然比检验统计量在1%水平统计显著，对数似然值为−348.5542，说明估计结果较为可靠。表9-12还报告了切点估计值$\hat{\mu}_0$、$\hat{\mu}_1$、$\hat{\mu}_2$。变量小麦亩均纯收入、冬小麦休耕农户意愿补偿额影响方向与预期相反，其余变量影响方向与预期一致。

表9-12　农户意愿冬小麦休耕年限Ordered Probit模型估计结果

变量	系数	Z值	变量均值
人口与经济因素			
户主年龄	0.0171** (0.0069)	2.46	58.01
小麦亩均纯收入	0.0006* (0.0003)	1.72	484.01
水资源状况			
灌溉用水短缺程度	−0.1417* (0.0843)	−1.68	1.92
冬小麦休耕对农户生活影响			
方便外出打工	0.2979* (0.1636)	1.82	0.21
农户囤粮习惯	−0.2349* (0.1318)	−1.78	0.66
冬小麦休耕对农业生产影响			
休耕后再种植将增产	0.2308* (0.1298)	1.78	0.48
冬小麦休耕农户意愿补偿额	−0.0007* (0.0004)	−1.84	610.01
切点			
μ_0	−0.8771 (0.4995)	—	—
μ_1	1.1824 (0.5022)	—	—
μ_2	1.5910 (0.5034)	—	—
Log likelihood	−348.5542		

续表

变量	系数	Z 值	变量均值
LR λ^2 (7)	30.10***		
Pseudo R^2	0.04		
样本量	349		

注：括号内数值为标准差，*、**、***分别代表10%、5%和1%的显著性。

人口与经济因素。户主年龄越大则农户意愿休耕年限越长。户主年龄越高则农户面临的农业劳动资源稀缺性越严重，表9-8表明农户因为年纪太大而更愿意选择冬小麦长期休耕。小麦亩均纯收入越高则农户意愿休耕年限越长，与预期相反，一个可能的解释是：小麦亩均纯收入越高的农户，例如收入大于700元/亩，其户主年龄平均值为61岁；小麦亩均纯收入越低的农户，例如收入小于400元/亩，其户主年龄平均值为55岁；小麦亩均纯收入大小与农业生产经验及农业劳动投入有关，户主年龄较大的农户，其农业生产经验更丰富，更加精耕细作，因此小麦亩均纯收入更高，但同时也因为较高的年龄而出现劳动资源稀缺，为节省农业劳动用工，这类农户更愿意长期休耕，因此表现出小麦亩均纯收入越高的农户其意愿休耕年限越长。

水资源状况。灌溉用水短缺程度越严重则农户意愿休耕年限越长，由表9-8可知，水资源稀缺、水位下降严重的资源状况使得农户更愿意选择中期或长期休耕。冬小麦是华北平原的主要耗水作物，在其需耗水时节的3—5月，地下水开采强度在全年中处于最大时期，并表现为区域性普遍超采，水位下降不但导致灌溉困难还使抽水灌溉能源成本上升，进一步压低了农业收益空间，在农业相对收益下降及资源稀缺的双层压力下，农户意愿休耕年限更长。

冬小麦休耕对农户生活及农业生产影响。由表9-8可知，为方便外出打工，农户更愿意选择长期休耕，即农业劳动力兼业化导致的劳动资源稀缺使农户意愿休耕年限更长。若农户有囤粮习惯，则为满足家庭口粮需要及规避休耕后小麦价格波动带来的风险，农户意愿休耕年限越短。由表9-8可知，为减小休耕对口粮的影响及确保可根据粮食价格、政策等行情及时调整生产，农户更愿意选择短期休耕，尤其是休耕1年耕种1年的制度安排，这样不仅可以缓解水位下降、让土地休养生息，而且也不会对农户生活和收入造成较大影响。若农户认为冬小麦休耕后再种植会增产则农户意愿休耕年限更长，这反映出在当前资源约束对农业生产制约较严重的背景下农户更易于接受冬小麦休耕。

冬小麦休耕农户意愿补偿额越高则意愿休耕年限越短，该影响方向与预期相反，一个可能的解释是：由表9-4可知，意愿休耕补偿额大于800元/亩的农户，其意愿休耕补偿方案主要为"小麦亩均纯收入+因购买小麦导致生活成本上升亩均折价",而该类农户也即为有囤粮习惯的农户,为保证口粮及规避粮食价格波动风险,更愿意选择短期休耕,因此意愿休耕补偿额更高的农户表现出意愿休耕年限更短。

第九节　本章小结

本章抓住小麦灌溉用水是华北平原农灌用水强度"严重不适应"中主导因素这个主要矛盾,通过结合使用实际数据和条件参与调查假设数据探索冬小麦休耕制度。实际数据显示,在349个农户的总样本中,有主动休耕冬小麦经历的为123户,其中76%分布在故城县;冬小麦休耕后农户种植的旱作作物主要为棉花、油葵、谷子和花生;农户主动休耕冬小麦的最主要动因是经济因素及资源稀缺性。通过使用条件参与调查假设数据研究冬小麦休耕农户意愿休耕补偿额、意愿休耕面积比率及意愿休耕年限,并分别对农户意愿休耕补偿额建立半对数线性方程;对农户意愿休耕土地分配决策建立工具变量Tobit模型;对农户意愿休耕年限建立Ordered Probit模型。研究结果显示:小麦亩均纯收入越高则农户意愿休耕补偿额越高,意愿休耕年限越长;家庭最主要农业劳动力兼业则农户意愿休耕补偿额越低,农户意愿休耕面积比率越高;若农户有囤粮习惯,为保证口粮需要和规避粮价波动风险,农户意愿休耕补偿额更高,意愿休耕面积比率越小,意愿休耕年限越短;灌溉用水资源稀缺性程度越严重则意愿休耕补偿额越低,意愿休耕土地面积比率越高,意愿休耕年限越长;农业劳动资源稀缺状况越严重则农户意愿休耕土地面积比率越大,意愿休耕年限越长;冬小麦休耕农户意愿补偿额越高则农户意愿休耕面积比率越大,意愿休耕年限越短。

区域休耕组织形式既可以采取在同一个村固定休耕的形式,也可以采取在不同乡镇、不同村轮流休耕形式。若采取在同一个村固定休耕,从村内休耕区域规划看,可以选择在村内按方田规划轮流休耕,理由是:小麦灌溉需水时节集中在每年3—5月,每到灌溉时期所有耕地的所有机井同时抽水,使地下水承载力迅速下降,造成区域性地下水位下降,若村内按方田规划轮流休耕,不仅不会出现灌溉争井的矛盾,也可以缓解因集中抽水灌溉导致的水位下降;从村内休耕时间看,可采取短期休耕形式,如休耕1年耕种1年,这样不仅可以节约灌溉用水,缓解水位下降,还可以降低粮食价格波动对农户收入的影响,使农户可以根据粮食价格、政策等变化灵活及时地调整生产安排,这样一种柔性的休耕时间安排更具可持续性。

华北平原是我国小麦主产区，小麦是我国三大主粮之一，其市场需求量较大，因此华北平原休耕制度一定要考虑我国小麦粮食安全，避免粮价出现较大波动。从保证粮食安全考虑，冬小麦休耕宜采取轮流休耕、部分休耕形式，轮流休耕不仅可以是宏观区域间轮流休耕，也可以是微观农户不同地块间轮流休耕；休耕年限可以根据区域间资源条件做出差异化安排，如在水资源约束较严重区域可选择4～5年的中期休耕，在水资源约束较小区域可以选择短期休耕；要谨慎实施长期休耕。同时，休耕期间要保证基本的农田管理以培肥动力、改良土壤等，可在休耕补偿额中加入休耕土地管理补偿，以保持并提高休耕地生产能力。

|第十章|

农户改灌溉农业为旱作农业前景研究

第一节　引言与文献综述

冬小麦-夏玉米是华北平原主要种植模式，也是最主要的耗水作物，在当前地下水位下降导致的水资源约束、小麦玉米市场价格持续走低、多年单一种植模式导致地力耗竭的现实背景下，改灌溉农业为旱作农业存在水资源、土地资源与市场条件契机。农户改灌溉农业为旱作农业与冬小麦休耕具有承接性，在冬小麦休耕基础上改种棉花、油葵、甘薯、杂粮等旱作作物，不仅可以减少地下水灌溉，缓解地下水位下降，还可以调整农业种植结构，优化农产品供给结构，增加冬小麦休耕农户收入；杨晓琳（2015）基于中国科学院栾城农业生态系统试验站2003—2013年观测数据得出，粮棉薯模式、粮油模式、粮棉油模式比小麦-玉米模式分别减少60.0%、39.1%、30.9%净地下水消耗量。调研地区对改种旱作农户的生态补偿分为两类政策：一是在部分村庄试点，给予种植棉花、谷子的农户200元/亩左右的补贴，该补贴与地下水超采治理试点无关，享受该补贴的农户不是地下水超采治理冬小麦休耕试点农户；二是冬小麦休耕试点农户，基于自愿原则可在冬小麦休耕地上选择种植消耗地下水较少的棉花、花生、杂粮等旱作作物[1]，改冬小麦-夏玉米一年两熟制为一年一熟制，补贴标准仍为500元/亩的冬小麦休耕补贴，不再对种植的旱作作物补贴。尽管农户改灌溉农业为旱作农业面临

---

[1] 杨晓琳（2015）利用中国科学院石家庄市栾城农业生态系统试验站2003—2013年观测数据得出5种不同作物的年均净地下水消耗量由大到小依次为：冬小麦>花生>甘薯>棉花>夏玉米。

水资源约束、土地肥力下降、政府政策支持等促进因素，但农户发展旱作农业仍面临旱作作物产量低、价格不稳定、销售困难等多种因素制约，同时旱作作物用工量大，劳动资源稀缺也制约农户对旱作作物种植面积选择。本研究调查对象不限于主动改旱作的农户，为随机抽样调查，重点了解农户发展旱作农业的障碍、农户改灌溉农业为旱作农业的损失及生态补偿、意愿土地分配决策及影响因素。

农户发展旱作农业面临价格波动和因自然灾害导致的产量波动风险，发达国家如美国为降低农户旱作农业风险实施了两个联邦项目：ASCS 风险支持项目（agricultural stabilization and conservation service disaster assistance program）和联邦全风险作物保险（federal all-risk insurance program）。1982 年以前，ASCS 农产品保护项目以目标价格制降低旱作作物价格波动风险，以风险支持项目（Disaster assistance program，DAP）降低产量波动风险；联邦全风险作物保险的运行形式是农户根据投保产量与价格支付投保金。1980 年以后政策发生变化，废除 ASCS 风险支持项目，取而代之的是扩展的联邦全风险作物保险计划。联邦全风险作物保险计划的主要变化是将投保面扩大至以前不参保的干旱和自然灾害，并从 1981 年开始，以前参与 DAP 的农户可获得风险补偿金；若农户选择投保火灾及冰雹，则投保金进一步降低，因为这是导致旱作小麦不确定的主因。Robert 等（1983）利用随机模拟模型（stochastic simulation model）和随机主成分分析技术（stochastic dominance technique）识别 Colorado 旱地小麦种植农户风险管理策略的变化并测度旱作农业风险政策变化对农户福利影响。该研究就联邦项目参与情况考虑 30 种风险管理策略：就 ASCS 商品计划参与识别了 3 种选择；就联邦作物保险购买决策识别了 10 种选择；并用蒙特卡罗模拟技术决定经调整的总收入分布情况。研究结果表明：旨在降低旱作农业风险的政策的变化导致所有被调查农户福利受损，尽管可以从作物保险金获得补贴。相对于预期净收益，农户福利损失较大且联邦作物保险的参保面并没有显著提高。由私人支持的旱作农业保险发展更为困难，Kennth（1977）通过对加拿大三省大草原旱作农业及风险承受经济性的研究发现，原因主要在于三点：一是缺乏设定保险金的数据基础；二是很难界定干旱是导致减产主因，因为存在道德风险问题；三是干旱发生区域相关性强，个体遭受干旱的同时意味着整个区域遭受灾害，因而很有可能超出保险公司承保能力。

也有研究从农业史学角度研究旱作农业技术，美国农业史学家认为"旱作农业技术"没有统一标准，并对试图提出适用于所有土质和气候的单一旱作技术观点持批判态度（Peter，2007）。在实际使用中，旱作农业包括许多不同方法，但仅有一个统一目标，即在无灌溉条件下耕种半干旱土地。

有限灌溉与旱地农业是美国大平原面临地下水位下降可供选择的耕种方式，可根据两种耕种方式的相对利润、水资源条件及灌溉成本决定取舍。在大平原地区，玉米较其他作物更依赖灌溉，大部分灌溉水来自奥加拉拉流域，而该流域面临地下水位下降。Charles 等（2002）利用堪萨斯州Garden City 1998—2000年数据比较短生长季与长生长季杂交玉米的产量与用水量，以决定在地下水位下降区域有限灌溉是否是对旱作农业的一种替代。研究表明，在给定玉米价格0.099美元/kg条件下，对长生长季玉米灌溉1次将使利润相对旱作生产增加71美元/公顷，相对短生长季杂交玉米利润增加44美元/公顷。然而较低的玉米价格和较高的抽水灌溉成本将促使更多的灌溉农业转变为旱作农业。

与旱作作物种植相关的成本不仅包括直接生产投入成本，还包括与农田管理相关的经济成本，尤其在旱作棉花生产中，与杂草相关的经济损失和成本对生产者和行业主体决策制定非常重要。Ziaul等（2003）通过三个层次的调查数据（旱作棉花生产者的邮寄问卷调查、生产者面对面调查问卷和地块调查），利用经济剩余模型估计澳大利亚东北部三个棉花生产区域与杂草相关的损失，并以此作为评价总体经济社会影响的基础，估计结果表明，旱作棉花种植与杂草相关的年经济成本估计值为4100万美元，农场层面的金融成本为2500万美元。

欠发达地区旱作农业增长问题值得关注。Rao（1991）利用政府发布的种植成本报告分析印度卡纳塔克邦的新旱作技术增长潜力和市场环境特征，卡纳塔克邦旱作农业在经历十二年停滞后最近几年表现出中等程度的增长。数据显示，卡纳塔克邦旱作农业发展受到三个不利因素制约：落后的物质条件、不充分的和无差别的政策、来自农业部门具有更高生产率的部分的竞争。反映供需条件的市场力量和技术会影响价格和成本水平，通过价格和成本可以决定旱作农业的经济可行性，因而旱作农业发展需要强有力的价格支持机制。

本章结合使用实际数据和假设数据研究农户改灌溉农业为旱作农业前景，其中，农户主动改种旱作作物情况、发展旱作作物的障碍、农户对旱作作物种植潜力判断部分为实际数据；农户改灌溉农业为旱作农业意愿补偿标准、农户改灌溉农业为旱作农业意愿土地分配决策为基于条件调查的假设数据。本章拟回答以下五方面问题：第一，农户是否主动改种旱作作物？农户种植的旱作作物类型及农户主动改种旱作作物的动因。第二，农户发展旱作作物存在哪些障碍？第三，具有发展前景的旱作作物是什么？具有发展前景的旱作作物投入产出情况，如亩成本均值、亩纯收入、与小麦-玉米轮作用工比较、灌溉次数等。第四，农户改灌溉农业为旱作农业意愿补偿方案有哪些？农户对具有发展前景的旱作作物的意愿补偿额与补偿方案之间有何分布特征？第五，农户愿意将多大比例的土地用于种植旱作作物及其原因？有哪些因素影响农户改灌溉农业为旱作农业意愿土地分配决策？

第二节 农户主动改灌溉农业为旱作农业情况

在349个农户的总样本中，主动种植旱作作物的有100户，其中任县23户，故城县77户；样本农户旱作作物种植面积之和占样本实际耕种面积之和的6.31%；可见，虽然主动种植旱作作物的农户数占比为28.7%，但农户只拿出很小比例的土地用于种植旱作作物，且多为灌溉困难、地块小、土质较差等种植条件较差的地块。

样本县农户种植旱作作物情况如表10-1所示。农户种植的最主要旱作作物是棉花，其次是油葵，再者是谷子，最后是花生，种植其他旱作作物如大豆、红薯、芝麻等的农户数很少，均仅为1户，且都分布在故城县。样本中，主动种植棉花的有61户，其中仅1户位于任县，60户位于故城县，故城县农户有种植棉花的传统，在最近几年棉花价格走低的市场环境下，部分农户仍保留该种植传统，但减少了种植面积。主动种植油葵的农户数为26户，其中，16户位于任县，10户位于故城县。主动种植谷子的农户数为11户，有7户位于任县，4户位于故城县。主动种植花生的农户数为9户，且均位于故城县。综上可得，故城县较任县灌溉水资源约束更严重，且土质以沙土为主，因此种植棉花和花生的农户相对更多；而任县种植油葵和谷子的农户相对更多，且主要为满足自家消费所需。

表10-1 农户主动改种旱作作物情况

作物	任县（户）	故城县（户）	合计（户）
棉花	1	60	61
油葵	16	10	26
谷子	7	4	11
花生	0	9	9
大豆	0	1	1
红薯	0	1	1
黑豆	0	1	1
红豆	0	1	1
芝麻	0	1	1
黍子	0	1	1
油菜	0	1	1

　　农户主动改灌溉农业为旱作农业原因如表10-2所示。农户改灌溉农业为旱作农业的最主要原因是水资源稀缺导致灌溉困难，两个样本县中，故城县位于深层地下水超采区，地下水位下降较任县更严重，面临的水资源稀缺性更严峻，因此有更多的农户选择种植旱作作物；农户改种旱作作物的第二主要原因是旱作作物经济收益高，当前小麦、玉米价格较低，而小麦、玉米耗水较多，灌溉成本较高，其相对收益下降；农户改种旱作作物的第三主要原因是自家食用需要，农户种植油葵、谷子均是为自家消费需要，而非商品经济行为，说明农户旱作作物发展主要停留在自然经济阶段；农户种植旱作作物的第四主要原因是地下水位下降导致抽水灌溉能源成本提高，小麦、玉米由于耗水较多其相对收益下降；农户种植旱作作物的第五主要原因是地块因素，农户将无法进行机械作业的小块地或坡地用于种植旱作作物，以最大化总收益；农户种植旱作作物的其他原因有倒茬、土质保墒能力差、距离灌溉水源远、年纪大了浇水困难等，旱作作物要求出工多，但每次出工的劳动强度并不大，主要是病虫害防治等田间管理，对农业劳动力体力要求低；而小麦、玉米灌溉次数多，灌溉环节是目前农业生产中劳动强度最大的环节之一，对体力要求高，虽出工少但一次性劳动强度大，年龄较高的农业劳动力体力下降，而空闲时间较多，因此更愿意种植灌溉次数少而出工较多的旱作作物。

表10-2　农户主动改灌溉农业为旱作农业原因

原因	户数	原因	户数
水资源稀缺导致灌溉困难	37	年纪大了浇水困难	1
水位下降导致抽水灌溉能源成本提高	9	自家食用	27
旱作作物经济收益高	30	目前小麦、玉米价格低,改种旱作作物看收益如何	2
地块小或为坡地,无法进行机械作业	7	倒茬	3
土质差、土壤保墒能力差	2	距离灌溉水源远	3
旱作作物物质投入少	3	年纪大了没事干,种旱作作物出工多,可消磨时间	1
旱作作物较小麦、玉米省工	4		

第三节　农户发展旱作作物的障碍

虽然水资源稀缺性和不断提高的灌溉能源成本等成为农户改灌溉农业为旱作农业的诱因，但农户发展旱作农业也面临价格和产量的不确定性、销售困难、耗费劳动用工等诸多限制因素，表10-3列出了样本地区四种旱作作物的发展障碍。

表10-3　农户发展旱作物的障碍

障碍	棉花(户)	油葵(户)	谷子(户)	花生(户)
价格低	121	9	8	7
价格不稳定	75	2	15	4
产量低	38	39	104	99
产量不稳定	40	4	4	2
太费工	265	50	97	42
销售困难	44	111	24	35
缺少机械作业	5	8	14	6
病虫害多	12	2	3	3
投入成本高	1	1	0	0
土质不适合	4	1	0	82
不能重茬	1	2	1	0
地少、无空闲地可种	1	1	1	3
无晾晒场地	0	27	0	4
麻雀啄食导致减产	0	11	78	1
无种植传统	0	3	0	9
耗地力	0	9	0	0
无法形成规模	0	1	0	0

总样本中共有347个农户回答了发展棉花的障碍，农户发展棉花的最主要限制因素是种植棉花太费工；其次是价格因素，即近几年棉花价格低和价格不稳定制约农户种植决策；再者是市场机制不完善，即销售困难制约农户选择种植棉花；最后是产量因素，即棉花产量低和产量不稳定限制农户种植决策。总样本中共有333个农户回答了种植油葵的障碍，农户发展油葵的最主要限制因素是市场机制不完善，即销售困难制约

农户种植油葵；其次是种植油葵太费工；再者是产量因素和晾晒条件限制农户种植决策，即产量低和无晾晒场地，而油葵收割时正好赶上雨季，若收割、晾晒不及时会导致腐烂；最后是油葵价格低，耗地力。总样本中共有332个农户回答了种植谷子的障碍，谷子产量低是最主要制约因素；其次是费工；再者是麻雀啄食导致减产，这与当地只有少量农户小规模种植有关；最后是谷子价格不稳定、缺少机械作业和销售困难制约了农户种植决策。总样本中共有33户回答了种植花生的障碍，花生产量低是限制农户种植决策的最主要因素；其次是土质不适合，花生适合在沙土地种植，而样本中土质为沙土的农户主要分布在故城县；再者是种植花生太费工；最后是销售困难。

综上可得，农户改灌溉农业为旱作农业面临以下五方面制约因素：第一，当前农业劳动力兼业化和老龄化导致劳动资源稀缺，而种植旱作作物相对小麦-玉米轮作需要耗费更多劳动用工，这与旱作作物的耕种特征有关：棉花、谷子等旱作作物虽然灌溉次数较少，但在作物生长期间需要较密集地投入农业生产管理活动，农业劳动出工较多，但每次出工的劳动强度不大，劳动资源稀缺性制约农户发展旱作作物。第二，市场机制不完善，"卖难"成为制约旱作作物发展的重要因素，在当前水资源约束背景下，若能解决销路问题，则旱作作物具有发展前景。第三，旱作作物价格低和价格不稳定制约农户种植决策，旱作作物价格不稳定使农户需承担的农业风险提高，出于风险规避性农户更愿意种植价格较为稳定的小麦和玉米。第四，旱作作物产量低，因种植农户少和种植规模小，使得鸟类啄食会进一步降低旱作作物产量，从而降低农户收益与种植意愿。第五，农户种植旱作作物主要为满足家庭消费的自然经济需要，而非商品交换经济，从而旱作作物种植零星，不成规模。

第四节　农户对旱作作物种植潜力判断

设置题项，让农户从当地种植传统、经济收益、节水效果等方面考虑，判断具有发展潜力的旱作作物，共有237个农户给出了答案，农户认为最具发展潜力的旱作作物为棉花、油葵、谷子和花生，统计情况如表10-4所示。认为棉花具有发展潜力的农户数为139户，其中20户位于任县，119户位于故城县；认为油葵具有发展潜力的农户数为53户，其中41户位于任县，12户位于故城县；认为花生具有发展潜力的农户数为22户，其中4户位于任县，18户位于故城县。综上可得，由于故城县较任县水资源稀缺性更严峻且土质以沙土为主，因此该县农户认为棉花和花生更具发展潜力；任县农户则认为油葵和谷子更具发展潜力。

表10-4 具有发展潜力的旱作作物

作物	总户数（户）	任县（户）	故城县（户）
棉花	139	20	119
油葵	53	41	12
谷子	53	41	12
花生	22	4	18

具有发展潜力的旱作作物投入产出情况如表10-5所示。棉花和花生种植模式为一季，而油葵、谷子既可以种植一季也可以轮种。棉花和花生的亩总成本均值、亩纯收益均值相对油葵、谷子要高。与小麦-玉米轮作用工比较，棉花和谷子比小麦-玉米轮作更费工；油葵和花生相对而言比小麦、玉米轮作更省工。从灌溉需水情况看，棉花、油葵、谷子、花生灌溉次数基本在2次以内；相比之下，小麦-玉米轮作灌溉次数基本为4次以上。

表10-5 具有发展潜力的旱作作物投入产出情况

项目	棉花	油葵	谷子	花生
种植模式	一季	一季或油葵-谷子或油葵-玉米	一季或油葵-谷子或谷子-绿豆	一季
回答户数（户）	133	45	42	19
亩均成本均值（元/亩）	386	263	210	350
亩均收入均值（元/亩）	949	789	719	1049
与小麦-玉米轮作用工比较（户）				
比小麦玉米更省工	2	25	6	12
用工差不多	2	13	15	3
更费工	129	7	21	4
灌溉次数（户）				
0或1次	62	8	5	11
2次	67	30	26	6
3次	3	7	10	1

第五节　农户改灌溉农业为旱作农业意愿补偿标准

一、农户改灌溉农业为旱作农业意愿补偿方案

为了解农户对改灌溉农业为旱作农业补偿方案的看法，设置半开放式题项"为缓解地下水位下降，若对改灌溉农业为旱作农业进行生态补偿，您认为哪种亩均补偿方式最为合理"，农户改灌溉农业为旱作农业意愿补偿方案如表10-6所示，农户回答情况分为10类，其中补偿方案包括6类。

表10-6　农户改灌溉农业为旱作农业意愿补偿方案

补偿方案	户数	百分比（%）
与小麦-玉米轮作相比较的收益损失	89	25.5
与小麦-玉米轮作相比较的收益损失+用工损失	96	27.5
与小麦-玉米轮作相比较的收益损失+用工损失+因放弃种植主粮作物导致生活成本上升的生活补助	30	8.6
与小麦-玉米轮作相比较的收益损失+因放弃种植主粮作物导致生活成本上升的生活补助	2	0.6
用工损失	21	6.0
冬小麦休耕补偿	33	9.5
若有市场销路无须补偿	1	0.29
无法确定	2	0.57
即使有补偿也不改种旱作作物	73	20.92
空白	2	0.52
合计	349	100

认为种植旱作作物需要补偿与小麦-玉米轮作相比较的收益损失的农户数为89户，占比25.5%。认为种植旱作作物需补偿与小麦-玉米轮作相比较的收益损失与用工损失的农户数为96户，占比27.5%，由表10-5可知，较大部分农户认为种植棉花和谷子相比小麦-玉米轮作更费工，且由第十章第三节可知，种植旱作作物耗费劳动用工是阻碍农户发展旱作农业的重要因素，因此需要补偿用工损失；样本中有21个农户认为改灌

溉农业为旱作农业仅需补偿用工损失，因种植旱作作物而多耗费的劳动用工是外出打工的机会成本。若农户种植旱作作物则需相应放弃种植主粮作物，由第九章知，小麦收割后有囤粮习惯的家庭为229户，且有部分农户认为从市场上购买粮食将导致生活成本上升，因此有农户认为需要对因放弃种植主粮作物导致的生活成本上升部分进行补偿；补偿方案为"与小麦-玉米轮作相比较的收益损失+用工损失+因放弃种植主粮作物导致生活成本上升的生活补助"的农户数为30户，占8.6%；补偿方案为"与小麦-玉米轮作相比较的收益损失+因放弃种植主粮作物导致生活成本上升的生活补助"的农户数为2户。种植棉花、花生、油葵、谷子等旱作作物后则不能种植冬小麦，即相当于在冬小麦休耕基础上再改种旱作作物，因此有农户提出改灌溉农业为旱作农业补偿方案即为冬小麦休耕补偿额，持该方案的农户数为33户，占比9.5%。

二、农户改灌溉农业为旱作农业意愿补偿额分布特征

具有发展前景的旱作作物意愿补偿额与补偿方案分布关系如表10-7所示。

表10-7 具有发展前景的旱作作物补偿额与补偿方案

补偿额(元/亩)		与小麦-玉米轮作相比较的收益损失(户)	与小麦-玉米轮作相比较的收益损失+用工损失(户)	与小麦-玉米轮作相比较的收益损失+用工损失+因放弃种植主粮作物导致生活成本上升的生活补助(户)	与小麦-玉米轮作相比较的收益损失+因放弃种植主粮作物导致生活成本上升的生活补助(户)	用工损失(户)	冬小麦休耕补偿(户)	合计(户)
棉花	(0, 500]	4	50	2	0	18	23	97
	(500, 700]	2	7	2	0	0	5	16
	(700, 1000]	4	6	1	2	0	0	13
	(1000, 2000]	3	1	5	0	0	0	9
谷子	(0, 500]	8	5	2	0	1	0	16
	(500, 1000]	11	1	6	0	0	0	18
	(1000, 1670]	1	0	0	2	0	0	4
油葵	(0, 500]	7	3	2	0	1	0	13
	(500, 1000]	9	1	2	0	0	2	14
	(1000, 1500]	1	0	1	0	0	0	2
花生	(0, 300]	0	1	0	0	4	0	5
	(300, 500]	2	1	0	0	1	1	5
	(500, 1400]	1	1	0	0	0	1	3

有139个农户给出了种植棉花的意愿补偿额，农户种植棉花的意愿补偿额最主要分布于（0，500〕元/亩区间内，与该补偿额区间相对应的补偿方案主要为"与小麦–玉米轮作相比较的收益损失+用工损失""用工损失"及"冬小麦休耕补偿"，由于种植棉花较为费工，农户认为需要补偿用工损失；与种植棉花大于1000元/亩的意愿补偿额相对应的补偿方案主要为"与小麦–玉米轮作相比较的收益损失+用工损失+因放弃种植主粮作物导致生活成本上升的生活补助""与小麦–玉米轮作相比较的收益损失"。有38个农户给出了种植谷子的意愿补偿额，农户种植谷子的意愿补偿额最主要分布于（0，500〕及（500，1000〕元/亩两个区间内，与这两个区间相对应的补偿方案主要为"与小麦–玉米轮作相比较的收益损失""与小麦–玉米轮作相比较的收益损失+用工损失"及"与小麦–玉米轮作相比较的收益损失+用工损失+因放弃种植主粮作物导致生活成本上升的生活补助"；与农户种植谷子大于1000元/亩的意愿补偿额相对应的主要补偿方案为"与小麦–玉米轮作相比较的收益损失+用工损失+因放弃种植主粮作物导致生活成本上升的生活补助"。有29个农户给出了种植油葵的意愿补偿额，农户种植油葵的意愿补偿额最主要分布于（0，500〕及（500，1000〕元/亩两个区间内，与这两个区间相对应的最主要补偿方案为"与小麦–玉米轮作相比较的收益损失"，其次是"与小麦–玉米轮作相比较的收益损失+用工损失"及"与小麦–玉米轮作相比较的收益损失+用工损失+因放弃种植主粮作物导致生活成本上升的生活补助"；与农户种植油葵大于1000元/亩的意愿补偿额相对应的补偿方案主要为"与小麦–玉米轮作相比较的收益损失+用工损失+因放弃种植主粮作物导致生活成本上升的生活补助"。有13个农户给出了种植花生的意愿补偿额，农户种植花生的意愿补偿额主要分布于（0，300〕和（300，500〕元/亩两个区间内，与这两个区间相对应的最主要补偿方案为"用工损失"。

三、具有发展前景的旱作作物补偿类别及特征

具有发展前景的旱作作物补偿类别及统计特征如表10-8所示。

农户改灌溉农业为旱作农业意愿补偿额包括的类别主要有四类：与小麦–玉米轮作相比较的收益损失、用工损失、因放弃种植主粮作物导致生活成本上升的生活补助、小麦休耕补偿。在收益损失中，农户种植棉花的收益损失均值最大，为610.88元/亩，其次是谷子和油葵，花生收益损失最小，这可能与近几年棉花价格较低和病虫害防治成本较高有关。在用工损失中，棉花均值最大，为490.12元/亩，其次是谷子，再者是花生，最后是油葵，由表10-5可知，棉花和谷子相比小麦–玉米轮作更费工，因而用工损失补偿值更高。在生活补助中，棉花均值最高，为225元/亩，其次是油葵和谷子。在小麦休耕补偿额中，棉花、油葵、花生均值位于500至600元/亩之间，与国家地下水超采治理冬小麦休耕500元/亩补偿额度接近。

表10-8 具有发展前景的旱作作物补偿类别及特征

作物	补偿类别	收益损失	用工损失	生活补助	小麦休耕补偿
棉花	回答户数(户)	26	85	12	30
	均值(元/亩)	610.877	490.12	225	535
	最小值(元/亩)	100	150	30	500
	最大值(元/亩)	1600	1900	700	700
谷子	回答户数(户)	30	5	12	0
	均值(元/亩)	586.67	330	169.17	—
	最小值(元/亩)	100	200	50	—
	最大值(元/亩)	1000	500	400	—
油葵	回答户数(户)	22	1	5	1
	均值(元/亩)	535	100	170	600
	最小值(元/亩)	100	100	100	600
	最大值(元/亩)	1500	100	300	600
花生	回答户数(户)	2	6	0	2
	均值(元/亩)	375	250	—	500
	最小值(元/亩)	350	150	—	500
	最大值(元/亩)	400	350	—	500

第六节　农户改灌溉农业为旱作农业
意愿土地分配决策

一、农户改灌溉农业为旱作农业意愿土地分配决策及原因

总样本中，农户发展旱作作物意愿土地面积比率等于0的农户数为111户，占比31.8%；大于0小于1的农户数为201户，占比57.6%；愿意将土地全部改种旱作的农户数为37户，占比10.6%。将农户土地分配决策分为不改种旱作、部分土地改为旱作和全部改为旱作三类，有关土地分配决策原因的样本分布如表10-9所示。农户不改种旱作的最主要原因是旱作作物费工，由于棉花、谷子等旱作作物会耗费较多劳动用工，若农户有打工或从事非农经营的机会，则种植旱作作物机会成本较高；此外，销售困难、种植风险高也是农户不愿改种旱作的主要原因，旱作作物高风险主要源于价格波

动和产量不确定性。农户愿意将部分土地用于种植旱作作物的最主要原因是旱作作物费工，其次是保证口粮，再者是为满足家庭消费需要，最后是种植旱作作物风险较高；样本农户种植旱作作物如油葵、谷子、花生等主要出于满足家庭消费的自然经济需要，为兼顾保证口粮和家庭消费旱作作物，农户愿意将部分土地用于种植旱作作物；此外，农户将土地在小麦-玉米和旱作作物间进行分配，可以降低因旱作作物价格不稳定、产量不稳定和销售困难导致的风险，以最大化家庭农业收益。农户愿意将全部土地用于种植旱作作物的最主要原因是旱作作物节约水资源，小麦-玉米轮作全年大约需要灌溉5～6次，而旱作作物全年灌溉次数在2次左右，地下水位下降导致的水资源稀缺性使农户更倾向于种植旱作作物；其次是旱作作物经济收益高和土地规模小；最后是便于管理。

表10-9　农户改灌溉农业为旱作农业意愿土地分配决策及原因

原因	户数		
	不改为旱作 （r=0）	部分土地改为旱作 （0<r<1）	全部改为旱作 （r=1）
满足家庭消费旱作作物	0	41	0
保证口粮	0	53	0
旱作作物费工	83	56	1
种植旱作作物风险大	3	11	0
旱作作物产量低	2	2	0
旱作作物价格低	2	1	0
旱作作物价格不稳定	1	4	0
销售困难	4	6	1
灌溉困难	0	0	3
旱作作物省水	0	0	8
补偿合理	0	7	9
土质不适合	2	0	0
旱作作物经济收益高	0	3	5
土地规模小	3	0	5
在冬小麦休耕地上种植旱作作物	0	7	0
达到规模要求才能使用旱作作物机械	0	1	1
无法解决晾晒问题	0	1	0
便于管理	0	1	4
不习惯种植旱作作物	4	0	0

综上，农户改灌溉农业为旱作农业意愿土地分配决策具有以下特征：第一，由于种植旱作作物较费工，农户愿意选择不改种旱作或将部分土地改种旱作；第二，为规避因旱作作物价格波动、产量不稳定及销售困难导致的风险，农户更倾向于愿意选择不改旱作或将部分土地改为旱作；第三，为兼顾保证家庭消费小麦口粮和食用油、杂粮等需要，农户愿意将部分土地种植旱作作物；第四，地下水位不断下降导致的水资源稀缺性和不断上升的抽水灌溉能源成本，使农户倾向于愿意将部分或全部土地用于种植旱作作物。

二、农户改种旱作意愿地块选择标准

愿意将部分土地用于种植旱作作物的农户数为201户，占总样本的57.6%，因此有必要分析农户改种旱作地块选择标准。农户改种旱作意愿地块选择标准如表10-10所示。农户最有可能将距离水源较远的地块用于种植旱作作物；其次可能将产量较低的地块用于种植旱作作物；再者农户可能将地下水位下降更严重、抽水电费成本更高的地块和土壤保墒能力差的地块用于改种旱作作物；最后农户可能将无法进行机械作业的小块地用于种植旱作作物。可见，灌溉条件、产量、地块特征是农户旱作作物种植决策的重要影响因素。

表10-10 农户改种旱作意愿地块选择标准

选择标准	农户数
距离水源较远的地块	123
地下水位下降更严重、抽水电费成本更高的地块	47
土壤保墒能力差的地块	46
土壤保墒能力好的地块	3
产量较低的地块	78
产量较高的地块	3
无法进行机械作业的小块地	27
离生产道路较远的地块	1
随意选择	88

第七节　农户改灌溉农业为旱作
农业意愿土地分配决策计量经济框架

一、模型

农户改灌溉农业为旱作农业意愿土地分配决策方程因变量为：农户意愿用于种植旱作作物的土地面积比率。小麦是华北平原主要耗水作物，而种植旱作作物如棉花、油葵、谷子、花生后无法再种植小麦，因此相当于先休耕冬小麦再改为种植旱作作物，调研中有农户提出可以在冬小麦休耕地上种植旱作作物，补偿方案即为冬小麦休耕补偿额；国家地下水超采治理冬小麦休耕试点项目鼓励休耕试点农户在冬小麦休耕地上选择种植棉花、花生、杂粮等旱作作物，改冬小麦-夏玉米一年两熟制为一年一熟制，因此农户改灌溉农业为旱作农业意愿土地分配决策受农户冬小麦休耕意愿土地分配决策影响，建立以下联立方程（1）：

$$
\begin{cases}
fallowarea_i = \alpha_0 + \alpha_1 age_i + \alpha_2 agesqua_i + \alpha_3 offfarm_i + \alpha_4 foodsave_i + \alpha_5 waterscs_i \\
\quad + \alpha_6 laborscs_i + \alpha_7 distlift_i + \alpha_8 groundwater_i + \alpha_9 fallowpayment_i + u_i \\
dryfarmingarea_i = \beta_0 + \beta_1 fallowarea_i + \beta_2 age_i + \beta_3 waterscs_i + \beta_4 energycost_i \\
\quad + \beta_5 plots_i + \beta_6 laborscs_i + \beta_7 fallowpayment_i + \beta_8 voldryarea_i \\
\quad + \beta_9 cotton_i + \beta_{10} Helianthus_i + \beta_{11} millet_i + \beta_{12} peanut_i \\
\quad + \beta_{13} irritimeswc_i + v_i
\end{cases} \quad (1)
$$

其中，$fallowarea_i$代表农户意愿冬小麦休耕面积比率，$dryfarmingarea_i$代表农户发展旱作作物意愿土地面积比率；式（1）中其自变量含义及定义如表10-11所示。$fallowarea_i$既是农户冬小麦休耕意愿土地分配决策方程的被解释变量，也是农户改灌溉农业为旱作农业意愿土地分配决策方程的解释变量，即两个决策方程联立反映了农户"一季休耕一季雨养"的种植模式决策，因此，$fallowarea$为内生变量，式（1）为联立方程组模型。式（1）中，被第一个方程所排斥的外生变量个数为8个，被第二个方程所排斥的外生变量个数为4个，内生变量为$fallowarea$，因此该模型工具变量个数大于内生解释变量个数，为"过度识别"。

估计联立方程组的方法分为两类：单一方程估计法（single equation estimation），也称"有限信息估计法"（limited information estimation）；系统估计法，也称"全信息估计法"（full information estimation）。前者对方程组中的每一个方程分别进行估计，而后者将其作为一个系统进行联合估计。单一方程估计法主要包括普通最小二乘法、间接最小二乘法、二阶段最小二乘法及广义矩估计法；由于联立方程模型含有内生解释变量，OLS是不一致的；间接最小二乘法不是最有效率的，且在过度识别情况下无法使用；二阶段最小二乘法是最有效率的工具变量法，但在过度识别的情况下，若结构方程扰动项存在异方差或自相关，则2SLS估计效率低于GMM。此外，单一方程估计法忽略了各方程之间的联系，包括各方程扰动项之间的联系，故不如将所有方程作为一个整体进行估计（即系统估计法）更有效率；而系统估计法的缺点是，若其中某个方程估计不准确，则可能影响系统中其他方程的估计。

最常见的系统估计法为"三阶段最小二乘法"（Three stage Least Square，3SLS），3SLS是将2SLS与似不相关回归（SUR）相结合的一种估计方法。对于一个多方程系统，如果各方程都不包含内生解释变量，则对每个方程进行OLS估计是一致的，但却不是最有效率的，因为单一方程OLS估计忽略了不同方程扰动项之间可能存在相关性，此时用SUR对整个方程系统同时进行估计是有效率的；对于一个多方程系统，如果方程中包含内生解释变量，则对每个方程进行2SLS估计是一致的，但却不是最有效率的，因为单一方程2SLS忽略了不同方程扰动项之间可能存在相关性。此时，用3SLS对整个联立方程系统同时进行估计最有效率。3SLS基本步骤如下：前两步对每个方程进行2SLS估计；第三步则根据前两步的估计得到对整个方程系统扰动项之协方差矩阵的估计，并据此对整个系统进行GLS估计（类似SUR做法）。对于3SLS也可以进行迭代，即用3SLS残差重新估计协方差矩阵，然后再使用GLS，如此反复直至收敛；但迭代3SLS并不能提高渐进效率。

二、变量选取

在联立方程组模型式（1）中，第一个方程为冬小麦休耕农户意愿土地分配决策方程，其自变量选取同第九章第七节第二部分，包括人口与经济因素、资源稀缺性、灌溉特征和冬小麦休耕农户意愿补偿额四类因素。第二个方程为农户改灌溉农业为旱作农业意愿土地分配决策方程，根据本章前面部分对农户主动改灌溉农业为旱作农业情况、农户发展旱作作物的障碍、农户对旱作作物种植潜力判断、农户改灌溉农业为旱作农业意愿补偿标准、农户发展旱作作物意愿土地面积比率及原因的研究结果，将影响农户改灌溉农业为旱作农业意愿土地分配决策因素归为七类：人口因素、资源稀缺性、地块特征、农户冬小麦休耕意愿、灌溉情况、农户主动改灌溉农业为旱作农业情况、农户对旱作作物种植潜力判断。

反映人口因素的变量为户主年龄，由表10-2可知，农户因年纪较高浇水困难和为消磨时间而改为种植旱作作物。与种植小麦-玉米相比，种植旱作作物虽然出工较多，但灌溉次数少且每次出工耗费的劳动强度更低。种植小麦-玉米全年灌溉次数为5～6次,而灌溉是目前农业生产中劳动强度最大的环节之一,年纪较高的农业劳动力难以承受灌溉环节的繁重劳动要求,且老龄农业劳动力无须外出打工,空闲时间较多,相对而言更愿意以低劳动强度、多出工来消磨时间。因此预期户主年龄越大,农户发展旱作作物意愿土地面积比率越高。

设置两个变量反映资源稀缺性:灌溉用水短缺程度和农业生产季劳动资源稀缺状况,变量定义同第九章第七节第二部分。由表10-2知,农户主动改灌溉农业为旱作农业最主要原因是水资源稀缺导致灌溉困难;由表10-3知,农户发展旱作作物的最主要障碍是种植旱作作物太费工,尤其是种植棉花和谷子,而若家庭劳动资源稀缺则发展旱作作物更为困难。因此预期灌溉用水短缺程度越严重则农户发展旱作作物意愿土地面积比率越高;若农业生产季劳动资源稀缺,则农户愿意用于发展旱作作物的土地面积比率更低。

反映地块特征的变量为地块数。由表10-10可知,地块数越多,农户越愿意将其中无法进行机械作业的小块地或将其中灌溉条件差的地块用于种植旱作作物;而地块数越少,尤其是只有一块地时,为方便管理农户更愿意将其全部用于种植旱作作物。因此预期,地块数越多,农户发展旱作作物意愿土地面积比率越低。

设置两个变量反映农户冬小麦休耕意愿:农户意愿休耕补偿额和农户意愿冬小麦休耕面积比率。为节约灌溉用水而改冬小麦为旱作作物,相当于在冬小麦休耕基础上改旱作,因此农户冬小麦休耕意愿影响旱作农业土地分配决策。由表10-6可知,有农户认为应该以冬小麦休耕补偿额作为改灌溉农业为旱作农业补偿方案;由表10-9可知,部分农户愿意在冬小麦休耕地上种植旱作作物,因此预期冬小麦休耕农户意愿补偿额越高则农户愿意用于发展旱作作物的土地面积比率越高;农户意愿冬小麦休耕面积比率越高则农户愿意种植的旱作作物面积比率越高。

设置两个变量反映灌溉情况:灌溉能源成本和小麦-玉米轮作灌溉次数。随着地下水位下降农户抽水灌溉能源成本上升,进一步压低农业收益空间,从而促使农户改灌溉农业为旱作农业。由表10-2可知,地下水位下降导致的抽水灌溉能源成本提高,是农户主动改灌溉农业为旱作农业的重要原因;变量灌溉能源成本指每亩小麦灌溉电费支出,小麦是主要耗水作物,其生育期需水量主要来自地下水灌溉。当前小麦-玉米轮作灌溉次数可以反映农户主动节水行为,小麦-玉米轮作灌溉次数越少,则表明农户已经根据水资源稀缺状况及灌溉成本对灌溉行为做出了调整,该类农户也是受水资源约束最强的群体,因此其发展旱作作物土地面积比率可能更高。预期灌溉能源成本越高则农户愿意发展的旱作作物面积比率更高;小麦-玉米轮作灌溉次数越少则农户愿意发展的旱作作物面积比率更高。

　　反映农户主动改种旱作情况的变量为主动种植旱作作物面积。主动改灌溉农业为旱作农业行为反映农户面对水资源约束做出的适应性调整，该类农户也是受水资源约束更强的群体，其种植旱作作物意愿更高。预期主动种植旱作作物面积越大，则农户发展旱作作物意愿土地面积比率更高。

　　由第十章第四节可知，总样本中有237个农户对具有发展潜力的旱作作物给出了判断，余下112个农户回答情况为"不知道"或"无"，农户认为最具发展潜力的旱作作物为棉花、油葵、谷子、花生，是基于旱作物亩投入成本、亩纯收入、与小麦-玉米轮作用工比较、灌溉次数等方面综合考虑做出的判断，相比回答结果为"不知道"或认为"旱作作物无发展前景"的农户，能给出具有发展潜力的旱作作物种类的农户更了解发展旱作作物的现实需要和收益，因此其发展意愿更强。设置四个变量反映农户对旱作作物种植潜力判断：棉花、油葵、谷子、花生，变量定义为：若农户认为其中某种旱作作物具有发展潜力则等于1，否则等于0；参照组为"不知道"或"旱作作物无发展前景"。预期若农户能判断出具有发展潜力的旱作作物，则其发展旱作作物的意愿土地面积比率更高。

　　农户改灌溉农业为旱作农业意愿土地分配决策联立方程模型变量描述性统计如表10-11所示。

表10-11　农户改灌溉农业为旱作农业意愿土地分配决策方程样本统计

变量	变量定义	均值	标准差	最小值	最大值	方向
农户意愿冬小麦休耕面积比率 fallowarea	意愿休耕面积/承包面积	0.63	0.32	0	1	+
农户发展旱作作物意愿土地面积比率 dryfarmingarea	意愿发展旱作作物面积/承包地面积	0.31	0.32	0	1	−
户主年龄 age	实际值	58.01	9.61	24	80	+
最主要农业劳动力兼业情况 offfarm	兼业=1；否则=0	2.34	0.47	0	1	−
农户囤粮习惯 foodsave	小麦收割后囤一部分供家庭食用=1；否则=0	0.66	0.48	0	1	−
灌溉用水短缺程度 waterscs	严重短缺=1；一般短缺=2；不存在短缺=3	1.92	0.79	1	3	−
农业生产季劳动资源稀缺状况 laborscs	农业生产季劳动稀缺=1；否则=0	0.46	0.49	0	1	−
灌溉机井提水距离 distlift	实际值（米）	81.85	45.69	0	270	−

变量	变量定义	均值	标准差	最小值	最大值	方向
以地下水为唯一灌溉水源 groundwater	是=1；否=0	0.75	0.43	0	1	−
冬小麦休耕农户意愿补偿额 fallowpayment	实际值（元/亩）	610.01	166.06	0	1600	+
地块数 plots	实际值（块）	3.67	2.02	1	13	−
灌溉能源成本 energycost	每亩小麦灌溉电费支出=每亩每水用电量×灌溉电单价×灌溉次数	118.57	74.74	0	360	+
小麦-玉米轮作灌溉次数 irritimeswc	实际值（次）	4.74	1.09	0	8	−
主动种植旱作作物面积 voldryarea	实际值（亩）	0.62	1.61	0	10	+
棉花 cotton	认为棉花具有发展潜力=1；否则=0	0.40	0.49	0	1	+
油葵 helianthus	认为油葵具有发展潜力=1；否则=0	0.15	0.36	0	1	+
谷子 millet	认为谷子具有发展潜力=1；否则=0	0.15	0.36	0	1	+
花生 peanut	认为花生具有发展潜力=1；否则=0	0.06	0.24	0	1	+

第八节　经验结果

利用Stata12.0软件采用三阶段最小二乘法估计农户改灌溉农业为旱作农业意愿土地分配决策联立方程模型式（1），估计结果如表10–12所示；为便于比较，表10–12同时报告单一方程OLS、2SLS及迭代3SLS估计结果。式（1）联立方程系统共有两个内生变量，即fallowarea和dryfarmingarea；共有17个外生变量；第二个方程包含一个内生解释变量fallowarea；第一个方程排斥了8个外生变量；第二个方程排斥了4个外生变量，即offfarm、foodsave、distlift与groundwater，即有4个工具变量可用，故为过度识别。式（1）第一个方程为冬小麦休耕农户意愿土地分配决策方程，其变量选取同第九章第七节第二部分，本节主要分析第二个方程即农户改灌溉农业为旱作农业意愿土地分配决策方程估计结果。在3SLS、迭代3SLS及2SLS估计结果中，第一阶段回归，即内生解释变量对工具变量的回归，结果显示两个回归方程均很显著，F统计量均在1%水平显著。由表10–12知，3SLS与迭代3SLS估计结果很接近，与单一方程OLS和2SLS估计结果存在一定差别。以下解释 3SLS 估计第二个方程即农户改灌溉农业为旱作农业意愿土地分配决策方程估计结果。

三阶段最小二乘第二个方程的解释变量影响方向与第十章第七节第二部分预期一致，但变量户主年龄、灌溉用水短缺程度、小麦-玉米轮作灌溉次数影响不显著。

在反映资源稀缺性的两个变量中，灌溉用水短缺程度变量影响不显著，农业生产季劳动资源稀缺状况变量对农户种植旱作作物意愿土地面积比率在10%水平存在显著负向影响，说明在决定农户改灌溉农业为旱作农业的土地分配决策中，劳动资源稀缺性是比水资源稀缺性更重要的决定因素，由第十章表10-9可知，绝大部分农户将旱作作物费工作为意愿土地分配决策理由，仅有少部分农户将旱作作物省水或灌溉困难作为意愿土地分配决策理由。若农业生产季存在劳动资源稀缺，则农户愿意将小比例土地用于种植旱作作物，因为旱作作物如棉花、谷子等需要耗费更多劳动用工；旱作作物由于种植规模小而无法使用机械，对人工依赖高，而打工比较收益高于农业收益且无须承担较高风险，为最大化家庭收入，农户愿意将更大比例土地用于种植小麦和玉米。

表10-12 农户改灌溉农业为旱作农业意愿土地分配决策联立方程模型估计结果

	(1) 3SLS	(2) 3SLS ~ r	(3) OLS	(4) 2SLS
fallowarea				
age	−0.0329** (0.0152)	−0.0329** (0.0151)	−0.0332** (0.0157)	−0.0332** (0.0157)
agesqua	0.0003** (0.0001)	0.0003** (0.0001)	0.0003** (0.0001)	0.0003** (0.0001)
offfarm	0.0569 (0.0388)	0.0575 (0.0386)	0.0505 (0.0406)	0.0505 (0.0406)
foodsave	−0.0614* (0.0346)	−0.0607* (0.0344)	−0.0683* (0.0359)	−0.0683* (0.0359)
waterscs	−0.0125 (0.0251)	−0.0124 (0.0250)	−0.0131 (0.0255)	−0.0131 (0.0255)
laborscs	0.1224*** (0.0364)	0.1225*** (0.0364)	0.1215*** (0.0369)	0.1216*** (0.0369)
distlift	−0.0005 (0.0004)	−0.0005 (0.0004)	−0.0005 (0.0004)	−0.0005 (0.0004)
groundwater	−0.0192 (0.0415)	−0.0201 (0.0413)	−0.0113 (0.0434)	−0.0113 (0.0434)
fallowpayment	−0.0001 (0.0001)	−0.0001 (0.0001)	−0.0001 (0.0001)	−0.0001 (0.0001)

续表

	（1） 3SLS	（2） 3SLS ~ r	（3） OLS	（4） 2SLS
constant	1.6403*** （0.4286）	1.6389*** （0.4270）	1.6521*** （0.4433）	1.6521*** （0.4433）
dryfarmingarea				
age	0.0022 （0.0016）	0.0022 （0.0016）	0.0019 （0.0015）	0.0023 （0.0016）
waterscs	−0.0151 （0.0225）	−0.0154 （0.0226）	−0.0167 （0.02118）	−0.0127 （0.0231）
laborscs	−0.0844* （0.0440）	−0.0846* （0.0442）	−0.0555* （0.0306）	−0.0826* （0.0450）
plots	−0.0233*** （0.0089）	−0.0237*** （0.0089）	−0.0238*** （0.0075）	−0.0193** （0.0094）
fallowpayment	0.0002* （0.0001）	0.0002* （0.0001）	0.0002* （0.0001）	0.0002* （0.0001）
fallowarea	0.4377* （0.2635）	0.4386* （0.2648）	0.2028*** （0.0448）	0.4286 （0.2691）
energycost	0.0006** （0.0002）	0.0006** （0.0002）	0.0005*** （0.0002）	0.0006** （0.0002）
irritimeswc	−0.0179 （0.0165）	−0.0173 （0.0165）	−0.0166 （0.0137）	−0.0248 （0.0171）
voldryarea	0.0209** （0.0098）	0.0206** （0.0098）	0.0208** （0.0098）	0.0233** （0.0103）
cotton	0.3530*** （0.0347）	0.3524*** （0.0347）	0.3504*** （0.0340）	0.3589*** （0.0366）
helianthus	0.1956*** （0.0452）	0.1941*** （0.0452）	0.1939*** （0.0418）	0.2106*** （0.0475）
millet	0.2112*** （0.0413）	0.2104*** （0.0413）	0.2095*** （0.0404）	0.2196*** （0.0436）
peanut	0.1929*** （0.0624）	0.1952*** （0.0624）	0.1908*** （0.0585）	0.1696*** （0.0656）
constant	−0.2890 （0.2615）	−0.2884 （0.2626）	−0.1010 （0.1350）	−0.2957 （0.2680）
样本量	349	349	349	349
R^2	0.319	0.318	0.372	0.325
第一阶段第一个方程F值	2.79***	2.79***	—	2.79***
第一阶段第二个方程F值	10.12***	10.12***	—	10.12***

注：括号内数值为标准误。*、**、***分别代表10%、5%和1%的显著性。

地块数对农户改灌溉农业为旱作农业意愿土地分配决策在1%统计水平存在显著负向影响。总样本中愿意将部分土地改为旱作的农户数为201户，占比57.6%，由于土地较为细碎，为最大化家庭农业收入，农户选择用于种植旱作作物的地块。地块数越多，则单块地面积可能越小，由于旱作作物较费工且面临的价格不确定性和产量不确定性风险更高，农户愿意将较大面积的地块用于种植小麦、玉米，而将面积较小、灌溉条件较差、土壤保墒能力较差、产量较低的地块用于种植旱作作物，这样每一块土地都能得到最充分的利用。

冬小麦休耕农户意愿补偿额和意愿休耕面积比例变量对农户改灌溉农业为旱作农业意愿土地分配决策均在10%统计水平存在显著正向影响。冬小麦休耕与发展旱作农业存在联系，冬小麦是华北平原主要耗水作物，且旱作作物主要种植一季，因此改灌溉农业为旱作农业即是在休耕冬小麦基础上再种植旱作作物，冬小麦休耕制度影响农户旱作作物种植决策。冬小麦休耕农户意愿补偿额反映了农户休耕损失，休耕损失既包括小麦亩均纯收益、休耕土地管理成本等直接损失，也包括粮价波动导致的生活成本上升、收入降低等间接损失及土地流转收益等机会成本，若休耕补偿额可以弥补农户损失，即保证农户收益不降低，则农户愿意将更大比例土地用于冬小麦休耕，且农户是在冬小麦休耕基础上改种旱作作物，因此农户意愿冬小麦休耕面积比率越高则农户发展旱作农业意愿面积比例也越高。需注意的是，变量冬小麦休耕农户意愿补偿额系数虽然存在统计显著性，但该系数估计值仅为0.0002，因此不具有经济显著性，即冬小麦休耕农户意愿补偿额的变化对被解释变量——农户发展旱作作物意愿土地面积比率的影响不大，尽管这种影响的幅度被估计得很精确。

灌溉能源成本变量对农户改灌溉农业为旱作农业意愿土地分配决策在5%统计水平存在显著正向影响，但该系数估计值仅为0.0006，因此不具有经济显著性；小麦-玉米轮作灌溉次数变量对农户改灌溉农业为旱作农业意愿土地分配决策影响不显著。冬小麦是华北平原主要耗水作物，其灌溉时节主要集中于每年3—5月，而该期间降雨较少，其生育期需水量主要依靠地下水灌溉；随着地下水位下降农户抽水灌溉能源成本上升，使得农业收益空间被进一步压低，由水资源稀缺导致的上升的灌溉成本，促使农户改灌溉农业为旱作农业意愿增强。小麦-玉米轮作灌溉次数影响不显著，可能是由于在灌溉情况中灌溉能源成本是更重要的影响因素。灌溉能源成本由每亩每水用电量、灌溉电单价、灌溉次数共同决定。灌溉次数反映出降雨情况，在华北平原具有同质性；而每亩每水用电量可以反映机井提水距离，间接反映出水资源稀缺程度，从而表现出地区差异性。

变量主动种植旱作作物面积对农户改灌溉农业为旱作农业意愿土地分配决策在5%统计水平存在显著正向影响。农户主动改灌溉农业为旱作农业是在水资源约束、旱作作物相对小麦-玉米收益提高等现实背景下做出的适应性调整，主动改为旱作农业的农户也是受水资源约束最强的群体，因此农户主动改为旱作的面积越大其意愿种植面积比率也越高。

相对于"不知道何种旱作作物具有发展潜力"或"认为旱作作物均无发展潜力"的农户，若农户能判断出棉花、油葵、谷子、花生中的一种或多种旱作作物具有发展前景，则能显著提高农户种植旱作作物意愿土地面积比率，具有发展潜力的四种旱作作物棉花、油葵、谷子、花生均在1%统计水平存在显著正向影响。农户通过较严谨的投入产出比较、耗水比较，从而判断出具有发展潜力的旱作作物，能给出具有发展潜力的旱作作物种类的农户相对而言更了解种植旱作作物的成本、投入，与小麦-玉米轮作用工比较，耗水状况等，在补偿合理的情况下，其发展意愿更高。

第九节　本章小结

本章基于对349个农户的实际调查数据和条件参与调查假设数据研究华北平原农户改灌溉农业为旱作农业前景。实际数据显示，在349个农户总样本中，主动种植旱作作物的农户数为100户，其中23户位于任县，77户位于故城县；农户主动种植的旱作作物主要为棉花、油葵、谷子和花生，其中，主动种植棉花的农户数为61户，且有60户位于故城县；农户主动改灌溉农业为旱作农业的最主要原因是水资源稀缺导致灌溉困难，其次是当前小麦、玉米价格较低和灌溉能源成本提高使得旱作作物相对收益高，最后农户种植旱作作物主要为满足家庭消费需要；农户发展旱作作物的障碍主要为旱作作物出工较多、销售困难、价格低和价格不稳定、产量低和产量不稳定等方面；农户认为最具发展潜力的旱作作物为棉花、油葵、谷子和花生。通过使用条件参与调查假设数据研究农户改灌溉农业为旱作农业意愿补偿标准和意愿土地分配决策；农户改灌溉农业为旱作农业意愿补偿方案所包括的补偿类别主要为与小麦-玉米轮作相比较的收益损失、用工损失、因放弃种植主粮作物导致生活成本上升的生活补助、小麦休耕补偿；农户改灌溉农业为旱作农业意愿补偿方案主要为"与小麦-玉米轮作相比较的收益损失+用工损失""与小麦-玉米轮作相比较的收益损失""冬小麦休耕补偿"及"与小麦-玉米轮作相比较的收益损失+用工损失+因放弃种植主粮作物导致生活成本上升的生活补助"；由于种植旱作作物较为费工，农户愿意不改种旱作或将部分土地改种旱作；为兼顾保证家庭消费小麦口粮、食用油和杂粮，农户愿意将部分土地改种旱作；

为规避因旱作作物价格波动、产量不稳定及销售困难导致的风险，农户更愿意不改种旱作或将部分土地改为旱作。

对农户改灌溉农业为旱作农业建立联立方程模型，并采用三阶段最小二乘法进行估计，研究结果显示：农业生产季家庭存在劳动资源稀缺、地块数越多，则农户发展旱作作物意愿土地面积比率越低；冬小麦休耕农户意愿补偿额越高、农户意愿冬小麦休耕面积比率越大、灌溉能源成本越高、农户主动种植旱作作物面积越大、农户能判断出具有发展潜力的旱作作物，则农户发展旱作作物意愿土地面积比率越高。

当前地下水位下降导致的水资源约束，多年单一种植模式导致的地力耗竭，小麦、玉米市场价格持续走低及灌溉能源成本上升，使得农户在资源和市场双重压力下具有改灌溉农业为旱作农业意愿；但旱作作物价格波动、产量波动及市场销售风险成为农户发展旱作农业的最主要障碍。由于多数旱作作物全年仅种植一季，即在冬小麦休耕基础上改种旱作作物，因此可以考虑将冬小麦休耕制度与改灌溉农业为旱作农业制度实现对接，在冬小麦休耕地上种植旱作作物不仅可以减少地下水灌溉，还可以促进农业结构调整。出于粮食安全考虑，冬小麦休耕制度以轮流休耕、部分休耕、中短期休耕为主，因此在冬小麦休耕基础上发展旱作农业也不会对粮食安全造成较大冲击。第九章提出可以以村为单位按方田规划轮流进行冬小麦休耕，且休耕期可以根据水资源稀缺程度选择短期或中期休耕，因此在冬小麦休耕方田，农户可以通过协商、合作统一发展旱作作物，通过集体行动达到适度规模化发展旱作农业，这样有利于采用旱作作物农业机械；此外，为降低农户发展旱作农业面临的价格波动和因自然灾害导致的产量波动风险，可以在华北平原探索发展针对旱作作物的目标价格制和自然灾害保险，通过价格支持机制和产量支持机制推动华北平原旱作农业发展。

|第十一章|

灌溉用地下水资源定价

第一节　引　言

　　当资源供给有限时，资源使用者不会考虑当前使用对未来资源可获得性以及对其他使用者成本的影响。华北平原地下水过度开采导致的地下水位下降与水资源稀缺是制约农业可持续发展的关键因素，对灌溉用地下水资源定价以反映资源稀缺性和真实价值是治理华北平原地下水超采和实现农业可持续发展的关键环节。华北平原农户支付的灌溉水费一般仅包括灌溉能源成本，如电、柴油（Huang et al，2007）；由于没有对灌溉用地下水资源收取水费，水资源是无偿使用，资源价格被严重低估而无法反映资源稀缺性，因而农户缺乏激励采取节水技术与模式，导致地下水过度开采。由前面章节研究可知：高效节水灌溉技术农户认可度低，高效节水灌溉技术运行及维护农户集体行动困难，节水抗旱小麦品种技术选择下农户未减少灌溉次数，农户发展旱作农业意愿低；农户现实行为表明：好的节水技术没有充分发挥节水效果，因为水资源价格没有反映其真实价值，农户没有激励节水，而只有激励省工和增产，因此，要使节水技术与模式充分发挥节水效果需要对灌溉用地下水资源定价。但是，对灌溉用地下水资源定价主要存在以下三方面困难：第一，农村缺乏灌溉用水量计量设施，且设施安装成本及后期执行成本高昂；第二，农业比较收益低，在农业生产成本趋高的现实形势下再对灌溉用水资源收费会加重农民种粮负担，进一步压低农业收益空间，尤其对生存性农民收入造成严重影响；第三，较高的灌溉成本会降低作物生产，尤其是谷物，从而可能对粮食安全构成威胁。本章研究目的是要探索一种定价机制，既能保证农民合理灌溉用水，又能对水资源定取一个合理价格，在反映资源稀缺性、激励农民节水行为的同时可保证农民种粮积极性与基本收益，即在水资源分配中兼顾效率与公平原则。

本章拟回答以下六方面问题：第一，调查区域灌溉水资源定价现状如何？第二，什么是适应于样本区域且兼顾公平与效率标准的灌溉用地下水定价方案？第三，为既促进农民节约用水又能保证农民合理灌溉需求，无须加价的灌溉用电量配额与灌溉机井提水距离之间表现出怎样的分布特征？第四，基于条件调查法的双边界离散选择超额用电电费加价农户接受意愿表现出怎样的特征？有哪些因素影响农户对超额用电电费加价的接受意愿？第五，农户接受的超额灌溉用电电费加价比与灌溉机井提水距离之间表现出何分布特征？第六，所设计的配额制超额用电定价方案能否促进农户灌溉节水行为？该定价方案会对农民收入和农业生产造成何影响？

第二节　文献综述

一、水资源定价方法

经济效率是稀缺资源分配的标准，在不存在执行成本的情况下，通过令水价等于边际成本可以实现福利最大化，但现实情况是，边际成本定价因监督、计量、收集费用等活动而导致执行成本高昂，因此现实中存在多种定价方法。

体积定价存在直接计量和间接计量两种方法。若存在计量设施，可直接读取灌溉用水量；若不存在计量设施，可采取间接计量方法，即若水流稳定，可用水流持续时间代替体积定价。体积定价还可采取阶梯定价和两部定价方式。阶梯定价为多费率的体积定价方法，随着灌溉水量超过某门槛值，水资源费率发生变化；两部定价先收取一个固定准入费用，再对灌溉水体积采取边际成本定价。体积定价的问题是：因日常维护和定期读取数据导致执行成本相对较高。

由于体积定价在多数情况下不可行，实践中多采取非体积定价方法。非体积定价主要包括按产出定价、按投入定价及按面积定价三种方法。按产出定价指对每单位产出收取一个水价，此方法需要知道用水者的产量，但可避免测量用水量，在产量可观测情况下该定价方法可节约交易成本；但现实情况是，对产出的计量与对用水量的计量一样困难，与水资源-产量反应函数相关的参数，对灌溉者是已知的，但对水资源规制者而言是未知的，因此无法从对产出的观测直接推演出水投入。按投入定价指通过对投入品征税以对水资源消费收费，例如对购买的肥料收费；投入税需在种植季节开始时进行评估，因此在短期内对于改善水质缺乏灵活性。按面积定价指对每单位灌溉面积计收水费，水费通常取决于作物选择、作物灌溉程度、灌溉技术与灌溉季节等；井灌费率一般要高于地表水情形；该方法的优点是易于执行和管理，无须计量设施，只需要与作物相关的土地数据或仅需土地面积数据，且能促进更密集、更精细地耕种土地，因此该方法被广泛应用。

通常认为市场可以提供一种方法以按照真实价值分配水资源。水市场包括非正式市场和正式市场，通常两者同时存在。当水资源表现出稀缺性且政府无法对快速变化的需求做出反应时就产生了非正式水市场；当存在可以进行买和卖的水权时就产生了正式的水市场。在一个典型的水市场中，每位灌溉者被赋予一个水资源禀赋，并可以自由买卖；水资源禀赋分配基于历史或法定权利，且禀赋大小随水资源可获得性在年际间发生变化。为使水市场运行良好，需满足以下条件：定义良好的水权结构；清晰全面的水权交易规则；存在一个仲裁实体监督交易活动并解决纠纷。既然转向水市场可以获得效益，为何水市场没有广泛出现？David等（1997）给出的解释是：第一，存在监督和交易成本；第二，基于政治经济学解释是，引入市场后水资源销售所得归水管理部门，而非当地农民，因此水权持有者会反对该项改革。

二、水资源定价理论

Robert（2000）对水资源定价理论做出了系统总结。有效的水资源分配应最大化总的净收益。当不存在税收或其他扭曲约束时，最大化总的净收益的分配成为最优分配或帕累托有效的分配（first-best or Pareto efficient）；当最大化问题存在信息、制度、政治等方面约束时，水资源分配为次优分配（second-best efficient）。水资源定价理论包括偏均衡分析（partial equilibrium analysis）和一般均衡分析（general equilibrium analysis）。

偏均衡分析仅关注受政策影响的主体。将水资源价格设置在边际成本和稀缺价值处时可实现最优分配；边际成本主要包括水资源收集成本、维护成本、基础设施成本、抽水成本外部性、社会成本等，边际成本定价的缺点是无法包括所有边际成本且会忽略公平性；在不存在外部性、信息完全、竞争充分、规模收益非增的情况下，水市场可实现最优分配。当存在扭曲约束时，如公共物品、执行成本、不完全信息、外部性、稀缺性等，通过偏均衡分析可实现次优定价。

一般均衡分析还关注其他地区或部门，主要涉及稳态路径、经济效应等，通常被归为宏观层面方法。一般均衡下对最优分配的定义与偏均衡一致，其次优分配主要涉及信用市场不完全性、非对称信息、道德风险、收入风险、寻租等。

三、水资源分配效率

Yacov 等（1997）对不同水资源定价方法的分配效率进行了比较。每种定价方法是否能达到最高社会收益取决于与该方法相关的执行成本。当存在执行成本时，体积定价无法实现最优结果，此情况下体积定价不优于其他定价方法，如产出定价或面积定价。产出定价下的分配为次优分配；当不存在执行成本时，产出定价劣于体积定价，因为产出定价只实现次优分配，而体积定价可实现最优分配；当存在执行成本时，产出定价和体积定价方法均为次优。面积定价要求农民对单位面积土地支付一个固定费用以获得使用灌溉水的权利，单位面积水费是一个固定成本，一旦支付就不再影响有关投入与产出的决策，但它可以影响农户作物选择或使农户转向非灌溉农业，因此会影响水资源总需求；在面积定价下，农户对灌溉水的需求大于边际成本定价情况，所导致的水资源分配是非效率的，但与面积定价相关的执行成本小于体积定价和产出定价情况，因此面积定价会产生较高的社会收益。当水供给与需求表现出阶段差异时阶梯定价较为普遍；当存在过度供给时，将水价设定在边际成本可以实现效率；当存在过度需求时，水价可反映水资源稀缺性并增加一个稀缺租金。在两部收费中，年进入费相当于庇古税，可避免其他税制的扭曲效应，两部定价可实现长期均衡。由于水市场具有以下特征：区域性、市场参与者有限且部分参与者可以影响结果、水供给不确定、外部性等，水市场无法实现最优分配；即使如此，当考虑执行成本时，水市场的次优结果要优于其他定价方法。

较优的定价方法是能产生最高社会收益的方法。当不存在执行成本时，体积定价方法最优；当存在执行成本时，其他定价方法更优。执行成本因气候、人口、社会结构、水权、水利设施条件、历史、一般经济条件等因素而存在区域差异。

水资源定价对收入分配影响非常有限，收入再分配政策不应通过水价政策实施（Yacov，2005；Yacov et al，1999），因为水价在处理农业部门收入不平等时是非效率的，应该将收入分配问题留给其他政策工具。例如农户承担的固定成本比例会影响农户与其他群体的收入分配，但只要不将固定成本按体积定价，就不会影响效率。

四、水资源制度

Robert（2000）从法律制度、水资源管理、水资源政策三方面梳理水制度。

有关水资源法律制度主要包括水法和水权。一个国家水权定义的程度将反映出水资源规制分权化程度以及通过市场定价灌溉水的可行性。水法方面不清晰的定义和不确定性是灌溉系统管理可持续性与效率的限制因素。地下水市场分配的关键是定义良好的、可执行的产权交易系统，该系统的运行要满足以下条件：确定性（如有关数量、质量、位置、使用时间的定义）、可交易性、不存在外部性、市场的需求方与供给方均存在市场竞争。

水资源管理的主要作用是通过降低执行成本和促进有效、公平、可持续的水资源分配以便利灌溉水管理。管理类型主要包括政府制度、水资源供给组织及用水者协会。政府参与水资源分配趋向于分权化，在促进水市场发展方面，政府责任是创造一个支持性的制度环境，政府主要在监管、规制外部性、灌溉的第三方效应等方面起支持作用。根据实践情况用水者协会大致分为两类：亚洲模式和美洲模式。亚洲模式基于社会边界让农民融入更小的组织单元；美洲模式基于水文边界形成专业化的正式灌溉组织。用水者协会可以显著降低水资源定价的执行成本，影响用水者协会有效性的主要因素为产权和灌溉者集体行动的社会基础。用水者协会实际运行中存在的主要问题是：灌溉服务中较低的集体行动水平和随后灌溉基础设施的损毁，导致农民对灌溉系统不满。

水资源定价方法与管理政策按分权化程度可分为高度集中政策、过渡政策和基于市场政策。高度集中政策主要有边际成本定价、配额定价和两部收费。过渡政策主要为阶梯定价，代表国家为以色列。基于市场的政策主要为用水许可与交易、水银行。

五、水资源定价实践

由于存在执行成本，较少有国家采取完全的体积定价方法，其他定价方法表现出更高的社会收益。各国在气候、人口、社会结构、水权、历史、一般经济条件等方面的差异导致执行成本存在区域间差异，因此采取了不同的定价方法。以下简要介绍以色列、土耳其和加利福尼亚州灌溉水定价实践，它们分别代表配额制、面积定价和水市场方法。

由于存在外部性、跨时期性质、少数参与者及各种不确定性，使用市场机制分配水资源存在限制性，因此需要采取某种形式的公共干预和规制，规制可采取设置配额、设置价格或两者结合的形式。以色列国家水务局对提供给农民的用水实施梯度价格制（Dan，1997）：对前50%的配额收取一个低价A；接下来30%的配额水价有所上升，为B；最后20%配额水价最高，为C；超出配额部分要支付一个非常高的价格以作为惩罚。该低价系统通过价格A和B补贴农民，由于以色列水务局供给的水有计量设施，不存在额外的交易成本。单独使用市场机制无法实现非经济目标，该低价系统通过配额制与梯度电价的结合达到公平与效率的目标。该定价系统的另一个优点是：将部分水供给者的租金通过价格A和B转移给农民，且不产生额外交易成本。

土耳其灌溉水不存在体积定价，农民每年以面积为基础支付水费，水费包括两部分：运行和维护成本以及工程资本成本（Erol，1997）。运行和维护成本在水价中占比较大，费用随作物种类和区域而不同，且政府有权调整费用。在工程完成的前十年不允许对农民征收费用，十年后才可征费，费用不随通货膨胀调整且存在区域差异。尽管如此，由于缺乏对不按时付费的惩罚，土耳其灌溉水费收取存在困难，1992年水费收取率仅为33%。随着农民灌溉经验增加，加入运行与维护活动的意愿也增强，这同时促进了灌溉系统产权转移；从1992年开始，土耳其所有地下水工程所有权均无偿转移到灌溉合作社，由灌溉合作社负责收取运行和维护成本。

加利福尼亚州是水资源市场化改革的先导，在1987—1992年干旱期间成立了水银行，允许水资源在用水者之间的转移（Douglas，1997）。较大部分水资源从农业部门转向城市用水者，也有部分实现了农业内部转移。区域间农业用水者之间的转移呈上升趋势，同一个水域内的生产者之间也开始交易水权。加利福尼亚州于1995年成立了世界首个电子水交易市场。通过价格改革加利福尼亚州实现了水资源使用的分权化，从较高的固定费用、较低的体积价格转向较低的固定费用、较高的体积价格的定价体系。加利福尼亚州通过改善水资源价格信号的有效性，希望生产者改变长期用水模式以反映额外水资源供给的高成本。

六、国外灌溉水定价实践对华北平原的启示

综上，世界不同区域根据各自气候、人口、社会结构、历史、水利设施条件、一般经济条件探索与之相适应的灌溉水定价方法。为通过提高灌溉水价达到促进农户节约用水的目的，首先需要知道提高灌溉成本的有效性，即提高水价是否会显著降低用水量。国外经验研究显示，水需求价格弹性很小，基于该结果，许多国家反对采用基于提高水价的政策，理由是：灌溉水需求函数是价格非弹性的，因此价格变化对水需求影响小，反而会恶化农户间收入再分配。Huang等（2007）利用对河北省3个县24个村的调查数据通过建立约束的最大化问题并使用一般最大熵值法（GME）进行估计，所得结论与上述观点相反：3个县大多数作物水需求是有弹性的，提高水价有助于解决水资源稀缺问题。与此同时，Huang等（2007）的研究也指出，水价政策会影响华北农业生产和农村收入。水价政策会促使农户通过强度边际和广度边际两种调整方式影响作物生产：第一，水价上升促使农户降低每种作物单位面积用水量，较低的用水量会减少小麦、玉米、棉花三种主要作物产量；第二，上升的灌溉成本促使农户转向用水密度更低的作物或非灌溉作物，从而降低粮食作物种植面积。提高灌溉水价会降低农村家庭收入，尤其是较贫困家庭，进而影响收入分配，尤其对低收入家庭影响更大。

样本中，绝大部分农户支付的灌溉水费仅包括灌溉能源成本，未对灌溉用水资源

付费；绝大部分农户灌溉用水缺乏计量设施。在349个农户的总样本中，仅对抽水灌溉用电付费、未对灌溉水资源付费的农户为347户；还有2户灌溉水来自地表水塘水，该水塘水系承办人从干渠引水至村水塘中，村民可以付费用于灌溉，水资源费叠加在电价上，水资源费为3元/度，根据水流时间换算后相当于0.3元/方。在349个农户总样本中，没有对灌溉用地下水安装计量设施的农户为324户；目前没有安装但听说政府打算安装的农户数为15户；已经安装了水表但还没有与井相连、未投入使用的农户为10户。可见，样本地区由于缺乏计量设施无法使用直接体积定价；样本地区农户种植作物较为统一，主要为小麦-玉米轮作，在作物需水季节集中连片抽取地下水，随着灌溉时间延续地下水位下降，先灌溉的农户由于地下水位相对较浅抽水时间相对短，而后灌溉的农户由于地下水位下降抽水时间相对更长，因此，水流不稳定导致无法根据水流持续时间采取间接体积定价。面积定价也不可取，因为在面积定价下农户对灌溉水的需求大于边际成本定价情况，所导致的水资源分配是无效的，无法通过面积定价达到节约灌溉用地下水的目的。按产出或投入定价，因信息不对称存在道德风险问题，且执行成本高，因而也不是可取的定价方法。由于没有安装水表，无法确切知道所抽取的灌溉用水量，本研究探索按抽水灌溉电表读数间接对灌溉用地下水收费，为兼顾公平与效率，采取"配额制+加价"的定价方式。

第三节　灌溉用地下水资源定价方案设计

定价方案设计如下：第一步，给每亩用电量分配一个定额，在该配额内的电量仍只按以前电价收取，不加价。提水距离决定用电量，问卷中让农户结合生产实际为无须加价、可保证合理灌溉用水的用电量定配额，农户给出的无须加价的用电配额是基于自家灌溉机井提水距离的考虑，因此用电配额可间接反映提水距离，即询问农户为保证合理灌溉用水无须加价的用电量配额是多少度/水，一年农业生产季共需浇几次水，所得到的即为不影响产量情况下的最低灌溉用电量。第二步，超出上述配额的用电量在原电价基础上增收一个费用，即加价，以反映水资源稀缺性。若加价太低则无法促进农户节水行为，无法实现政策目标；若加价太高则会影响农民收入，甚至影响农业生产正常进行；探索采用条件调查法询问农户对超额灌溉用电可以接受的加价，该加价代表农户在配额外对与以单位用电量相关的水资源约束的支付意愿，该加价也与灌溉机井提水距离有关。对超额用电意愿加价采取双边界离散选择问题设置形式并附以开放式最大加价问题设置，对加价共设置六个投标，经验模型同第七章第二节第二部分。第三步，探索建立水市场，没有用完的配额电量可在农户间交易，交易价格取在0元至加价之间。最后设置题项了解农户对上述定价方案的评价，如能否促进农户节水行为、对农业收入和农业生产的影响等。

该定价系统通过配额用电量保证农户合理灌溉用水，在保证农业生产的同时不对农户农业收入造成过大影响，且配额电量的实施无须产生额外交易成本，可以达到公平与效率的政策目标。

第四节　基于条件调查的农户灌溉用地下水定价特征

一、灌溉机井提水距离与灌溉用电配额

地下水位决定农户抽水灌溉基础用电量，地下水位越深，灌溉提水距离越大，则为保证农户合理灌溉用水需求的用电配额越大，反之亦然。灌溉机井提水距离与用电配额关系如表11-1所示。由表11-1可知，随着灌溉机井提水距离增加，每亩每水电量配额上升，与之对应的每亩电量配额也上升。统计中将灌溉机井提水距离划分为五个区间，当灌溉机井提水距离为大于等于0且小于50米区间时，每亩每水电量配额均值最小，为28度每亩每水，一年所需灌溉次数均值为5.7水，所得到的电量配额为160度每亩；随着灌溉机井提水距离区间范围增大，为保证农户合理灌溉用水的无须加价的每亩每水电量配额均值随之上升，灌溉机井提水距离位于大于等于200米且小于等于270米的农户数最少，为3户，不影响产量情况下每亩每水电量配额均值为96.7度，在5个区间范围内为最大值，灌溉次数均值为6.3水，电量配额为609度每亩。可见，为保证农业生产正常进行，无须加价的每亩每水电量配额与灌溉机井提水距离呈正比关系，而不同提水距离区间的灌溉次数均值相差不大，原因可能是灌溉次数主要由降雨等气候条件决定，而华北平原各地理区域气候差别较小。

表11-1 灌溉机井提水距离与灌溉用电配额

灌溉机井提水距离(m)	样本数 (户)	每亩每水电量配额均值 [度(亩·水)]	灌溉次数均值 (水)	电量配额 (度/亩)
0≤d<50	89	28.0	5.7	160
50≤d<100	147	44.2	5.4	239
100≤d<150	81	71.5	5.4	386
150≤d<200	29	75.0	5.4	405
200≤d≤270	3	96.7	6.3	609

二、灌溉超额用电农户意愿加价

本研究采用双边界离散选择并附以询问开放式最大加价意愿的问题设置以引出农户对灌溉超额用电的加价意愿。双边界离散选择初始投标最小值设置为0.1元/度，即对超额部分用电在原电价基础上每度电加价0.1元；最大值设置为1.1元/度，即对超额用电在原电价基础上每度电加价1.1元；梯度为0.2，即共设置0.1、0.3、0.5、0.7、0.9、1.1六个初始投标，受访农户被随机分配一个初始投标，并询问其是否愿意支付这一加价以获得额外一单位灌溉用电。有关投标的设置和受访者对双边界问题的回答情况如表11-2所示。假设农户接受了随机分配的初始投标0.1元/度，即对灌溉超额用电在原电价基础上加价0.1元/度，则其被继续询问是否愿意接受更高的0.3元/度的加价；如果受访农户拒绝了0.1元/度的加价投标，则其被继续询问是否愿意接受更低的0.05元/度的加价。其他有关加价的初始投标询问方式依此类推。表11-2中有关加价的每一个初始投标都对应两种可能的回答情况，每一种回答情况用行来表示。其中，第一行对应拒绝加价初始投标的情况，第二行对应接受加价初始投标的情况。以0.1元/度加价投标为例，共有60位受访者被随机询问了这一加价投标，其中48.3%拒绝了该加价投标，51.7%接受了该加价投标；在48.3%拒绝该初始加价投标的回答者中，有27.6%的回答者接受了第二阶段更低的0.05元/度的加价，72.4%的回答者拒绝了这一更低的0.05元/度的加价。其他初始加价投标回答情况依此类推。由表11-2可知，随着初始加价投标值增加，农户对初始加价投标的接受比例逐渐下降；在六个初始加价中，仅0.1元/度加价的接受比例大于拒绝比例，而农户对1.1元/度加价的接受比例仅为5%。在第二阶段投标中，农户仅对0.1元/度加价的接受比例大于拒绝比例；农户对0.7元/度加价和0.9元/度加价的接受比例均为0。

表11-2　双边界离散选择灌溉超额用电农户意愿加价回答情况

投标设置(元/度)		第一阶段(%)		第二阶段(%)		合计(户)
第一阶段	第二阶段	接受比例	拒绝比例	接受比例	拒绝比例	
0.1	0.05	—	48.3	27.6	72.4	29
0.1	0.3	51.7	—	9.7	90.3	31
0.3	0.1	78.3		53.2	46.8	47
0.3	0.5	21.7	—	23.1	76.9	13
0.5	0.3		80.0	10.4	89.6	48
0.5	0.7	20.0	—	0	100	12
0.7	0.5	—	88.3	3.8	96.2	53
0.7	0.9	11.7	—	14.3	85.7	7
0.9	0.7	—	89.8	4.5	95.5	44
0.9	1.1	10.2	—	20	80	5
1.1	0.9	—	95.0	0	100	57
1.1	1.3	5.0	—	33.3	66.7	3

第五节　农户对灌溉超额用电加价支付意愿计量分析

一、经验模型

本研究采用双边界离散选择形式并附以开放式最大加价意愿的问题设置（Double-bounded Dichotomous Elicitation Format with an Open-ended Follow-up Question）。以下有关技术引出方式与模型设定参考Michael 等（1991）及 Alebel （2009）的研究成果。在双边界调查中，农户被要求依次对两个加价投标进行回答，第二个加价投标值的大小取决于农户对第一个加价投标的回答。如果农户意愿接受第一个加价（B_i），则继续询问其是否愿意支付一个更高的加价（$B_i^u > B_i$）；如果农户拒绝支付第一个加价投标，则继续询问其是否愿意接受一个更低的加价（$B_i^d < B_i$）。因此，农户对超出配额部分用电加价支付意愿的回答有以下四种情况：（a）两次接受（yes，yes）；（b）两次拒绝（no，no）；（c）第一次接受，第二次拒绝（yes，no）；（d）第一次拒绝，第二次接受（no，yes）。该四种情形出现的概率分别用 π^{yy}、π^{nn}、π^{yn}、π^{ny} 表示。

在第一种情形中有 $B_i^u > B_i$，因此有式（1）：

$$
\begin{aligned}
\pi^{yy}(B_i, B_i^u) &= \Pr(B_i \leqslant \max WTP, B_i^u \leqslant \max WTP) \\
&= \Pr(B_i \leqslant \max WTP \mid B_i^u \leqslant \max WTP) \cdot \Pr(B_i^u \leqslant \max WTP) \\
&= \Pr(B_i^u \leqslant \max WTP) \\
&= \Pr(B_i^u \leqslant X'_i\beta + \varepsilon_i) \\
&= \Pr(\varepsilon_i \geqslant -X'_i\beta + B_i^u) \\
&= 1 - G(B_i^u; \beta)
\end{aligned}
\tag{1}
$$

其中，WTP 为农户对超出配额的灌溉用电加价的支付意愿；X' 为影响农户对超额灌溉用电加价支付意愿的因素；$G(B_i^u; \beta)$ 为累积概率分布，参数为 β。同理可得以下式（2）、式（3）、式（4）：

$$
\begin{aligned}
\pi^{nn}(B_i, B_i^d) &= \Pr(B_i > \max WTP, B_i^d > \max WTP) \\
&= \Pr(B_i > \max WTP \mid B_i^d > \max WTP) \cdot \Pr(B_i^d > \max WTP) \\
&= G(B_i^d; \beta)
\end{aligned}
\tag{2}
$$

$$
\begin{aligned}
\pi^{yn}(B_i, B_i^u) &= \Pr(B_i \leqslant \max WTP < B_i^u) \\
&= G(B_i^u; \beta) - G(B_i; \beta)
\end{aligned}
\tag{3}
$$

$$
\begin{aligned}
\pi^{ny}(B_i, B_i^d) &= \Pr(B_i > \max WTP \geqslant B_i^d) \\
&= G(B_i; \beta) - G(B_i^d; \beta)
\end{aligned}
\tag{4}
$$

该双边界离散选择的对数似然函数可表示为式（5）：

$$
\ln L(\beta) = \sum_{i=1}^{N} \left\{ \begin{array}{l} d_i^{yy}\ln\pi^{yy}(B_i, B_i^u) + d_i^{nn}\ln\pi^{nn}(B_i, B_i^d) + \\ d_i^{yn}\ln\pi^{yn}(B_i, B_i^u) + d_i^{ny}\ln\pi^{ny}(B_i, B_i^d) \end{array} \right\}
\tag{5}
$$

其中，d_i^* 为虚拟变量，当第 i 个农户的回答为（yes，yes）时，$d_i^{yy} = 1$，$d_i^{nn} = d_i^{yn} = d_i^{ny} = 0$；同理可得到对虚拟变量 d_i^{nn}、d_i^{yn}、d_i^{ny} 的定义。参数 β 的极大似然估计量可通过一阶条件得到：$\frac{\partial \ln(\hat{\beta})}{\partial \beta} = 0$。由于对两个投标回答的误差项具有相关性，可以用双变量 Probit 模型对该双边界响应建模。

二、变量选取

根据实际调研情况将农户对超出配额部分灌溉用电加价的支付意愿影响因素归为五类：经济特征、灌溉特征、水资源稀缺性、农户对配额制定价方案评价、电量配额。

将反映经济特征的变量设置为最主要农业劳动力兼业情况变量。家庭最主要农业劳动力兼业的农户其家庭收入来源更多元化，对超出配额的灌溉用电加价的支付能力更强，因而更容易接受所给出的加价投标。预期最主要农业劳动力兼业的农户对超额灌溉用电加价接受意愿更强。

反映灌溉特征的变量包括灌溉井深、灌溉电单价、小麦−玉米轮作灌溉次数三个变量。灌溉井深可以反映地下水资源稀缺性和抽水灌溉能源成本：灌溉井越深，则地下水位越深，地下水位下降越严重，农户灌溉更困难，抽水灌溉能源成本越高；灌溉井深对农户对超额灌溉用电加价的支付意愿影响方向不确定：一方面灌溉井越深则地下水资源稀缺性越严峻，为缓解地下水位下降，农户越愿意接受所给出的超额灌溉用电加价；另一方面，灌溉井越深则农户灌溉能源成本越高，在较高的灌溉能源成本基础上农户对超额灌溉用电加价的承受能力越弱，因而越倾向于拒绝所给出的加价投标。当前灌溉电单价决定农户对超额用电加价的支付能力；农户所面临的灌溉电单价存在差异：调查区域国家电网农业用电单价为0.5～0.6元/度，在此基础上还需加收电工服务费、机井管理者服务费等，若农户未入股打井，成本还需在电费中加收租用井的费用，因此，农户最终支付的灌溉电单价在1.0元左右，目前的灌溉电单价越高，则在电价基础上加收水资源费的空间越小，因为农户承受能力越弱；预期灌溉电单价越高则农户对超额灌溉用电加价支付意愿越弱。小麦-玉米轮作灌溉次数可以决定灌溉能源成本；小麦-玉米轮作灌溉次数越多则由超额灌溉用电加价导致的能源成本上升幅度越大，从而导致农业收益空间越窄；预期小麦-玉米轮作灌溉次数越多则农户对超额灌溉用电加价支付意愿越低。

反映水资源稀缺性的变量为灌溉用水短缺程度，灌溉用水短缺程度变量对农户加价支付意愿影响方向不确定：一方面，灌溉用水短缺程度越严重，则为节约地下水资源农户更愿意接受所给出的超额灌溉用电加价，此种情况下灌溉用水短缺程度变量对农户加价支付意愿影响为负；另一方面，灌溉用水越短缺则反映出地下水位下降越严重，所导致的农户灌溉能源成本越高，农户对超额灌溉用电加价的支付意愿越低，此情况下灌溉用水短缺程度变量对农户加价支付意愿影响为正。

农户对配额制定价方案评价包括两个变量：配额制定价方案对农户节水行为影响和配额制定价方案对农业收入影响。其中，配额制定价方案对农户节水行为影响变量定义为：促进节水行为等于1，否则等于0；配额制定价方案对农业收入影响变量定义为：严重负面影响等于1，有一定风险但可承受等于2，几乎无影响等于3。若农户认为配额制定价方案可以达到节约灌溉用地下水目的，则农户越倾向于接受超额灌溉用电加价。对灌溉用地下水资源加价可能会对农户农业收入带来负面影响，且对农业收入负面影响越大则农户对超额灌溉用电加价接受意愿越低，预期配额制定价方案对农业收入影响变量对农户超额灌溉用电加价支付意愿影响为正。

反映电量配额的变量为每亩电量配额，该变量定义为每亩每水电量配额乘以灌溉次数。在配额以内的电量仍按以前灌溉电单价收费，不加价；超过配额的用电部分需在原电价基础上加收一个加价以反映水资源稀缺性；配额大小可以反映灌溉机井提水距离，若农户所面临的灌溉机井提水距离越大则其给出的无须加价的电量配额也越大，由于电量配额保证了公平性，可以防止电价上升对农户收入的严重负面影响，因此每亩电量配额越大则农户对超额灌溉用电加价接受度越高。

表11-3给出了影响农户对超额灌溉用电加价支付意愿的变量描述性统计信息。

表11-3　农户对超额灌溉用电加价支付意愿变量描述性统计

变量	变量定义	均值	标准差	最小值	最大值	影响方向
经济特征						
最主要农业劳动力兼业情况	兼业=1;否则=0	0.34	0.47	0	1	+
灌溉特征						
灌溉井深	实际值(米)	167.23	133.95	0	600	?
灌溉电单价	实际值(元/度)	0.93	0.49	0	5	-
小麦-玉米轮作灌溉次数	实际值	4.74	1.09	0	8	-
水资源稀缺性						
灌溉用水短缺程度	严重短缺=1;一般短缺=2;不存在短缺=3	1.92	0.80	1	3	?
农户对配额制定价方案评价						
配额制定价方案对农户节水行为影响	促进节水行为=1;否则=0	0.53	0.50	0	1	+
配额制定价方案对农户收入影响	严重负面影响=1;有一定风险但可承受=2;几乎无影响=3	2.13	0.60	1	3	+
电量配额						
每亩电量配额	每亩每水电量配额×灌溉次数(度/亩)	271.12	140.10	60	800	+

三、计量模型估计结果与分析

为比较单边界离散选择与双边界离散选择的统计效率，本章估计了两个计量模型：利用对初始加价投标的单边界离散选择响应建立Probit模型；利用双边界问题的响应建立双变量Probit模型。利用Stata12.0统计软件估计回归模型。有关农户对超额灌溉用电加价支付意愿影响因素的回归结果与平均边际效应如表11-4所示。由表11-4可知，单边界离散选择模型估计结果与双边界离散选择模型第一阶段估计结果较为接近，但双边界模型比单边界模型具有更高的 $Wald\chi^2$ 统计量和 Log Pseudolikelihood 值；且 Athrho 值为-0.2116，对原假设"$H_0:\rho = 0$"的沃尔德检验显示，P 值为0.06，可在10%水平拒绝有关两个加价投标方程扰动项不存在相关性的原假设，使用双变量Probit模型比两个单独的Probit模型更具效率。因此，本研究采用双边界离散选择引出技术更具统计效率。下文主要对双变量Probit模型结果进行分析。

表11-4　农户对超额灌溉用电加价支付意愿影响因素回归结果及平均边际效应

变量	单边界离散选择（Probit模型）		双边界离散选择（Bivariate Probit模型）			
	系数	边际效应	第一阶段系数	边际效应	第二阶段系数	边际效应
最主要农业劳动力兼业情况	0.3933**（2.36）	0.0987	0.3840**（2.31）	0.0964	-0.3522*（-1.81）	-0.0750
灌溉井深	0.0017**（1.96）	0.0004	0.0016*（1.92）	0.0003	0.0006（0.68）	0.0001
灌溉电单价	0.1035（0.65）	0.0260	0.1115（0.77）	0.0280	0.0264（0.15）	0.0056
小麦-玉米轮作灌溉次数	0.0486（0.66）	0.0122	0.0452（0.62）	0.0113	0.0254（0.30）	0.0054
灌溉用水短缺程度	0.2332**（2.06）	0.0585	0.2296**（2.03）	0.0576	-0.0775（-0.62）	-0.0165
配额制定价方案对农户节水行为影响	0.1453（0.88）	0.0365	0.1551（0.94）	0.0389	0.2169（1.25）	0.0462
配额制定价方案对农户收入影响	0.5991***（4.36）	0.1503	0.5972***（4.38）	0.1499	0.5681***（3.93）	0.1210
每亩电量配额	-0.0012（-1.48）	-0.0003	-0.0012（-1.46）	-0.0003	-0.0008（-0.89）	-0.0002
常数项	-3.1450***（-5.21）	—	-3.1289***（-5.21）	—	-2.2281***（-3.34）	—
Athrho	—		-0.2116*（-1.88）			
Log pseudo likelihood	-157.4101		-291.067			
Waldχ^2	40.00		61.30			
观测量	349					

最主要农业劳动力兼业情况变量对两个加价投标均存在显著影响但，影响方向不同。最主要农业劳动力兼业的农户会显著提高对第一个加价投标的接受意愿，但会显著降低对第二个加价投标的接受意愿。最主要农业劳动力兼业的农户其收入来源更加多样化，对水资源收费的经济承受能力更强，因而更易接受对超额灌溉用电加价的第一个投标，若继续增加第一个加价投标，则与单位用电量相当的水资源约束的边际收益要小于边际成本，因而会降低对第二阶段加价投标的接受意愿。

在反映灌溉特征的变量中，变量灌溉井深对第一阶段加价投标接受意愿存在显著正向影响，而变量灌溉电单价、小麦-玉米轮作灌溉次数影响不显著。灌溉次数与气候因素有关，调研区域农户间差异小，因而不是影响农户对加价接受意愿的主要因素。在决定农户灌溉能源成本的因素中，灌溉井深是最重要的决定因素，由表11-3可知，灌溉井深变量标准差为133.95，说明区域间、村庄间甚至农户间灌溉井深差异大，由此导致的抽水灌溉能源成本差异大。结果显示，灌溉井深影响为正，原因可能是灌溉井越深则地下水资源稀缺性越严峻，为节约灌溉用水以缓解水位下降，农户越愿意接受所给出的超额灌溉用电加价。

灌溉用水短缺程度变量对农户超额灌溉用电加价支付意愿存在显著负向影响，即灌溉用水短缺程度越严重则农户对超额灌溉用电加价承受能力越低。灌溉用水越短缺则反映出地下水位下降越严重，灌溉机井提水距离也越大，农户灌溉能源成本支出也越大，农业收益空间有限，因而农户对超额灌溉用电加价承受能力弱，因为这会进一步挤压已经有限的农业收益空间。因此，灌溉用水越短缺对超额灌溉用电进行加价的空间越小。

反映农户对配额制定价方案评价的两个变量中，配额制定价方案对农户节水行为影响变量对农户超额灌溉用电加价支付意愿影响不显著；配额制定价方案对农户收入影响变量对农户超额灌溉用电加价支付意愿存在显著正向影响。对水资源收费可能给农户农业收入带来影响，从而影响农户对加价的接受意愿；配额制定价方案对农户农业收入负面影响越大，则农户对超额灌溉用电加价支付意愿越低。

四、超额灌溉用电加价百分比与提水距离分布特征

由开放式最大加价意愿问题设置可以得到农户对超额灌溉用电最大加价意愿，将该最大加价意愿除以当前灌溉电单价得到加价百分比，该加价百分比与灌溉机井提水距离之间分布特征如表11-5所示。

表11-5 加价百分比与灌溉机井提水距离

灌溉机井提水距离（米）	加价百分比均值（%）
$0 \leqslant d < 50$	12.26
$50 \leqslant d < 100$	29.99
$100 \leqslant d < 150$	17.79
$150 \leqslant d < 200$	15.66
$200 \leqslant d \leqslant 270$	3.33

将灌溉机井提水距离划分为五个区间，并分别计算每一个提水距离区间的平均加价百分比。由表11-5可知，灌溉机井提水距离位于大于等于50且小于100米范围内的农户对超额灌溉用电加价百分比均值最大，为29.99%，即在原灌溉电价基础上对超额灌溉用电每度电加收29.99%的费用；灌溉机井提水距离位于大于等于200且小于等于270米区间的农户对超额灌溉用电加价百分比均值最小，为3.33%；当灌溉机井提水距离大于100米以后，随提水距离区间值上升农户对超额灌溉用电加价百分比均值下降，说明面临灌溉机井提水距离越大的农户对超额用电加价的承受能力越弱，因此在利用灌溉用电间接对灌溉用地下水资源定价时，可以按照灌溉机井提水距离分别制定无须加价的电量配额和加价百分比，以考虑面对不同地下水位的农户对水资源收费的承受能力。

五、农户对配额制定价方案评价

对灌溉用地下水资源定价的目的是在促进农户节水行为的同时保证农业生产正常进行，且不对农业收入带来负面影响。349个农户的总样本中，53.2%的农户认为以上"配额制+加价"的地下水定价方案可以促进农户节水行为。就以上配额制定价方案对农户农业收入影响看，12.3%的农户认为该定价方案会对农业收入造成严重负面影响；62.8%的农户认为该定价方案会对农业收入带来一定风险但可承受；24.9%的农户认为该定价方案对农业收入几乎无影响。样本中95.1%的农户认为该定价方案能保证农业生产正常进行。综上可得，较大部分农户认为该"配额制+加价"定价方案能促进农户节水行为，且在保证农业生产正常进行的同时不对农业收入造成过大负面影响。

第六节　本章小结

对灌溉用地下水资源定价是治理华北平原地下水超采和实现农业可持续发展的关键。由于研究区域缺乏灌溉用水量计量设施，且对灌溉用地下水收费会对农民收入尤其是生存农民收入造成影响，探索按抽水灌溉电表读数以间接对灌溉用地下水收费，为兼顾公平与效率，采取"配额制+加价"的定价方式，即按照灌溉机井提水距离为无须加价的灌溉用电量定配额，对于超额灌溉用电量在原灌溉电单价基础上，按灌溉机井提水距离确定电费加价百分比。在此基础上通过采用双边界离散选择并附以询问开放式最大加价意愿的问题设置以引出农户对灌溉超额用电的加价意愿；初始加价投标最小值设置为0.1元/度，即对超额灌溉用电在原电价基础上每度电加收0.1元，初始加价投标最大值设置为1.1元/亩，梯度为0.2，共设置六个初始加价投标；通过对双边界问题响应建立双变量Probit模型以分析农户对超额灌溉用电加价支付意愿影响因素。研究结果表明：第一，灌溉机井提水距离决定灌溉用电配额和农户对超额灌溉用电加价的承受能力。随着灌溉机井提水距离增加，每亩电量配额上升，与之对应的超额灌溉用电加价百分比表现出下降趋势，即灌溉机井提水距离越大，农户对加价承受能力越弱。第二，最主要农业劳动力兼业的农户更能接受所给出的超额灌溉用电加价投标，这可能与兼业农户相对较强的经济承受能力有关。第三，在灌溉特征中，变量灌溉电单价、小麦-玉米轮作灌溉次数影响不显著，变量灌溉井深存在显著正向影响，即随着灌溉井深距离增加农户越能接受所给出的加价投标。第四，灌溉用水短缺程度越严重则农户对超额灌溉用电加价承受能力越低，即越倾向于拒绝所给出的加价投标。第五，在农户对配额制定价方案评价中，配额制定价方案对农户收入影响变量对农户超额灌溉用电加价接受意愿存在显著正向影响，即配额制定价方案对农户农业收入负面影响越大则农户越倾向于拒绝所给出的超额灌溉用电加价投标。第六，较大部分农户认为"配额制+加价"灌溉用地下水定价方案可以促进农户节水行为，且在保证农业生产正常进行的同时不对农业收入造成大负面影响。

本研究按抽水灌溉电表读数采取"配额制+加价"的定价方式是对华北平原灌溉用地下水定价的一种探索与尝试。不论是按电量的间接定价还是在有条件情况下按体积定价，对华北平原灌溉用地下水定价都需要考虑灌溉机井提水距离，因为提水距离在反映地下水位深浅的同时也反映了农户对水资源费的承受能力，考虑到灌溉机井提水距离具有区域性，可以以县为单位制定以提水距离为标准的收费制度，提水距离可以为区间形式，从而具有一定弹性，但缺点是会增加实施成本。由于存在外部性、跨时期性、少数参与者及各种不确定性等因素，使用市场机制分配水资源存在限制性，因此需要采取某种形式的公共干预和规制，规制可采取设置配额、设置价格或两者结合的形式（Rodney et al，1997），在华北平原采用配额制对灌溉用地下水定价，可以避免因水资源费对农业生产和农民生活造成过大影响，通过配额保证农户合理灌溉用水，通过加价促进农户节水行为，以达到在保证粮食安全、稳定农户收入前提下促进节约灌溉用地下水之目的；配额与加价的标准可以依作物和灌溉技术而不同，以促进农户发展旱作作物和选择现代节水灌溉技术，即通过定价机制促进节水技术选择与制度选择；同时配额大小可以依年份旱情进行调整，以保证在极端干旱气候条件下农户收入不受损。在有条件的地方可以探索发展水市场，允许未使用完的配额在农户间交易，交易价格可取在0元至加价之间，即通过市场对农户节水行为进行奖励，综合运用配额制、价格、水市场提高对灌溉用水资源分配效率。

　　灌溉用地下水资源定价机制通过使水资源价格真实反映水资源的社会与环境价值，从而间接促进农业可持续发展。本章探讨的"配额制+加价"定价方案，通过"配额用电量"间接满足农户合理灌溉用水需求，不增加农民农业投入成本负担；通过"超额灌溉用电加价"反映水资源稀缺性，并通过探讨建立水市场，允许未用完的配额以0至加价的价格在农户间交易，达到激励农户节水行为目的。由此，通过地下水资源定价机制使得能促进农业可持续发展的节水技术与模式真正发挥节水效果：促进现代节水灌溉技术设施建设与运行维护中农户集体行动，提高技术扩散率；促进农户节水抗旱小麦品种选择及在技术选择后促进农户减少灌溉次数行为的发生率；提高农户发展旱作农业意愿。

|第十二章|

技术、制度、组织适应性
及其推广优先序

以现代节水灌溉技术为代表的机械技术、以节水抗旱小麦品种为代表的生物技术、冬小麦休耕与改种旱作作物的种植制度安排是破解水资源对华北平原农业可持续发展制约的重要技术与制度方面，技术设施的成功运行要与特定的社会制度环境相适应，因此需要做出与技术、环境相适应的制度安排，现代节水灌溉技术设施运行与维护中的农户集体行动组织创新即是对这种适应性的一种探索；不同的节水技术与制度针对不同的社会经济、环境、组织形式表现出不同的适应性，关键是要找到与特定区域资源与环境条件相适应的技术与制度安排，以达到节约地下水、实现华北平原农业可持续发展目的。

第一节　现代节水灌溉技术适应性

水资源稀缺性和劳动资源稀缺性的资源禀赋特征、沙土和黏土的土质特征是现代节水灌溉技术推广的促进因素，土地面积小且地块分散的土地制度特征、农户资本约束是现代节水灌溉技术在华北平原推广的制约因素。现代节水灌溉技术在地下水超采严重、家庭农业劳动资源稀缺、土质为持水能力差的沙土和黏土的地区具有最强的资源与环境适应性，但其推广的成功与否最终取决于当地的组织与资本条件，而资本条件也与组织条件有关；对于发展现代节水灌溉技术具有资源与环境适应性的地区又因土地规模特征而分为两类：一类是土地规模经营条件较好的主体，如家庭农场、承包大户、农民合作社等新型农业经营主体，由于土地规模较大，信贷约束小，其发展现代节水灌溉技术的适应性较强；另一类是为数众多的小农户，由于土地经营规模小且地块分散，缺乏形成集体行动的组织制度以及资本约束，其发展现代节水灌溉技术的适应性较弱。提高小农户发展现代节水灌溉技术适应性的制度与政策选择是，探索农户采用现代节水灌溉技术集体行动的组织创新和制度创新，通过组织与制度创新和政策支持提高技术扩散率。

第二节　节水抗旱小麦品种适应性

从理论上而言，由于具有技术可分性、较低的投资成本、对农户技术要求低，节水抗旱小麦品种应该是传播速度最快、技术采用成本相对较低、适应性较强的一类技术，但现实情况表明，节水抗旱小麦品种在节约灌溉用地下水、压减地下水开采方面具有较强的不可控性，因为节水抗旱小麦品种节水效果的发挥不仅仅取决于农户技术选择行为，最根本是取决于农户灌溉行为，即在节水抗旱小麦品种技术选择后农户是否减少灌溉次数；而农户灌溉行为受诸多因素影响，具有较强的不确定性。节水抗旱小麦品种在样本地区推广较为普遍，农户采用率高，总样本中有83.1%的农户采用；但节水抗旱小麦品种在减少灌溉次数、节约地下水方面效果发挥一般，在290个选择节水抗旱小麦品种的农户中，发生减少灌溉次数行为的农户仅占14.8%。决定农户灌溉行为的主要因素为水资源稀缺性、风险与不确定性，其中，水资源稀缺性促使农户减少灌溉次数，而因新技术选择带来的产量不确定性促使农户不减少灌溉次数，即灌溉用水短缺程度越高、以地下水为唯一灌溉水源的农户所面临的水资源稀缺性更严峻，从而农户减少灌溉次数以降低水资源对农业生产的约束；种植业收入占总收入比重越大，灌溉能源成本越高，土壤质量越差及持水能力越弱的农户其风险承受能力更弱，在新品种技术选择时面临的产量不确定性更大，为降低减产风险，农户更倾向于做出不减少灌溉次数的风险规避性行为。因此要提高节水抗旱小麦品种在节约地下水资源方面的适应性，在育种方面需要提高品种环境适应能力，降低品种产量波动风险，通过提高农户收益，从而促进农户减少灌溉次数的行为。

第三节　冬小麦休耕制度适应性

　　冬小麦灌溉用水是华北平原农灌用水强度"严重不适应"中的主导因素，每年3—5月的小麦需水时节，由于降雨较少，所有耕地的所有机井同时抽水灌溉，使地下水承载力迅速下降，造成区域性水位下降，因此休耕冬小麦抓住了农灌水超用的主要矛盾，具有较强适应性。但与冬小麦休耕休戚相关的一个问题是我国小麦粮食安全。华北平原是我国小麦主产区，因此华北平原冬小麦休耕制度一定要考虑小麦粮食安全，避免粮价出现较大波动。从保证粮食安全和缓解水资源压力两方面考虑，冬小麦休耕宜采取轮流休耕、部分土地休耕、中短期休耕形式。轮流休耕不仅可以是宏观区域间轮流休耕，也可以是微观农户不同地块间轮流休耕。休耕年限可以根据区域间资源条件做出差异性安排：在地下水位下降严重、水资源约束较强区域可选择4～5年的中期休耕；在水资源约束较小区域可选择短期休耕，如休耕1年耕种1年的制度安排，这样一种柔性的休耕时间安排给予农户充分空间根据粮食价格、政策等灵活调整生产计划，更具有可持续性和适应力；为防止耕地废弃，要谨慎实施长期休耕。此外，轮流休耕、部分休耕可以与中短期休耕相结合，如选择部分地块进行中短期休耕，且不同地块在年际间进行轮换休耕。休耕制度在区域、地块、时间上的柔性安排都是为了提高休耕制度与现实的适应性，只有提高休耕制度的适应性，才能提高制度的可持续性，也只有制度的可持续，才能促进资源的永续利用。

第四节　旱作农业发展适应性

　　在当前地下水位下降导致的水资源约束、多年单一种植模式导致的地力耗竭、小麦玉米价格持续走低、灌溉能源成本上升的资源与经济压力下，在华北平原发展旱作农业具有适应性，但旱作作物价格波动、产量波动及市场销售风险成为农户发展旱作农业的最大障碍。为提高发展旱作农业的适应性，考虑以下两方面制度安排：第一，考虑将冬小麦休耕制度与改灌溉农业为旱作农业制度实现对接。冬小麦休耕与改灌溉农业为旱作农业具有承接性，华北平原具有发展前景的旱作作物全年仅种植一季，因此是在冬小麦休耕基础上改种旱作作物；在冬小麦休耕方田内农户可通过协商与合作统一发展旱作作物，通过集体行动达到适度规模化发展旱作农业。第二，探索发展针对旱作作物的目标价格制和自然灾害保险，以降低农户发展旱作农业面临的价格波动和因自然灾害导致的产量波动风险。

上述节水技术、模式与制度的适应性各有其需满足的前提条件，在发挥节约使用地下水方面各有优势和局限性，关键是要识别出技术或模式的适应性，并通过有效的政策导向以组织创新和制度创新更好地发挥技术的经济机会，同时注重不同区域制度与社会习俗的差异，使各项技术达到预期节水目标。各区域既可同时采用多项节水技术，因为不同的节水技术所侧重解决的问题方面存在差异，如现代节水灌溉技术为土质增强型技术，可提高沙土、黏土等土壤持水能力、减少径流，节水抗旱小麦品种主要从育种方面提高品种抗旱与节水效果，而冬小麦休耕和旱作农业侧重从土地休养生息及种植结构调整优化方面节约灌溉用地下水，也可根据区域的土质、资源、社会传统与习俗、经济特征、组织条件等有重点地选择与之相适应的技术与模式。

第五节　节水技术与模式推广优先序

因区域水资源禀赋、技术特征、粮食安全战略等参考因素，在推广能节约地下水资源的机械技术、生物技术与种植模式时存在优先序：

第一，优先、大面积推广节水抗旱小麦品种。节水抗旱小麦品种技术可分性强，投入成本低，对农户技术要求低，因而其推广、适用面广，可以在华北平原全范围内实现推广，在压低冬小麦消耗地下水的同时可保证国家小麦粮食安全。但节水抗旱小麦品种降低地下水消耗目标的实现最终取决于农户是否减少灌溉次数的灌溉行为。可从加强宣传节水抗旱小麦品种在实现稳产前提下可减少灌溉次数的特性以及对灌溉用地下水资源定价以反映水资源真实价值两方面，来促进农户减少灌溉次数的灌溉行为。

第二，在土地规模经营条件较好或易于形成集体行动的社区优先发展现代节水灌溉技术。现代节水灌溉技术可明显提高用水效率且与华北平原水资源和土质特征较为适宜，但现代节水灌溉技术是社区型技术，其在华北平原推广可优先在以下三种情形下开展：一是土地规模经营条件较好的新型农业经营主体，如家庭农场、承包大户、农民合作社等；二是农户土地具有一定规模的社区，如通过农户间并地而解决了土地细碎问题，单个农户土地较为集中、整齐；三是在现代节水灌溉技术设施建设、运行与维护中易于形成集体行动的社区，社区内土地经营规模小且地块分散的小农户可通过集体行动组织创新和制度创新达到新技术对土地规模和合作的要求。

第三，根据区域地下水资源条件实施差异化的冬小麦休耕制度与种植结构调整政策安排。华北平原是我国小麦主产区，保证小麦国家粮食安全是实施冬小麦休耕和调整种植模式的前提，因此冬小麦休耕制度相比现代节水灌溉技术和节水抗旱小麦品种技术在实施过程中要更为谨慎。一是在地下水严重超采区，如中部冀中平原可实施4～5年的中期休耕，区域总休耕面积可适当放宽；二是在地下水非严重超采区可实施休耕1年耕种1年的冬小麦短期休耕，且需严格控制区域总休耕面积，可在区域内实施村庄或乡镇间轮流休耕。不论是在地下水严重超采区还是非严重超采区的冬小麦休耕地上，都可引入绿色补贴机制（饶静，2016）或保险机制以促进旱作作物发展，将冬小麦休耕制度与发展旱作农业制度实现对接，不仅可以提高休耕农户收入，调整农业种植结构，还可以避免因农田裸露带来水土流失、扬沙天气等新的生态破坏。

第六节　本章小结

受社会经济、环境、组织形式影响，不同的节水技术与制度会表现出不同的适应性，关键是要找到与特定区域资源和环境条件相适应的技术与制度安排。在华北平原，节水抗旱小麦品种技术可分性强、投入成本低、对农户技术要求低的特点，使其可以在华北平原全范围内实现推广，但需辅以宣传品种的稳产特性，并对灌溉用地下水资源定价，以促进农户减少灌溉次数的灌溉行为。在土地规模经营条件较好或易于形成集体行动的社区优先发展现代节水灌溉技术。根据区域地下水资源条件，实施差异化的冬小麦休耕制度与种植结构调整政策安排。

| 第十三章 |

研究结论、基本判断与政策含义

第一节　研究结论

华北平原水资源紧缺情势严峻。华北平原长期大规模超采地下水导致区域水位不断下降，地下水位降落漏斗规模不断向纵深扩展，形成一系列深、浅层地下水位降落漏斗。虽然粮食作物灌溉节水不断加强，但灌溉农业总用水量仍处于较严重超用状态，华北平原井灌区地下水超采问题日趋严峻，有效缓解与调控农业用水强度是缓解区域地下水超采和实现农业可持续发展的关键。由美国高平原地下水削减及可持续灌溉管理、发展中国家可持续地下水灌溉管理经验、华北平原地下水超采治理实践可总结出：现代节水灌溉技术、灌溉制度、农业种植结构调整及灌溉水资源定价是缓解地下水位下降与实现农业可持续发展的关键技术与制度设计。本书从灌溉技术与制度、农业种植结构调整及灌溉用地下水资源定价三方面探索华北平原农业可持续发展道路。

华北平原农户灌溉技术选择。样本地区表现出水资源与劳动资源稀缺性，其中，水资源稀缺性表现出地区差异，位于深层地下水超采区的故城县灌溉用水短缺程度比位于浅层地下水超采区的任县更为严峻。样本农户对现代节水灌溉技术采用率低，以政府项目干预为主，农户通过市场行为自发选择情况较少，现代节水灌溉技术在华北平原推广尚处在技术扩散早期阶段。对农户灌溉技术选择行为建立 Multinomial Logit 模型，通过使用极大似然估计程序估计了两个有关农户灌溉技术选择方程：在第一个方程中，因变量是相对传统技术农户选择固定式中喷技术的对数概率；第二个方程中，因变量是相对传统技术农户选择移动式中喷技术的对数概率。计量经济模型所揭示的显示性偏好与询问农户选择与未选择新技术原因的直接偏好揭示结果表明，资源禀赋条件、土地特征、人口特征、技术使用便利性、种植作物种类数是决定农户选择现代节水灌溉技术的重要因素：由地下水位下降引起的水资源稀缺性和农业劳动力老龄化与兼业化引致的劳动资源稀缺性诱致农户选择具有节约水资源和劳动资源效果的现代节水灌溉技术；地块数越少、土质为沙土和黏土等较贫瘠的地块更有可能选择土质增强型的现代节水灌溉技术；户主文化程度越高、年龄相对更年轻的农户更有可能成为新技术的早期采用者；固定式中喷和移动式中喷技术较微喷技术使用更方便，因而更易被农户采用；种植作物种类数越少的农户其风险分散能力越弱，达成集体行动的可能性越高，越有可能选择现代节水灌溉技术。

现代节水灌溉技术设施运行及维护中农户集体行动组织创新。解决高效节水灌溉技术对土地经营规模要求与农户土地经营规模小而地块分散现实之间矛盾的制度选择是探索社区层面农户集体行动，农户集体行动组织创新和制度设计是研究重点，其中，组织创新主要包括灌溉小组的组织设计、成立方式和小组规模三方面。为满足现代节水灌溉技术对土地的最小规模要求，在村内按照农户自愿原则以一定成员数目及土地规模标准成立灌溉小组，以灌溉小组为单位进行高效节水灌溉与设施维护，成员农户按土地面积分摊费用。在灌溉小组内农户土地需适度集中连片，在村内划分成立灌溉小组的三种可行方式为按以同一口井灌溉的农户成立、按生产队成立及按方地成立。在这三种灌溉小组成立方式中，以按一块方地成立灌溉小组的方式所包含的成员数目相对最多，即其灌溉小组规模可能最大。随着群体规模增大，群体成功实现集体行动的可能性降低，农户认为最有利于协调、监督与合作的灌溉小组成员规模为10～20户，符合该规模要求的灌溉小组成立方式为以井为单位的成立方式。为保证灌溉小组良好运行需进行制度设计，制度设计主要包括灌溉小组活动内容、灌溉及设施维护管理形式以及向农户收取的费用三方面。

现代节水灌溉技术农户与政府成本共担机制。现代节水灌溉技术投资成本高，若完全由农户承担技术建设成本，则技术采用水平将低于社会最优水平；若完全由政府承担技术建设成本，不仅政府财政压力大，也不利于激发农户对技术设备维护的积极性；探索现代节水灌溉技术建设中农户与政府成本共担机制可以破解农户技术选择的资本约束，提高技术扩散速率。利用双边界离散选择条件调查就华北平原农户对固定式中喷、滴灌现代节水灌溉技术意愿成本承担额度进行分析。对单边界与双边界离散选择问题分别建立Probit模型和双变量Probit模型，研究结果表明：第一，双边界离散选择引出技术较单边界离散选择更具统计效率，样本农户平均意愿成本承担额度为108.99元/亩；农户最大意愿承担额度主要分布在（0，100］和（150，200］元/亩两个区间内，这两个区间内农户耕种土地面积之和占比58.33%。第二，变量最主要农业劳动力兼业、土地规模、地块数、沙土、以地下水为唯一灌溉水源、灌溉机井提水距离、农户对现代节水灌溉技术工程使用寿命要求对农户意愿成本承担额度存在显著影响。第三，将代表希克斯补偿变化的农户发展现代节水灌溉技术在工程使用寿命期内平均一年的成本承担额度与替代技术——软带的投资成本进行比较，希克斯补偿变化大于替代技术投资成本的农户占比63.4%，希克斯补偿变化小于替代技术投资成本的农户占比36.6%。

农户节水抗旱小麦品种技术选择与农户灌溉行为。从推广节水抗旱小麦品种微观层面看，影响品种节水效果的发挥主要有两方面：一是农户对节水抗旱小麦品种技术选择；二是在技术选择下农户是否减少灌溉次数。节水抗旱小麦品种在样本地区推广较为普遍，农户采用率高，总样本中有83.1%的农户采用，但节水抗旱小麦品种减少灌溉次数、节约地下水的效果发挥一般，在290个选择节水抗旱小麦品种的农户中，发生减少灌溉次数行为的农户仅占14.8%。本研究对节水抗旱小麦品种离散选择和土地分配决策建立Heckman样本选择模型，并用完全信息极大似然法进行估计；对节水抗旱小麦品种技术选择下农户是否减少灌溉次数的灌溉行为建立基于样本选择的双变量Probit模型，并用极大似然法进行估计。由Heckman样本选择模型估计结果可知：决定农户"选"与"不选"节水抗旱小麦品种离散选择决策的关键因素是种植业收入占总收入比重、水资源和劳动资源稀缺程度、农户技术信息获取渠道；在农户完成技术选择决策而进入土地分配决策时，风险和不确定性因素起主导作用。由基于样本选择的双变量Probit模型估计结果可知：水资源稀缺性和降低粮食产量风险是农户灌溉行为决策的主要考虑因素。土质和节水抗旱小麦品种生产特性对农户土地分配决策和灌溉行为决策具有类似影响：土质为黏土的农户相对土质为壤土的农户所种植的节水抗旱小麦品种面积比例更小且更倾向于不减少灌溉次数；节水抗旱小麦品种产量稳定性较传统品种提高的生产特性促使农户提高种植面积比率且更倾向于减少灌溉次数。

华北平原冬小麦休耕制度。通过结合使用实际数据和条件参与调查假设数据探索冬小麦休耕制度。实际数据显示，在349个农户的总样本中，有主动休耕冬小麦经历的农户数为123户，其中76%分布在故城县。冬小麦休耕后农户种植的旱作作物主要为棉花、油葵、谷子和花生。农户主动休耕冬小麦的最主要动因是经济因素及资源稀缺性。通过使用条件参与调查假设数据研究冬小麦休耕农户意愿补偿额、意愿休耕面积比率及意愿休耕年限。其中，农户意愿土地分配决策表现出以下特征：为保证口粮及因担心休耕后小麦价格上升和风险分散能力下降导致的收入降低，农户更愿意将部分土地用于休耕或不休耕；地块小或地块土质及水源条件差的农户更愿意选择部分休耕；土地规模小、面临劳动资源和水资源稀缺的农户更愿意将全部土地用于冬小麦休耕。

| 第十三章 | 研究结论、基本判断与政策含义 **195**

农户意愿冬小麦休耕年限表现出以下特征：农户小麦消费习惯及对粮食价格波动的担忧决定了农户更愿意短期休耕；随着水资源和劳动资源稀缺程度提高，农户更愿意选择中期和长期休耕。分别对农户意愿休耕补偿额建立半对数线性方程，对农户意愿休耕土地分配决策建立工具变量 Tobit 模型，对农户意愿休耕年限建立 Ordered Probit 模型，计量结果显示：小麦亩均纯收入越高则农户意愿休耕补偿额越高，意愿休耕年限越长；家庭最主要农业劳动力兼业则农户意愿休耕补偿额越低，意愿休耕面积比率越高；若农户有囤粮习惯则农户意愿休耕补偿额越高，意愿休耕面积比率越小，意愿休耕年限越短；灌溉用水资源稀缺性程度越严重则农户意愿休耕补偿额越低，意愿休耕面积比率越高，意愿休耕年限越长；农业劳动力稀缺状况越严重则农户意愿休耕面积比率越大，意愿休耕年限越长；冬小麦休耕农户意愿补偿额越高则农户意愿休耕面积比率越大，意愿休耕年限越短。

农户改灌溉农业为旱作农业前景。农户仅拿出很小比例的土地用于种植旱作作物，且均为灌溉困难、地块小、土质较差的地块；虽然主动种植旱作作物农户数占比为28.7%，但样本农户旱作作物种植面积之和仅占样本实际耕种面积之和的6.31%；农户发展旱作农业的障碍主要为农业劳动资源稀缺、市场机制不完善、旱作作物价格不稳定及产量低、种植旱作作物主要出于自然经济需要等；具有发展潜力的旱作作物品种表现出区域差异。对农户改灌溉农业为旱作农业建立联立方程模型，并采用三阶段最小二乘法进行估计，研究结果显示：农业生产季家庭存在劳动资源稀缺、地块数越多则农户发展旱作作物意愿土地面积比率越低；冬小麦休耕农户意愿补偿额越高，农户意愿冬小麦休耕面积比率越大，灌溉能源成本越高，农户主动种植旱作作物面积越大，农户能判断出具有发展潜力的旱作作物则农户发展旱作作物意愿土地面积比率越高。

灌溉用地下水资源定价。由于研究区域缺乏灌溉用水量计量设施，且对灌溉用地下水收费会对农民收入尤其是生存农民收入造成影响，探索按抽水灌溉电表读数以间接对灌溉用地下水收费，为兼顾公平与效率，采取"配额制+加价"的定价方式，即按照灌溉机井提水距离为无须加价的灌溉用电量定配额，对于超额灌溉用电量在原灌溉电单价基础上，按灌溉机井提水距离确定电费加价百分比。在此基础上通过采用双边界离散选择并附以询问开放式最大加价意愿的问题设置以引出农户对灌溉超额用电的加价意愿。通过对双边界问题响应建立双变量 Probit 模型以分析农户对超额灌溉用电加价支付意愿影响因素。研究结果表明：第一，灌溉机井提水距离决定灌溉用电配额和农户对超额灌溉用电加价的承受能力，即灌溉机井提水距离越大则每亩电量配额上升，农户对加价承受能力越弱；第二，最主要农业劳动力兼业、灌溉井越深、配额制定价方案对农户收入负面影响越小则农户越倾向于接受所给出的加价投标，灌溉用水短缺程度越严重则农户越倾向于拒绝所给出的加价投标；第三，较大部分农户认为"配额制+加价"灌溉用地下水定价方案可以促进农户节水行为，且在保证农业生产正常进行的同时不对农业收入造成过大负面影响。

第二节　基本判断

地下水位下降、农业灌溉困难是制约华北平原农业发展的重要因素。本研究试图探寻扭转华北平原地下水位下降、实现农业可持续发展的关键技术与模式，并探寻隐藏在关键技术与模式背后对农户节水技术选择与节水效果发挥具有重要影响的经济与制度因素，通过分析，对水资源约束下华北平原农业可持续发展做出以下九方面基本判断：

第一，资源稀缺性诱致农户选择现代节水灌溉技术，但尚处在技术扩散早期阶段。由地下水位下降引起的水资源稀缺性和农业劳动力老龄化与兼业化引致的劳动资源稀缺性诱致农户选择具有节约水资源、劳动资源及增强土质效果的现代节水灌溉技术。但技术较高的投资成本及对土地最小规模要求使得农户技术采用率低，农户技术选择多以政府项目干预为主，农户通过市场行为自发选择情况较少。

第二，探索社区层面农户集体行动是解决高效节水灌溉技术对土地规模经营要求与农户土地经营规模小且地块分散现实之间矛盾的组织与制度选择，且在资本约束与农业生产成本上升压力下农户表现出形成集体行动的愿望。探索现代节水灌溉技术运行与维护中农户集体行动的组织形式、制度规范与制度设计有助于解决技术推广中的土地分散问题、搭便车问题、机会主义行为及冲突等；通过建立信任与社群观念、制定制度规范、实施监督及对违规行为进行制裁等的强制力量以迫使群体成员做出有利于社会利益最大化的选择行为。

第三，在华北平原推广喷灌、滴灌等现代节水灌溉技术具有可行性，但投入形式需采取农户与政府共担的方式，且政府需承担其中较大部分投入。探索现代节水灌溉技术建设中农户与政府成本共担机制，不仅可以破解农户技术选择的资本约束，提高技术扩散速率，还可以提高农户在技术使用过程中对设施维护的积极性，增强技术使用的可持续性。

第四，节水抗旱小麦品种在样本地区推广较为普遍，农户采用率高，但节水抗旱小麦品种在减少灌溉次数、节约地下水方面效果发挥一般。影响农户对技术离散选择决策、土地分配决策和是否减少灌溉次数的灌溉行为决策的因素存在差异：种植业收入占比、水资源和劳动资源稀缺性、技术信息获取渠道是决定农户离散选择决策的关键因素；在完成技术选择进入土地分配决策时风险和不确定性因素起主导作用；而在农户决定是否减少灌溉次数时水资源稀缺性和降低产量风险是最主要考虑因素。

第五，区域水资源禀赋条件使农户主动休耕冬小麦行为存在差异。相对于位于浅层地下水超采区的邢台市任县，位于深层地下水超采区的衡水市故城县所面临的水资源稀缺性更严峻，因此故城县农户较任县农户更多地主动休耕冬小麦并改种旱作作物。

第六，水资源稀缺性程度的不同使农户的适应性选择表现出区域差异。相较于浅层地下水超采区的任县，位于深层地下水超采区的故城县水资源稀缺性更严峻，样本中灌溉机井深度为200米以上的深井几乎全部分布在故城县，故城县农户做出的主要选择是休耕冬小麦并改种旱作作物，这也与故城县农户具有种植旱作作物的传统有关；相对而言任县选择现代节水灌溉技术的农户较多，可能是依任县地下水位情况采用节水灌溉技术的收益将大于休耕收益。

第七，改灌溉农业为旱作农业存在水资源、土地资源和市场条件契机。当前地下水位下降导致的水资源约束，多年单一种植模式导致的地力耗竭，小麦和玉米价格持续走低及灌溉能源成本上升，使得农户在资源与市场双重压力下具有改灌溉农业为旱作农业的意愿，但是水资源稀缺程度的不同使得区域旱作作物种植结构存在差异：故城县较任县水资源约束更严峻，且土质以沙土为主，因此种植棉花和花生的农户相对更多；而任县种植油葵和谷子的农户相对更多，且主要为满足家庭消费需要。虽然水资源稀缺性和不断提高的灌溉能源成本等成为农户发展旱作农业的诱因，但农户发展旱作农业也面临劳动资源稀缺、市场机制不完善、旱作作物价格风险和产量风险高等方面的制约。

第八，所探索的"配额制+加价"灌溉用地下水定价方案可以促进农户节水行为，在保证农业生产正常进行的同时不对农民收入造成过大负面影响。由于研究区域缺乏灌溉用水量计量设施，且对灌溉用地下水收费会对农民收入尤其是生存农民收入造成影响，探索按抽水灌溉电表读数间接对灌溉用地下水收费，采取"配额制+加价"的定价方式可以兼顾公平与效率标准，在保证粮食安全、稳定农民收入前提下促进节约使用灌溉用地下水。

第九，不同的节水技术、制度与模式在发挥节约使用地下水作用方面各有优势和局限性，关键是要根据区域的土质、资源、社会传统与习俗、经济特征、组织条件选择与之相适应的技术与模式，以提高技术适应能力。

第三节　政策含义

一、按土地规模经营条件从两类主体层面推广现代节水灌溉技术

现代节水灌溉技术的技术可分性较弱，在华北平原推广的最大制约因素是农户土地经营规模小且地块分散，而我国人口实际和滞后的城市化发展决定了土地规模经营仍需较长时期。为扭转华北平原地下水位下降的紧缺情势，考虑华北平原土地制度实际，可以从两个层面推广现代节水灌溉技术：第一，对土地规模经营条件较好的主体如家庭农场、承包大户、农民合作组织等推广现代节水灌溉技术，这类新型农业经营主体由于土地经营规模较大，信贷约束小，相对而言推广阻力较小；第二，对于为数众多的小农户可以通过探索农户在现代节水灌溉技术运行及设施维护中的集体行动组织创新和制度创新来推广现代节水灌溉技术，以破解小农户因土地经营规模小且地块分散以及组织约束对新技术选择的制约。

二、以试点方式通过灌溉小组组织设计和制度设计探索现代节水灌溉技术运行及维护中农户集体行动

解决现代节水灌溉技术对土地规模要求高与农户土地细碎且协调困难之间矛盾的有关农户集体行动组织创新的一个探索是成立灌溉小组，即在村内按照农户自愿原则以一定成员数目及土地规模标准成立灌溉小组，以灌溉小组为单位进行高效节水灌溉及设施维护，成员农户按土地面积分摊费用，以解决单个农户土地细碎问题。村可以结合自身特点按照最优规模标准选择最有利于达成集体行动的灌溉小组成立方式，灌溉小组可以按生产队、以同一口井灌溉的农户、方地等方式成立，关键是灌溉小组所包含的土地规模要满足现代节水灌溉技术最小土地规模要求，灌溉小组所包含的成员规模要最有利于协调、监督与合作。在灌溉小组内，要在灌溉小组活动内容、灌溉及设施维护管理形式、向农户收取的费用、对农户机会主义行为进行惩罚等方面进行制度设计，以保证灌溉小组的良好运行。政府也可以以灌溉小组为单位推广节水技术或落实节水政策，以降低政府与单个农户谈判成本。现代节水灌溉技术及灌溉小组的农户集体行动组织创新对农户而言是新技术与新制度，农户所面临的风险与不确定性大，没有外力推动很难依靠农户自发力量形成。为提高技术扩散率与推进制度创新，政府

可以首先选择资源稀缺性严峻、对技术需求高、具有一定组织能力的村庄进行灌溉小组制度创新试点，并提供一定的技术与制度支持，总结做法与经验，以示范形式逐步推进。

三、以农户与政府成本共担机制破解现代节水灌溉技术选择的资本约束

劳动资源稀缺性、水资源稀缺性、抽水灌溉能源成本上升使农户表现出对现代节水灌溉技术的需求，但农业较低的比较收益、农户较低的风险承受能力、因技术采用而节约的水资源具有环境正外部性等降低了农户技术采用率。在华北平原推广喷灌、滴灌等现代节水灌溉技术具有可行性，但投入形式需采取农户与政府共担的方式，且政府需承担其中较大部分投入。农户较低的风险承受能力使其在面对新技术时往往持观望态度，政府可以选点示范农户与政府成本共担的现代节水灌溉技术推广机制，而示范点的选取可以以灌溉小组为依托，因为灌溉小组内成员农户具有发展现代节水灌溉技术的愿望，其土地连片条件好，且灌溉小组内具有促成农户集体行动的灌溉小组活动内容、灌溉及设施维护管理形式、对机会主义行为惩罚等方面制度设计，因而可以从组织与制度方面保证政府与农户的投资得到合理运用。通过选点示范一方面可以积累总结推广经验，另一方面可以通过示范效应提高农户对新技术的接受度与成本承担意愿。

四、通过提高节水抗旱小麦品种环境适应力以促进农户减少灌溉次数的行为

水资源稀缺性严峻、所耕种土地持水能力弱的农户作为节水抗旱小麦品种早期采用者，出于资源压力本应成为减少灌溉次数、节约地下水的早期践行者，但环境脆弱性较强的农户在新品种技术选择时所面临的风险和不确定性更大，为降低粮食产量风险农户更可能做出不减少灌溉次数的风险规避行为。因此，为促进农户减少灌溉次数的节水行为，以发挥节水抗旱小麦品种在压减地下水开采方面的作用，需要提高节水抗旱小麦品种环境适应能力，包括抗病性、抗旱性、产量稳定性等方面，通过提高品种在减少水资源投入情况下的产量稳定性来促进农户扩大种植面积并减少稀缺水资源投入。在选择节水抗旱小麦品种的农户中有85.2%的农户未减少灌溉次数，最主要原因是农户不相信品种的抗旱效果，因此在品种推广中可以推荐农户先小面积种植并实践减少灌溉次数的做法，通过对比、试验提高技术信息透明性。

五、通过冬小麦轮流休耕、部分休耕、中短期休耕形式保证小麦粮食安全和资源永续利用

华北平原是我国小麦主产区，小麦又是华北平原主要耗水作物，因此为减少地下

水开采，华北平原冬小麦休耕制度一定要考虑我国小麦粮食安全，主要从休耕区域规划和休耕年限做出冬小麦休耕制度安排。

区域休耕组织形式既可以选择在同一个村固定休耕的方式，也可以采取在不同乡镇、不同村庄轮流休耕的形式。从村内休耕区域规划看，可以选择在村内按方田规划轮流休耕，理由是：华北平原小麦灌溉需水时节集中在每年干旱少雨的3—5月，每到灌溉时节所有耕地的所有机井同时抽水，使地下水承载力迅速下降，造成区域性地下水位下降。若村内按方田规划轮流休耕，不仅可以避免出现灌溉争井的矛盾，也可以缓解因集中抽水灌溉导致的水位下降，并有助于降低农户抽水灌溉能源成本。

从休耕年限看，可以根据区域间水资源条件做出差异化安排。在水资源约束较严重区域可选择4～5年的中期休耕。在水资源约束较小区域可选择短期休耕，如休耕1年种植1年小麦的生产安排，短期休耕应作为主要的休耕年限选择，因为短期休耕具有以下三方面优点：第一，短期休耕在保证家庭小麦消费需要的同时可以使农户根据粮食价格及政策变化及时做出生产调整；第二，短期休耕不仅可以减少抽取灌溉用地下水资源，通过倒茬提高土地肥力，还可以降低农户休耕风险；第三，由于大型农业机械如联合收割机、旋耕机等为专用设施，很难转为其他用途，为降低农户农业投资风险，应以短期休耕为主。要谨慎实施长期休耕。

六、考虑将冬小麦休耕制度与发展旱作农业制度实现对接，并通过价格和产量支持机制推动旱作农业发展

华北平原多数旱作作物全年仅种植一季，即在冬小麦休耕基础上改种旱作作物；冬小麦休耕后农户既可以选择种植一季夏玉米也可以改种旱作作物，由于当前国内玉米供给充足，价格较低，为调整农业种植结构可结合考虑冬小麦休耕制度与发展旱作农业制度，以兼顾小麦粮食安全、减少地下水灌溉和促进农业结构优化调整。在冬小麦休耕方田内农户可以通过协商、合作以统一发展旱作作物，通过集体行动达到适度规模化发展旱作农业，这样不仅有利于采用旱作作物农业机械还可以降低旱作作物产量波动风险。

为降低农户发展旱作农业面临的价格波动和因自然灾害导致的产量波动风险，可以在华北平原探索发展旱作作物目标价格制和自然灾害保险，通过价格支持机制和产量支持机制推动华北平原旱作农业发展。

七、通过"配额制+加价"的按电量间接定价方式探索华北平原灌溉用地下水资源定价机制

由于缺乏灌溉用水量计量设施且为兼顾公平与效率，按抽水灌溉电表读数采取"配额制+加价"的定价方式是对华北平原灌溉用地下水定价的一种探索与尝试。对华

北平原地下水资源定价需要考虑灌溉机井提水距离,因为提水距离在反映水资源稀缺性程度的同时也反映了农户对水资源费的承受能力。考虑到灌溉机井提水距离分布具有区域性,可以以县为单位制定以提水距离为标准的收费制度,提水距离可以设为区间形式,从而具有一定弹性,但缺点是会增加实施成本。

在华北平原采用配额制对灌溉用地下水定价,可以避免因水资源费对农业生产和农民生活造成过大影响,通过配额保证农户合理灌溉用水,通过加价促进农户节水行为,以达到在保证粮食安全、稳定农户收入前提下促进节约灌溉用地下水之目的。配额与加价的标准可以依作物和灌溉技术而不同,以促进农户发展旱作作物和选择现代节水灌溉技术,即通过定价机制促进节水技术选择与制度选择;同时配额大小可以依年份旱情进行调整,以保证在极端干旱气候条件下农户收入不受损。在有条件的地方可以探索发展水市场,允许未使用完的配额在农户间交易,交易价格可取在0元至加价之间,即通过市场对农户节水行为进行奖励,综合运用配额制、价格、水市场提高对灌溉用水资源分配效率。

第四节 本章小结

地下水位下降、农业灌溉困难是制约华北平原农业发展的重要因素。本研究试图探寻扭转华北平原地下水位下降、实现农业可持续发展的关键技术与模式,并探寻隐藏在关键技术与模式背后对农户节水技术选择与节水效果发挥具有重要影响的经济与制度因素。资源稀缺性诱致农户选择现代节水灌溉技术,但尚处在技术扩散早期阶段。探索社区层面农户集体行动,是解决高效节水灌溉技术对土地规模经营要求与农户土地经营规模小且地块分散现实之间矛盾的组织与制度选择,但投入形式需采取农户与政府共担的方式,且政府需承担其中较大部分投入。节水抗旱小麦品种在样本地区推广较为普遍,农户采用率高,但其在减少灌溉次数、节约地下水方面效果一般。区域水资源禀赋条件使农户主动休耕冬小麦行为存在差异,通过冬小麦轮流休耕、部分休耕、中短期休耕形式保证小麦粮食安全和资源永续利用。可考虑将冬小麦休耕制度与发展旱作农业制度实现对接,并通过价格和产量支持机制推动旱作农业发展。"配额制+加价"灌溉用地下水定价方案可以促进农户节水行为,在保证农业生产正常进行的同时不对农民收入造成过大负面影响。

参考文献

[1] 埃莉诺·奥斯特罗姆.公共事物的治理之道——集体行动制度的演进[M].上海：上海译文出版社，2012：35-78.

[2] 陈强.高级计量经济学及Stata应用[M].北京：高等教育出版社，2014：169-189.

[3] 费宇红，苗晋祥，张兆吉，等.华北平原地下水降落漏斗演变及主导因素分析[J].资源科学，2009，31（3）：394-399.

[4] 管仪庆，魏建辉.基于CVM方法的青岛地区节水灌溉系统服务价值评估[J].节水灌溉，2009，41（12）：41-44.

[5] 格雷汉姆·加尔顿.抽样调查方法简介[M].上海：格致出版社·上海人民出版社，2014：39-50.

[6] 韩一军，李雪，付文阁.麦农采用农业节水技术的影响因素分析——基于北方干旱缺水地区的调查[J].南京农业大学学报：社会科学版，2015，15（4）：62-69.

[7] 孔祥智，李圣军，马九杰，等.农村公共产品供给现状及农户支付意愿研究[J].中州学刊，2006，13（4）：54-58.

[8] 刘军弟，霍学喜，黄玉祥，等.基于农户受偿意愿的节水灌溉补贴标准研究[J].农业技术经济，2012，11：29-40.

[9] 刘宇，黄季焜，王金霞，等.影响农业节水技术采用的决定因素——基于中国10个省的实证研究[J].节水灌溉，2009，10：1-5.

[10] 林毅夫.制度、技术与中国农业发展[M].上海：格致出版社·上海三联书店·上海人民出版社，2008：208-231.

[11] 罗纳德·扎加，约翰尼·布莱尔.抽样调查设计导论[M].重庆：重庆大学出版社，2007：106-131.

［12］ 刘少玉，刘鹏飞，周晓妮，等.华北平原水资源合理开发利用的思路与举措［J］.地球科学与环境学报，2012，9：61-65.

［13］ 曼瑟尔·奥尔森.集体行动的逻辑［M］.上海：格致出版社·上海三联书店·上海人民出版社，2014：20-65.

［14］ 孟素花，费宇红，张兆吉，等.50年来华北平原降水入渗补给量时空分布特征研究［J］.地球科学进展，2013，8：923-929.

［15］ 裴宏伟，王彦芳，沈彦俊，等.美国高平原农业发展对地下水资源的影响及启示［J］.农业现代化研究，2016，1：166-173.

［16］ 饶静.发达国家"耕地休养"综述及对中国的启示［J］.农业技术经济，2016，9：118-128.

［17］ 邵景力，赵宗壮，崔亚莉，等.华北平原地下水流模拟及地下水资源评价［J］.资源科学，2009，3：361-367.

［18］ 石建省，李国敏，梁杏，等.华北平原地下水演变机制与调控［J］.地球学报，2014，9：527-534.

［19］ 速水佑次郎，神门善久.发展经济学——从贫困到富裕［M］.北京：社会科学文献出版社，2004：14-21.

［20］ 速水佑次郎，弗农·拉坦.农业发展：国际前景［M］.北京：商务出版社，2014：35-78.

［21］ 孙孝波，孙珂，翟朋云，等.地下水漏斗区形成机理研究［J］.地下水，2012，4：35-36.

［22］ 王电龙.不同气候条件下华北粮食主产区地下水保障能力时空特征与机制［D］.石家庄：中国地质科学院，2016.

［23］ 王道波，张广录，周晓果.华北水资源利用现状及其宏观调控对策研究［J］.干旱区资源与环境，2005，19（2）：46-51.

［24］ 吴立娟.河北省井灌区农业节水管理机制研究［D］.保定：河北农业大学，2015.

［25］ 王长燕，赵景波，李小燕.华北地区气候暖干化的农业适应性对策研究［J］.干旱区地理，2006，29（5）：646-652.

［26］ 王学，李秀彬，辛良杰，等.华北地下水超采区冬小麦退耕的生态补偿问题探讨［J］.地理学报，2016，71（5）：829-839.

［27］ 许朗，唐梦琴.农户对采用节水灌溉技术支付意愿研究——基于蒙阴县调研数据的研究［J］.节水灌溉，2015，1：86-89.

［28］ 姚治君，林耀明，高迎春，等.华北平原分区适宜性农业节水技术与潜力

[J].自然资源学报,2000,15(3):259-264.

[29] 杨宇,王金霞,黄季焜.极端干旱事件、农田管理适应性行为与生产风险:基于华北平原农户的实证研究[J].农业技术经济,2016,9:4-17.

[30] 杨晓琳.华北平原不同轮作模式节水减排效果评价[D].北京:中国农业大学,2015.

[31] 张兆吉,费宇红,陈宗宇,等.华北平原地下水可持续利用调查[M].北京:地质出版社,2009:69-98.

[32] 张兆吉,雒国中,王昭,等.华北平原地下水资源可持续利用研究[J].资源科学,2009,31(3):355-360.

[33] 张光辉,连英立,刘春华,等.华北平原水资源紧缺情势与因源[J].地球科学与环境学报,2011,33(2):172-176.

[34] 张光辉,费宇红,王金哲,等.华北灌溉农业与地下水适应性研究[M].北京:科学出版社,2012:85-125.

[35] 张光辉,费宇红,刘春华,等.华北平原灌溉用水强度与地下水承载力适应性状况[J].农业工程学报,2013,29(1):1-10.

[36] 左喆瑜.华北地下水超采区农户对现代节水灌溉技术的支付意愿——基于对山东省德州市宁津县的条件调查[J].农业技术经济,2016,22(6):32-46.

[37] 张依章,刘孟雨,唐常源,等.华北地区农业用水现状及可持续发展思考[J].节水灌溉,2007,6:1-6.

[38] 周明勤.积极推进华北地区地下水超采综合治理[J].当代农村财经,2014,11:8-10.

[39] 张凯,曾昭海,赵杰,等.华北平原压采地下水对小麦生产的影响分析[J].中国农业科技导报,2016,18(5):111-117.

[40] 张凯,周婕,赵杰,等.华北平原主要种植模式农业地下水足迹研究——以河北省吴桥县为例[J].中国生态农业学报,2017,25(3)328-336.

[41] Arrow K, Solow R, Portney P R, et al. Report of the NOAA panel on contingent valuation [R]. Washington D.C.: National Oceanic and Atmospheric Administration, 1993.

[42] Albrecht D E. Resource depletion and agriculture: the case of groundwater in the Great Plains [J]. Society and Natural Resources, 1988, 1 (1): 145-157.

[43] Barkley A P, Porter L L. The Determinants of wheat variety selection in Kansas [J]. American Journal of Agricultural Economics, 1996, 78 (1): 202-211.

[44] Boyle K J, Bishop R C. Welfare Measurements Using Contingent Valuation: A Comparison of Techniques [J]. American Journal of Agricultural Economics, 1988, 70

（1）：20-28.

［45］ Bandiera O , Rasul I. Social networks and technology adoption in Northern Mozambique ［J］. The Economic Journal, 2006, 116（514）：869-902.

［46］ Bardhan P. Irrigation and cooperation: an empirical analysis of 48 irrigation communities in South India ［J］. Economic Development and Cultural Change, 2000, 48 （4）：847-865.

［47］ Besley T, Case A. Modeling technology adoption in developing countries ［J］. The American Economic Review, 1993, 83（2）：396-402.

［48］ Coward E W, Robert Y, Siy J R. Structuring collective action: an irrigation federation in the northern Philippines ［J］. Philippine Sociogical Review, 1983, 31（1）：3-17.

［49］ Cakmak E H. Water resources in Turkey: availability, use, and management ［M］// Parker D D, Tsur Y. Decentralization and coordination of water resource management. Berlin: Springer Science and Business Media, 1997：33-44.

［50］ Chang H H, Boisvert R N. Distinguishing between whole-farm vs. partial-farm participation in the conservation reserve program ［J］. Land Economics, 2009, 85（1）：144-161.

［51］ Cooper J C, Osborn C T. The effects of rental rates on the extension of conservation reserve program contracts ［J］. American Journal of Agricultural Economics, 1998, 80（1）：184-194.

［52］ Caswell M, Zilberman D. The choices of irrigation in California ［J］. American Journal of Agricultural Economics, 1985, 67（1）：224-234.

［53］ Caswell M, Lichtenberg E, Zilberman D. The effects of pricing policies on water conservation and drainage ［J］. American Journal of Agricultural Economics, 1990, 72 （4）：883-890.

［54］ Cummings R G, Taylor L O. Unbiased value estimate for environmental goods: a cheap talk design for the contingent valuation method ［J］. The American Economic Review, 1999, 89（3）：649-665.

［55］ Caswell M F, Zilberman D. The effects of well depth and land quality on the choices of irrigation technology ［J］. American Journal of Agricultural Economics, 1986, 68 （4）：798-811.

［56］ Dinar A, Campbell M B, Zilberman D. Adoption of improved irrigation and drainage reduction technologies under limiting environmental conditions ［J］. Environmental and Resource Economics, 1992, 2（4）: 373-398.

［57］ Dinar A , Yaron D. Adoption and abandonment of irrigation technologies ［J］. Agricultural Economics, 1992, 24（6）: 315-332.

［58］ Esteban J, Ray D. Collective action and the group size paradox ［J］. American Political Science Review, 2001, 95（3）: 663-672.

［59］ Easter K W, Feder G. Water institutions, incentives, and markets ［M］// Parker D D, Tsur Y. Decentralization and coordination of water resource management. Berlin: Springer Science and Business Media, 1997: 261-282.

［60］ Ellis J R, Lacewell R D, Reneau D R. Estimated economic impact from adoption of water-related agricultural technology ［J］. Western Journal of Agricultural Economics, 1985, 10（2）: 307-321.

［61］ Foltz J D. The economics of water-conserving technology adoption in Tunisia: an empirical estimation of farmer technology choice ［J］. Economic Development and Cultural Change, 2003, 51（2）: 1-15.

［62］ Fujita M, Hayami Y, Kikuchi M. The conditions of collective action for local commons management: the case of irrigation in the Philippines ［J］. Agricultural Economics, 2005, 33（2）: 179-189.

［63］ Feder G, Just R E, Zilberman D. Adoption of agricultural innovations in developing countries: a survey ［J］. Economic Development and Cultural Change, 1985, 33（2）: 255-298.

［64］ Gleave M B. The length of the fallow period in tropical fallow farming systems: a discussion with evidence from Sierra Leone ［J］. The Geographical Journal, 1996, 162（1）: 14-24.

［65］ Green G, Sunding D, Zilberman D, et al. Explaining irrigation technology choices: a microparameter approach ［J］. American Journal of Agricultural Economics, 1996, 78（4）: 1064-1072.

［66］ Green G P, Sunding D L. Land allocation, soil quality, and the demand for irrigation technology ［J］. Journal of Agricultural and Resource Economics, 1997, 22（2）: 367-375.

［67］ Garduno H, Foster S. Sustainable groundwater irrigation approaches to reconciling demand with resources ［R］. The world Bank Global Water Partnership Program, 2010.

［68］ Greene W H. Econometric analysis ［M］. 7th ed. New York: Pearson Press, 2013: 633-689.

〔69〕 Huang Q Q, Rozelle S, Howitt R, et al. Irrigation water pricing policy in China 〔R〕. Policy Research Working Paper, 2007.

〔70〕 Harrington L, Harrington J J, Kettle N. Groundwater depletion and agricultural land use change in the High Plains: a case study from Wichita county, Kansas 〔J〕. The Professional Geographer, 2007, 59 (2): 221-235.

〔71〕 Hanemann M, Loomis J, Kanninen B. Statistical efficiency of double-bounded dichotomous choice contingent valuation 〔J〕. American Journal of Agricultural Economics, 1991, 73 (4): 1255-1263.

〔72〕 Isik M, Yang W H. An analysis of the uncertainty and irreversibility on farmer participation in the conservation reserve program 〔J〕. Journal of Agricultural and resource Economics, 2004, 29 (2): 242-259.

〔73〕 Hoque Z, Farquharson B, Taylor I, et al. The economic cost of weeds in dryland cotton production systems of Australia 〔C〕. Paper presented to the 47th Annual Conference of the Australian Agricultural and Resource Economics Society Inc., 2003.

〔74〕 Johnson J D. Determinants of collective action on the local commons: a model with evidence from Mexico 〔J〕. Journal of Development Economics, 2000, 62: 181-208.

〔75〕 Johansson R C. Pricing irrigation water: a survey 〔R〕. Washington D.C.: the World Bank, 2000.

〔76〕 Johnson R G, Ali M B. Economics of wheat-fallow cropping systems in Western North Dakota 〔J〕. Western Journal of Agricultural Economics, 1982, 7 (1): 67-77.

〔77〕 Just R E, Netanyahu S, Horowitz J K. The political economy of domestic water allocation: the case of Israel and Jordan 〔M〕 // Parker D D, Tsur Y. Decentralization and coordination of water resource management. Berlin: Springer Science and Business Media, 1997: 89-113.

〔78〕 Kindler J. The Jordan river basin: beyond national concerns 〔M〕 // Parker D D, Tsur Y. Decentralization and coordination of water resource management. Berlin: Springer Science and Business Media, 1997: 23-32.

〔79〕 Kshirsagar K G, Pandey S, Bellon M. Farmer perceptions, varietal characteristics and technology adoption: a rainfed rice village in Orissa 〔J〕. Economic and Political Weekly, 2002, 37 (13): 1239-1246.

〔80〕 Koundouri P, Nauges C, Tzouvelekas V. Technology adoption under production uncertainty: thoery and application to irrigation technology 〔J〕. American Journal of Agricultural Economics, 2006, 88 (3): 657-670.

［81］ King R P, Oamek G E. Risk management by Colorado dryland wheat farmers and the elimination of the disaster assistance program ［J］. American Journal of Agricultural Economics, 1983, 65 (2): 247-255.

［82］ Lee D R. Agricultural sustainability and technology adoption: issues and policies for developing countries ［J］. American Journal of Agricultural Economics, 2005, 87 (5): 1325-1334.

［83］ Lin J Y. Education and innovation adoption in agriculture: evidence from hybrid rice in China ［J］. American Journal of Agricultural Economics, 1991, 73 (4): 713-723.

［84］ Liu Y, Huang J K, Wang J X, et al. Determinants of agricultural water saving technology adoption: an empirical study of 10 provinces of China ［J］. Ecological Economy, 2008, 4: 462-472.

［85］ Moreno G, Sunding D L. Joint estimation of technology adoption and land allocation with implications for the design of conservation policy ［J］. American Journal of Agricultural Economics, 2005, 87 (4): 1009-1019.

［86］ Mapp H P. Irrigated agriculture on the High Plains: an uncertain future ［J］. Western Journal of Agricultural Economics, 1988, 13 (2): 339-347.

［87］ Mas-Colell A, Whinston M D, Green J R. Microeconomic theory ［M］. Oxford: Oxford University Press, 1995: 40-91.

［88］ McLean-Meyinsse P E, Hui J G, Joseph R J. An empirical analysis of Louisiana small farmers' involvement in the Conservation Reserve Program ［J］. Journal of Agricultural and Applied Economics, 1994, 26 (2): 379-385.

［89］ Norrie K. Dry farming and the economics of risk bearing: the Canadian prairies, 1870-1930 ［J］. Agricultural History, 1977, 51 (1): 134-148.

［90］ Neill S P, Lee D R. Explaining the adoption and disadoption of sustainable agriculture: the case of cover crops in northern Honduras ［J］. Economic Development and Cultural Change, 2001, 49 (4): 793-820.

［91］ Norwood C A, Dumler T J. Transition to dryland agriculture: limited irrigated vs. dryland corn ［J］. Agronomy Journal, 2002, 94: 310-320.

［92］ Ostrom E. Reflections on "some unsettled problems of irrigation" ［J］. American Economic Review, 2011, 101 (1): 49-63.

［93］ Poteete A R, Ostrom E. Heterogeneity, group size and collective action: the role of institutions in forest management ［J］. Development and Change, 2004, 35 (3): 435-461.

［94］ Parker D D. California's Water resources and institutions ［M］// Parker D D, Tsur Y. Decentralization and coordination of water resource management. Berlin: Springer Science and Business Media, 1997: 45–54.

［95］ Pigram J J. Australia's water situation: resource allocation and management in a maturing system ［M］// Parker D D, Tsur Y. Decentralization and coordination of water resource management. Berlin: Springer Science and Business Media, 1997: 67–85.

［96］ Purvis M J. The new varieties under dryland conditions: Mexican wheats in Tunisia ［J］. American Journal of Agricultural Economics, 1973, 55 (1): 54–57.

［97］ Ray I. 'Get the price right': water prices and irrigation efficiency ［J］. Economic and Political Weekly, 2005, 40 (33): 3659–3668.

［98］ Roumasset J. Designing institutions for water management ［M］// Parker D D, Tsur Y. Decentralization and coordination of water resource management. Berlin: Springer Science and Business Media, 1997: 179–198.

［99］ Russell P A. The far-from-dry debates: dry farming on the Canadian Prairies and the American Great Plains ［J］. Agricultural History, 2007, 81 (4): 493–521.

［100］ Roberts M J, Lubowski R N. Enduring impacts of land retirement policies: evidence from the conservation reserve program ［J］. Land Economics, 2007, 83 (4): 516–538.

［101］ Rao V M. Growth in the context of underdevelopment: case of dryland agriculture ［J］. Economic and Political Weekly, 1991, 26 (13): 2–9, 11–14.

［102］ Sanderson M R, Frey R S. Structural impediments to sustainable groundwater management in the High Plains aquifer of western Kansas ［J］. Agriculture and Human Values, 2015, 32 (3): 401–417.

［103］ Selvaraj K N, Ramasamy C. Drought, agricultural risk and rural income: case of water limiting rice production environment, Tamil Nadu ［J］. Economic and Political Weekly, 2006, 41 (26): 2739–2746.

［104］ Schoengold K, Zilberman D. The economics of water, irrigation and development ［M］// Evenson R, Pingali P. Handbook of agricultural economics. Oxford: Elsevier, 2007.

［105］ Smale M, Just R E, Leathers H D. Land allocation in HYV adoption models: an investigation of alternative explanations ［J］. American Journal of Agricultural Economics, 1994, 76 (3): 535–546.

［106］ Shrestha R B, Gopalakrishnan C. Adoption and diffusion of drip irrigation technology: an economic analysis [J]. Economic Development and Cultural Change, 1993, 41 (2): 407-418.

[107] Smith R B W, Tsur Y. Asymmetric information and the pricing of natural resources: the case of unmetered water [J]. Land Economics, 1997, 73 (3): 392-403.

[108] Suri T. Selection and comparative advantage in technology adoption [J]. Econometrica, 2011, 79 (1): 159-209.

[109] Sawada Y, Kasahara R, Aoyagi K, et al. Models of collective action in village economies: evidence from natural and artefactual field experiments in a developing country [J]. Asian Development Review, 2013, 30 (1): 31-51.

[110] Shah F A, Zilberman D, Chakravorty U. Technology adoption in the presence of an exhaustible resource: the case of groundwater extraction [J]. American Journal of Agricultural Economics, 1995, 77 (2): 291-299.

[111] Suter J F, Poe G L, Bills N L. Do landowners respond to land retirement incentives? evidence from the conservation reserve enhancement program [J]. Land Economics, 2008, 84 (1): 17-30.

[112] Thurow A P, Boggess W G, Moss C B, et al. An ex ante approach to modeling investment in new technology [M] // Parker D D, Tsur Y. Decentralization and coordination of water resource management. Berlin: Springer Science and Business Media, 1997: 316-338.

[113] Tsur Y, Dinar A. The relative efficiency and implementation costs of alternative methods for pricing irrigation water [J]. The World Bank Economic Review, 1997, 11 (2): 243-262.

[114] Tsur Y, Dinar A, Doukkali R M, et al. Irrigation water pricing: policy implications based on international comparison [R]. Guidelines for pricing irrigation water based on efficiency, implementation cost and equity consideration, World Bank Research Committee and DECRG under the research project, 1999.

[115] Tsur Y. Economic aspect of irrigation water pricing [J]. Canadian Water Resource Journal, 2005, 30 (1): 31-45.

[116] Weitzman M L. Pricing vs. quantities [J]. Review of Economic Studies, 1974, 41 (4): 477-491.

[117] Wang J X, Huang J K, Blanke A, et al. The development, challenges and management of groundwater in rural China [R]. Giordano M, Villholth K G. The agricultural groundwater revolution: opportunities and threats to development. CAB

International, 2006.

[118] Weldesilassie A B, Fror O, Boelee E, et al. The economic value of improved wastewater irrigation: a contingent valuation study in Addis Ababa, Ethiopia [J]. Journal of Agricultural and Resource Economics, 2009, 34 (3): 428-449.

[119] Whittington D, Briscoe J, Mu X M, et al. Estimating the willingness to pay for water services in developing countries: a case study of the use of contingent valuation surveys in southern Haiti [J]. Economic Development and Cultural Change, 1990, 38 (2): 293-311.

[120] Yaron D. The Israel water economy: an overview [M] // Parker D D, Tsur Y. Decentralization and coordination of water resource management. Berlin: Springer Science and Business Media, 1997: 9-22.

[121] Zilberman D, Chakravorty U, Shah F. Efficient management of water in agriculture [M] // Parker D D, Tsur Y. Decentralization and coordination of water resource management. Berlin: Springer Science and Business Media, 1997: 221-246.

附　录

《华北平原农业可持续发展：灌溉技术与制度、种植模式及灌溉水定价》农户调查问卷

河北省＿＿＿市＿＿＿县＿＿＿镇（乡）＿＿＿＿村

问卷编码＿＿＿＿　　填表时间＿＿＿＿

A.　农户基本情况

A1. 户主年龄＿＿＿＿

A2. 户主文化程度＿＿＿＿

1.不识字或识字很少

2.小学

3.初中

4.高中

5.中专

6.大专及以上

A3. 家庭人口数＿＿＿＿人

A4. 家庭最主要农业劳动力兼业月数＿＿＿＿（不兼业填"0"）

A5. 家庭最主要农业劳动力兼业地点＿＿＿＿＿＿＿＿＿＿＿＿＿＿＿＿＿

0.不兼业

1.本乡镇

2.本乡镇外本市内

3.本市外本省内

4.外省

A6. 家庭最主要农业劳动力兼业收入＿＿＿＿元/天

A7. 浇水季劳动力供给状况＿＿＿＿

1.富余

2.刚好够

3.不足

A8.家庭农业种植业收入占总收入比重_____ %

A9.您所在村是否为2014—2015年地下水超采治理项目村？_____（可多选）

1.非项目村

2.高效节水灌溉项目农户

3.冬小麦春灌节水项目农户

4.冬小麦休耕项目农户

5.项目村非项目农户

A10.您村大约从_____年（年代，时期）开始用地下水代替地表水进行灌溉

A11.开始用地下水代替地表水进行灌溉的原因_____

1.打井成本下降

2.打井有国家补贴

3.抽水泵相对价格（农业收入）下降

4.地表水源不稳定

5.无地表水源

6.联产承包后，无人组织地表水灌溉系统的维护

7.其他_____

B.　2014—2015年农业生产季种植业情况

B1.农户土地特征

实际耕种面积（亩）	生产队分的承包地面积	流转面积(实际耕种－承包地)	流转期限（年）	实际耕种土地地块数	实际耕种面积中可灌溉面积

B2.主要农作物投入产出情况

作物	小麦	玉米	（　　）	（　　）
种植面积(亩)				
亩产(斤)				
单价(元/斤)				
每亩总收入(元/亩)				
每亩投入总成本(元/亩)				
浇水次数(次)				
每亩每水用电量(度/亩·水)				
灌溉电单价(元/度)				

C. 农户灌溉技术选择

（一）灌溉技术选择及其影响因素

C1. 您家采用了以下哪种灌溉技术？_____（单选）

1. 传统灌溉技术

2. 固定式中喷

3. 移动式中喷

4. 微喷

5. 滴灌

6. 其他_____

C2. 所采用灌溉技术下作物种类_____（可多选）

1. 小麦

2. 玉米

3. 蔬菜

4. 水果

5. 其他

C3. 所选灌溉技术下灌溉面积_____亩

C4. 所选灌溉技术下土地产权类型_____（可多选）

1. 大队分的承包地

2. 从村流转的土地

3. 从亲戚朋友处免费耕种

4. 其他 _____

C5. 您家耕地土质类型_____

1. 沙土

2. 黏土

3. 壤土

C6. 您家灌溉水源_____

1. 地下水

2. 地表水

3. 地下水与地表水相结合

C7. 您家灌溉机井提水距离_____米，井深_____米

C8. 您觉得您家灌溉机井近两年每年水位下降大约_____米

C9. 您家灌溉机井使用权情况_____

1. 一户独有独用

2. 多户共有共用

3. 外包给专业灌溉人员，由其负责打井、灌溉

4. 其他_____

C10. 现有灌溉技术下一天可灌溉面积_____亩

C11. 灌溉设施成本（根据所采用的灌溉技术选填）：

1. 软袋：购买单价_____元/斤，使用寿命_____年，平均一年投入成本_____元

2. 高效节水灌溉设施成本____元/亩，使用寿命____年，每年维护费用____元/亩

C12. 现有灌溉技术使用便利性_____

1. 操作较为简单方便

2. 操作烦琐

C13. 您通过什么渠道了解的现代节水灌溉技术？_____

1. 自己曾经是国家高效节水灌溉项目农户

2. 村内有其他农户是国家高效节水灌溉项目户

3. 村内有其他农户自发采用该技术

4. 邻村有村民是国家高效节水灌溉项目农户

5. 邻村有村民自发采用该技术

6. 有亲戚朋友是国家高效节水灌溉项目户

7. 有亲戚朋友自发采用该技术

8. 无了解渠道

9. 其他 _____

C14. 您家灌溉用水短缺程度_____

1. 严重短缺：导致作物严重减产

2. 一般短缺：有时浇水困难，但可解决

3. 不存在短缺：很少出现浇不上水的情况

C15. 农业生产浇水季劳动资源紧缺程度_____

1. 非常紧缺：劳动力严重不足，需要雇人，否则影响农业生产

2. 一般紧缺：劳动人手较为紧张，但通过提高劳动强度可以克服，无须请人

3. 不紧缺：家中农业劳动力足以胜任浇水任务

（二）农户采用与未采用现代节水灌溉技术的原因

C16. 采用与未采用现代节水灌溉技术的原因_____（在所选原因序号上画"圈"，

可多选）

采用原因	未采用原因
1.家庭劳动力缺乏，而该技术劳动力节约效果明显，较传统灌溉技术一天可浇地面积增加	1.技术设备投入成本太高，难以承受
2.较其他现代灌溉技术使用更方便，无须进行拆装	2.周围使用者少，不知道效果如何，害怕承担风险
3.灌溉用水较为紧张，该技术可节约灌溉用水资源	3.土地面积小且地块分散，达不到该技术的规模要求
4.抽水灌溉电费太高，该技术可节约抽水灌溉电费	4.灌溉用地下水不需交水费，没必要采用
5.该技术可节约化肥、农药投入	5.浇水环节劳动不繁重，没必要采用
6.该技术可提高产出	6.不知道如何使用该技术
7.技术设备成本在可承受范围内	7.没听说过该技术
8.改善农产品品质	8.土地是流转来的，担心租期不稳定，不敢投资
9.其他	9.其他

D.现代节水灌溉技术设施运行及设施维护中的农户集体行动组织创新探索

高效节水灌溉技术对土地规模、集中连片要求较高，该技术在我国推广的重要限制因素是农户土地细碎。探索考虑如下制度设计：在村内按照农户自愿原则以一定成员数目及土地规模标准成立高效节水灌溉小组，以灌溉小组为单位进行高效节水灌溉及设施维护，成员农户按土地面积分摊费用，以解决单个农户土地细碎问题。此外，可以以灌溉小组为单位向政府申请相关项目或接受技术服务，以降低政府与单个农户谈判的交易成本。

（一）高效节水灌溉小组制度设计

D1.为进行有效灌溉与设施维护，高效节水灌溉项目需要将土地适度集中连片，您认为村内以哪种方式划分成立高效节水灌溉小组比较好？

成立方式	1.按原生产队成立	2.按使用同一口井灌溉且土地相邻、可连成片的农户成立	3.其他（　　　　　）
在所选成立方式下打√			
参与农户数			
灌溉服务土地面积(亩)			

D2.高效节水灌溉小组应负责哪些活动？＿＿＿＿＿（可多选）

1.将农户土地连片

2.负责组织农户安装高效节水灌溉设施

3.负责灌溉及设施维护

4.负责收集费用

5.负责对接与政府灌溉水资源管理或技术推广服务相关的项目或落实政策

6.负责对不按时交费者进行惩罚

7.其他 _____

D3.灌溉及设施维护应采取哪种管理形式？ _____

1.由入社农户轮流提供灌溉、设施维护及收费服务

2.在入社农户中选一个代表以负责灌溉、设施维护、收费等活动，并由其他农户向该代表农户支付服务费

3.其他 _____

D4.高效节水灌溉小组应向成员农户收取哪些按入社土地面积分摊的费用？ _____ （多选）

1.现代节水灌溉技术设备购买、安装中农户应承担的费用

2.灌溉用电费

3.灌溉设施维护费用

4.对代表农户提供的服务支付费用

5.其他 _____

D5.若有农户不按时、足额交费可采取什么惩罚措施？ _____ （可多选）

1.下次浇水季停止给该农户浇水

2.其他 _____

D6.您认为上题的惩罚措施是否能有效防止农户不按时交费行为的发生？ _____

1.是

2.否

D7.您预计在以上灌溉小组制度安排下灌溉费用能按时足额上交的农户比例约为 ____%

D8.为发展高效节水灌溉，您认为是否有必要成立灌溉小组？ _____

1.有必要：理由_____

2.没必要：理由_____

D9.为便于协调、监督与合作，您认为一个灌溉小组包含 _____ 户农户较好

D10.为推动发展灌溉小组，可以采取什么政策或措施使农户看到它的好处，从而有加入并维系灌溉合作社持续发展的意愿？ _____

（二）现代节水灌溉技术设施建设农户与政府成本共担机制研究

现代节水灌溉技术工程一次性建设成本较高，而农业收益较低，且农户因技术采

用而节约的地下水资源具有正的外部性。探索由政府和农户共同出资建设现代节水灌溉技术。

D11. 假设由您和政府共同出资建设现代节水灌溉技术，且假设技术建设一次性投入成本为1000元/亩，需要由您承担其中部分投入成本，您是否愿意承担100元/亩的费用？_____

1.是：那么您是否愿意承担150元/亩的费用？_____ 1.是 2.否
您要求工程寿命最少_____年

2.否：那么您是否愿意承担50元/亩的费用？_____ 1.是 2.否
您要求工程寿命最少_____年

D12. 您愿意为现代节水灌溉技术工程成本承担的最大额度为_____元/亩
若上题回答的最大成本承担额度为0元/亩，请回答原因_____

1.经济困难，这将增加家庭负担

2.没有必要节约灌溉用水

3.不相信所交的钱能得到合理运用

4.政府应承担全部成本_____（理由）

D13. 若您所在生产队或共用同一口井灌溉的其他农户中有_____%的农户愿意承担某一合理成本额度，那么您也愿意承担该额度

E. 农户节水抗旱小麦品种技术选择与灌溉行为

E1. 节水抗旱小麦品种农户技术选择

您是否采用了节水抗旱小麦品种？	1.否	
	2.是：	节水抗旱品种面积(_____)亩
		传统小麦品种面积(_____)亩

E2. 您从何途径了解的节水抗旱小麦品种？ _____

1.国家在本村推广示范

2.国家在邻村推广示范

3.农资店推荐

4.亲戚朋友介绍

5.不了解

6.其他 _____

以下E3～E5题为选择了节水抗旱小麦品种的农户回答：

E3. 节水抗旱小麦品种与传统品种特性比较

特性 ＼ 品种	节水抗旱品种	传统品种
亩产(斤/亩)		
销售单价(元/斤)		
产量稳定性:1.好　2.中　3.差		
抗病性:1.好　2.中　3.差		
食用口感:1.好　2.中　3.差		
每亩种子用量(斤/亩)		
每亩种子投入金额(元/亩)		
种子单价(元/斤)		
浇水次数		
灌溉时期:1.底墒水　2.出苗水 3.越冬水　4.返青水　5.拔节水　6.扬花水　7.灌浆水		

E4. 您选择节水抗旱小麦品种的原因＿＿＿＿＿＿（可多选）

1. 可以增产

2. 遇干旱季节可以稳产

3. 家庭农业劳动力紧缺,而该品种可以减少浇水次数,从而节省劳动用工

4. 灌溉电费成本太高,而该品种可以减少浇水次数,从而节约灌溉电费

5. 当地灌溉水资源紧缺,而该品种可以减少浇水次数,从而节约地下水资源

6. 小麦品质更好

7. 其他 ＿＿＿＿＿＿＿＿＿＿＿＿＿＿＿＿＿＿＿＿＿＿＿＿＿＿＿＿＿＿

E5. 采用节水抗旱小麦品种后农户减少与未减少浇水次数原因

减少浇水次数原因	未减少浇水次数原因
1.减少浇水次数后不影响产量	1.不相信品种抗旱效果,害怕减产
2.节约劳动力	2.感觉浇与传统品种同样多的水可以使小麦增产,籽粒长得更饱满
3.节约电费	3.(　　　　　　　　　　　　)
4.减少农药、化肥投入	4.(　　　　　　　　　　　　)
5.灌溉水资源紧张,节约用水	5.(　　　　　　　　　　　　)
6.其他(　　　　　　　　　)	6.(　　　　　　　　　　　　)

F. 华北平原冬小麦生产季休耕制度研究

冬小麦生长季降雨稀少,成为华北平原小麦-玉米轮作的主要耗水作物。在无地表

水替代的地下水严重超采区，适当压减依靠地下水灌溉的冬小麦种植面积，改冬小麦-夏玉米一年两熟制为种植玉米、棉花、花生、油葵、杂粮等农作物一年一熟制，即在整个原冬小麦生产季休耕基础上，实现"一季休耕一季雨养"。

（一）农户主动休耕情况

F1. 您是否进行小麦主动休耕？ _____

1.是：理由_____ （1.抽水灌溉电费太高　2.家庭劳动缺乏　3.其他_____）

2.否（请从F5开始回答）

小麦主动休耕农户接着回答以下F2～F4：

F2. 主动休耕起始于_____年，您打算休耕_____年

F3. 小麦主动休耕后是否改种一季？ _____

1.否　2.是：种植作物类型_____

F4. 休耕前：农业种植业纯收益_____元/年，小麦浇水次数_____，小麦亩产_____斤

休耕后：农业种植业纯收益_____元/年，目前种植作物浇水次数_____

（二）休耕补偿标准

F5. 若为治理地下水超采进行小麦休耕，您觉得是否有必要对小麦休耕进行补偿？_____

1.有必要

2.无所谓

3.不知道

4.没必要

F6. 您认为若对冬小麦生产季休耕进行补偿，亩均补偿标准应采用以下哪一方案？_____

1.小麦亩均纯收益

2.小麦亩均纯收益+国家种粮补贴

3.小麦亩均纯收益+国家种粮补贴+因买小麦吃导致生活成本上升部分在每亩土地上折价

4.其他 _____

F7. 您家日常小麦消费习惯 _____

1.小麦收割后全部卖掉，日后买粮食吃

2.小麦收割后卖一部分，并囤一部分供家庭食用：囤粮比例_____%

3.其他 _____

F8. 您估计若小麦地休耕后买粮食吃，与未休耕比较每年将多支出_____元

F9. 每亩地至少补贴_____元，您才愿意休耕小麦地，其中包括的类别如下：

额度	小麦亩均纯收益	国家种粮直补	生活成本上升每亩折价
在所选类别下打"√"			
元/亩			

（三）农户意愿休耕年限

F10. 为缓解地下水位下降，若对冬小麦种植土地进行休耕，您愿意一次连续休耕_____年（不愿意休耕填"0"年），理由_____

若愿意休耕请回答：您觉得应该每隔_____年进行一次休耕，理由_____

F11. 您所在村庄离主公路距离_____公里

F12. 您家农业生产季劳动力是否稀缺？_____

1. 是　2. 否

F13. 您认为可以接受的、合理的区域休耕组织形式是_____

1. 在同一个村连续多年休耕

2. 不同乡镇、不同村轮流休耕

3. 其他_____

F14. 您认为以上连续休耕年限及所选区域休耕组织形式是否会影响国家小麦粮食安全？_____

1. 会影响：如何调整以保证粮食安全_____

2. 无影响：理由_____

F15. 您觉得什么样的村庄才有休耕的必要？_____

1. 提水距离_____米以上

2. 粮食亩产_____斤以下

3. 其他_____

F16. 您觉得冬小麦休耕可能给农业生产带来什么影响？（可多选）_____

1. 休耕后再种植将增产

2. 除杂草成本增加

3. 其他_____

F17. 您觉得冬小麦休耕可能给生活带来什么影响？（可多选）_____

1. 方便出去打工

2. 提高生活成本

3.手中无粮产生不安全感

4.由于年纪大了不能外出打工,休耕后无事可做

5.其他_____

(四)休耕土地分配决策

F18. 您愿意将家庭承包土地面积的_____%用于冬小麦休耕(不愿意休耕的填"0"),理由_____

F19. 您会基于什么标准选择用于休耕的地块?_____(选最重要的三项,并排序)

1.距离水源较远的地块

2.水位下降较其他地块严重、抽水电费成本更高的地块

3.土壤保墒能力差的地块

4.产量较低的地块

5.随意选择

6.其他_____

G.农户改灌溉农业为旱作农业前景研究

在冬小麦休耕基础上改旱作,即不论种植什么旱作作物,在原整个冬小麦生长季都不允许浇水

(一)农户主动改旱作情况

G1.近几年您家是否主动改灌溉农业为旱作农业?_____

1.是 2.否(请从G6开始回答)

主动改旱作的农户接着回答以下G2~G5:

G2.种植旱作作物类型_____

G3.从_____年开始改种旱作作物

G4.改种旱作作物是基于以下哪些因素推动?

1.水资源稀缺导致灌溉困难从而自发改种旱作作物

2.水位下降导致抽水灌溉能源成本提高而改种旱作

3.旱作作物经济收益高

4.其他_____

G5.改旱作前:农业种植业纯收入_____元/年,一年农业生产共浇_____水

改旱作后:农业种植业纯收入_____元/年,一年农业生产共浇_____水

(二)农户对旱作作物品种种植潜力判断

G6.为缓解地下水位下降,适当压减依靠地下水灌溉的冬小麦种植面积,改冬小

麦–夏玉米一年两熟制为一年一熟制，实现"一季休耕一季雨养"，您觉得从当地种植传统、经济收益、节水效果等方面考虑以下哪种旱作作物具有发展潜力？_____（可多选）

　　1.棉花

　　2.花生

　　3.油葵

　　4.杂粮 _____

　　5.其他 _____

G7. 具有发展潜力的旱作作物投入产出情况（根据上题所选作物填）

投入产出　＼　旱作作物	1（　　）	2（　　）	3（　　）
种植模式(一年种植安排)			
亩产(斤/亩)			
单价(元/斤)			
亩均收入(元/亩)			
亩均投入总成本(元/亩)			
与小麦–玉米轮作劳动用工比较： 1.比小麦–玉米更省工 2.用工差不多 3.更费工			
浇水次数			
浇水时期			

　　G8. 发展旱作作物存在的困难（可多选）

棉花	花生	小米	油葵	（　　）	（　　）

选项：1.价格低　2.价格不稳定　3.产量低　4.产量不稳定　5.太费工　6.销售困难　7.缺少机械化作业　8.其他

（三）农户改灌溉农业为旱作农业生态补偿

　　G9. 为缓解地下水位下降，若对改灌溉农业为旱作农业进行生态补偿，您认为以下哪种补偿方式最为合理？_____

　　1.与小麦–玉米轮作相比较的经济收益损失

　　2.与小麦–玉米轮作相比较的经济收益损失+用工损失

　　3.与小麦–玉米轮作相比较的经济收益损失+用工损失+因放弃主粮作物种植导致的

生活成本上升的生活补助

4.其他 _____

G10. 若政府对您改灌溉农业为旱作农业进行补贴，请填写您认为当地具有发展前景的旱作作物最小补贴额度及其包含的类别（折算到每亩）

补贴＼旱作作物	1（　　）	2（　　）	3（　　）
每亩最小补贴金额			
其中:(不包括项填0)			
收益损失(元/亩)			
用工损失(元/年/亩)			
生活补助(元/年/亩)			

G11. 您认为是否需要对旱作作物农机具购置进行补贴？ _____

1.是　2.否

（四）农户灌溉农业为旱作农业土地分配决策

G12. 您愿意将所耕种土地的 _____ %用于种植旱作作物，理由 _____

G13. 您会基于什么标准选择种植旱作作物的地块？ _____ （选最重要的三项，并排序）

1.距离水源较远

2.地下水位下降更严重、抽水电费成本更高的地块

3.土壤保墒能力差的地块

4.土壤保墒能力好的地块

5.产量较低的地块

6.产量较高的地块

7.随意选择

8.其他 _____

H.灌溉用地下水资源定价

目前华北平原地下水超采严重，引起地下水位下降、水资源稀缺，而研究表明农业灌溉用水是华北平原地下水超采的主导因素之一。为提高农民节水意识、促进农户灌溉节水行为，有必要对灌溉用地下水设计合理定价方案，使得既能节约灌溉用水又不增加农民负担，保证农业生产正常进行。

H1. 您村除了对灌溉用电收费，是否对灌溉用水资源收费？ _____

1.否　2.是

H2. 您家灌溉用水是否装有水表？_____

1.没有装

2.目前没装，但听说政府快装了

3.有

（一）无水表情况下灌溉用地下水定价方案

由于没有安装水表，无法确切知道所抽取的灌溉用水量，探索按抽水灌溉电表读数间接对灌溉用地下水收费，设计方案如下：

第1步：给每亩用电量分配一个定额，在该配额内的电量仍只按以前电价收费，不加价。如给每亩每水分配_____度电，总共_____水，即共分配_____度/亩。

第2步：超过该配额的用电量，在原电价基础上增收一个费用，以反映水资源稀缺性。

对没有使用完的配额电量可在农户间交易，交易价格可取在0元～加价之间。

H3. 为既能促进农民节约用水，又能保证农民合理灌溉用水，请给无须加价的用电量定配额（即不影响产量情况下最低灌溉用电量）：

_____（度/亩/水）× _____（水）

H4. 超出该配额的用电量，每度电在原电价基础上增收0.1元/度的费用，您是否接受？

1.是：若在原电价基础上增收0.3元/度的费用，您是否接受？_____1.是　2.否

2.否：若在原电价基础上增收0.05元/度的费用，您是否接受？_____1.是　2.否

H5. 对于超出配额的用电量，您能接受的在原每度电价格基础上的最大加价为_____元/度

（二）有水表情况下灌溉用地下水定价方案

有水表情况下可以直接按用水量定价。此方案下，除了要按原来价格支付抽水灌溉的电费，还要按以下配额制方案支付水费：

第1步：分配灌溉用水量定额。在该配额内的用水量不收取水费。每亩每水分配_____立方米，总共给_____水。即共分配_____立方米/亩。

第2步：对超出配额的用电量按每立方米收取水费。

对未用完的水量配额可以在农户之间或农业与工业之间进行交易。

H6. 为既能促进农民节约用水，又能保证农民合理灌溉用水，请给无须收取水费的灌溉用水量制定配额（即不影响产量情况下最低灌溉用水量）：

_____（立方米/亩/水）× _____（水）

H7. 超出以上配额的灌溉用水量，每立方米收取1元水费，您是否能接受？

1.是：若每立方米收取1.2元水费，您是否能接受？ _____ 1.是　2.否

2.否：若每立方米收取0.8元水费，您是否能接受？ _____ 1.是　2.否

H8. 对超出配额的用水量，您能接受的每立方米灌溉水最高价格为_____元/方

H9. 您预测以上配额制灌溉用地下水定价方案是否会促进农户节水行为？ _____

1.能促进

2.不能促进

3.不知道

4.其他 _____

H10. 您认为以上配额制收费方案会给您家农业收入带来什么影响？ _____

1.严重负面影响

2.有一定风险，但可承受

3.几乎无影响

4.其他 _____

H11. 您觉得以上配额制定价方案能否保证农业生产正常进行？ _____

1.能

2.不能：给出改进建议

I. 地下水灌溉与地下水超采及其相关问题

I1. 导致水位下降的最主要因素_____ （可多选）

1.农业大水漫灌

2.气候变化，降雨减少

3.上游修水库，河流枯竭

4.工业化、城市化发展

5.其他 _____

I2. 目前是否还存在用地表水代替地下水进行灌溉的可能性？

1.是：成本_____

2.否：原因_____

I3. 您觉得在农业生产中该如何利用天然降雨以节约灌溉用水？

_____

I4. 除了以上灌溉节水技术、节水抗旱小麦品种、冬小麦生产季休耕、改种旱作作物，面对水资源稀缺您在农业生产中还做出了哪些适应性调整？调整前后纯收入比较、用工比较、用水比较等

_____